BASIC im Bau- und Vermessungswesen

Programmierte Ingenieurmathematik mit dem SHARP PC-1500 (A)

Von Lothar Marsolek
Professor an der Technischen Fachhochschule Berlin

Mit zahlreichen Bildern und Beispielen

Springer Fachmedien Wiesbaden GmbH 1986

CIP-Kurztitelaufnahme der Deutschen Bibliothek

Marsolek, Lothar:
BASIC im Bau- und Vermessungswesen : programmierte Ingenieurmathematik mit d. SHARP-PC 1500 (A) / von Lothar Marsolek.

ISBN 978-3-519-05241-8 ISBN 978-3-663-09339-8 (eBook)
DOI 10.1007/978-3-663-09339-8

Ursprünglich erschienen bei B.G.Teubner Stuttgart 1986

Gesamtherstellung: Beltz Offsetdruck, Hemsbach/Bergstraße
Umschlaggestaltung: M. Koch, Reutlingen

Vorwort

Dieses Lehrbuch mit einer integrierten Programmsammlung von BASIC-Programmen für den SHARP-Computer PC-1500 (A) faßt meine mehrjährigen Arbeiten auf dem Gebiet der Programmierung von Ingenieurmathematik zusammen.

Als Dozent an der Technischen Fachhochschule Berlin halte ich im Rahmen der Aufgaben des Fachbereichs, in dem ich tätig bin, für angehende Bau-, Kartographie- und Vermessungsingenieure Mathematikvorlesungen ab.

Die dabei von meinen Studenten und mir verwendeten Rechenhilfsmittel haben sich im Laufe der beiden letzten Jahrzehnte grundlegend verändert.

Hatten die ersten Taschenrechner lediglich die mechanischen Rechenmaschinen, den Rechenstab und die Logarithmentafel ersetzt, so leiteten die innerhalb der letzten Jahre auf dem Markt erschienenen programmierbaren mobilen Kleincomputer einen Wandel in der Behandlung des traditionellen Lehrstoffs ein:

Bestimmte Integrale werden nicht mehr unter Verwendung von Integrationsverfahren oder Reihenentwicklungen gelöst und Tabellenwerke - wie etwa das der tabellierten Klotoide - sind überflüssig geworden. Überall, wo sich Iterationsverfahren einsetzen lassen, liefern programmierte Rechenroutinen schnell und zuverlässig die gesuchten Lösungen.

Eine der verbreitetsten Programmiersprachen für mobile Kleincomputer ist BASIC. Zu der BASIC-Grundversion aus dem Jahr 1965 sind inzwischen viele BASIC-Dialekte hinzugekommen. Der SHARP PC-1500 (A) kann ohne Zusatz-Software in einem leistungsfähigen SHARP-BASIC programmiert werden.

1984 wurde vom ANSI-Kommitee in den USA ein neuer BASIC-Standard vorgeschlagen, der die positiven Entwicklungen in den BASIC-Dialekten berücksichtigt.

Spezielle Software aus dem Haus HOLTKÖTTER in Hamburg macht es möglich, das SHARP-BASIC auf ein BASIC 84 auszuweiten.

Obwohl das Grundkonzept dieses Buches auf dem SHARP-BASIC basiert, wird auch auf die Möglichkeiten eingegangen, die sich aus der Verwendung des BASIC 84 ergeben. An der Übertragung wichtiger Programme in ihre BASIC 84-Versionen wird dies demonstriert.

Das Angebot an Anwendungs-Software ist ständig im Wachsen begriffen. Leider ist sie nicht immer preiswert und häufig auch nicht genügend maßgeschneidert. Sie selbst zu erstellen oder zumindest auf einem guten Ansatz aufzubauen, wäre wünschenswert. Dazu soll dieses Buch einen Beitrag leisten.

Berlin, im Sommer 1986 Lothar Marsolek

Inhalt

1 BASIC 7

1.1 Die Besonderheiten des SHARP-BASIC 8

1.1.1 Speicherorganisation 9

1.1.2 Die Variablen 10

1.1.3 Operatoren und Hierarchie der Operatoren 13

1.1.4 Numerische Funktionen 19

1.1.4.1 Funktionen zur Zahlenmanipulation 19

1.1.4.2 Funktionen zur Dezimal- und Hexadezimalumwandlung 20

1.1.4.3 Logarithmische und Exponentialfunktionen 20

1.1.4.4 Trigonometrische Funktionen 21

1.1.4.5 Zufallszahlen 21

1.1.4.6 Weitere numerische Funktionen 22

1.1.5 Stringfunktionen 24

1.1.6 Instruktionen (Anweisungen) 27

1.1.7 Weitere Merkmale des SHARP-BASIC 51

1.2 Erweitertes BASIC 55

1.2.1 PC-BASIC'84 58

1.2.2 PC-WORK 69

2 Rationelle Programmierung 81

2.1 Die Programmblockmethode 82

2.2 Die Zentral-Peripherieprogrammmethode 88

2.3 Programmierarbeitshilfen 91

2.4 Programmdokumentationen 99

2.4.1 Listings 99

2.4.2 Bandaufzeichnungen 100

2.4.3 Generelle Programminformationen 101

2.4.4 Formelsammlungen 102

2.4.5 Gebrauchsanweisungen 103

3 Programmsammlung 109

3.1 Programmblöcke 111

3.1.1 MATRIZEN 111

3.1.2 ANALYTISCHE GEOMETRIE 120

3.1.3 SPHÄRIK 138

3.2 Ein Programmsystem 177

3.2.1 BESTIMMTES INTEGRAL 177

3.2.2 BESTIMMTES INTEGRAL # 185
3.2.3 NULLSTELLE 189
3.2.4 NULLSTELLE # 196
3.2.5 DIFFERENTIALQUOTIENT 199
3.2.6 KURVENDISKUSSION 207
3.2.7 KLOTOIDE LP-Version 215
3.2.8 KLOTOIDE 223
3.2.9 FLÄCHENSCHWERPUNKT 235
3.2.10 FLÄCHENSCHWERPUNKT # 241
3.2.11 KURVENSCHWERPUNKT 245
3.2.12 TRÄGER AUF ZWEI STÜTZEN 250
3.2.13 GRAPHEN IM KOORDINATENSYSTEM 256
3.3 Einzelprogramme 271
3.3.1 QUADRATISCHE UND KUBISCHE GLEICHUNG 271
3.3.2 DREIECK 275
3.3.3 EXTREMPUNKTCHARAKTER 279
3.3.4 FEHLERRECHNUNG 282
3.3.5 SCHWERPUNKT ZUSAMMENGESETZTER KURVEN (FLÄCHEN) 288
3.3.6 VARIABLENSUCHE 290
3.3.7 RESERVE-TASTENBELEGUNGEN 293
4 Anhang 294
4.1 Liste der verwendeten Kürzel 295
4.2 Liste der Programme 295
4.3 Liste der SHARP-BASIC-Abkürzungen 297
4.4 Schrifttum 298
4.5 Verwendete Symbole 298
4.6 Sachverzeichnis 299

1 BASIC

Die Programmiersprache BASIC wurde 1965 am Dartsmouth College in den USA entwickelt. BASIC ist die Abkürzung von Beginners All-Purpose Symbolic Instructions Code.

Wegen des begrenzten Speicherraums der ersten mobilen Microcomputer - aber auch wegen seiner leichten Erlernbarkeit und Dialogfreudigkeit - wurde BASIC schnell die Vorzugsprogrammiersprache dieser Computertypen.

Innerhalb einer Zeitspanne von fast 20 Jahren entwickelte sich aus der BASIC-Grundversion eine Vielzahl von BASIC-Dialekten.

Vom American Standard Institute wurden im Laufe der Zeit zwei Standards entwickelt. Der erste (ANSI X3.60-1978) wird als ANSI Minimal BASIC bezeichnet. Ihm genügen fast uneingeschränkt nahezu alle heute verwendeten BASIC-Dialekte. Der zweite - auch als Level 1 Standard bezeichnete - Standard wurde vom ANSI-Unterkommitee X3J2 im Jahr 1984 entwickelt. Er berücksichtigt die positiven Entwicklungen in den BASIC-Dialekten.

Bei dem für den SHARP PC-1500 (A) vorgesehenen BASIC - hier kurz auch als SHARP-BASIC bezeichnet - handelt es sich um einen BASIC-Dialekt, der zwischen dem Minimal BASIC und dem Level 1 Standard einzuordnen ist.

Das SHARP-BASIC muß als relativ leistungsfähig angesehen werden, obwohl es hinsichtlich einer übersichtlichen, strukturierten Programmierung einige Wünsche offen läßt.

Mehrere Soft- und Hardware-Hersteller haben inzwischen dazu beigetragen, durch zusätzliche - meist in Maschinensprache programmierte Routinen - das SHARP-BASIC aufzubessern.

In diesem Zusammenhang sind zwei umfangreiche Software-Pakete, die aus dem Haus HOLTKÖTTER in Hamburg stammen, zu nennen. Es handelt sich um ein PC-WORK und ein PC-BASIC'84.

In Form von Maschinenprogrammen wird hier über ein Einspielen eines Bandes in den PC-1500 (A) dessen BASIC so erweitert, daß es dem Level 1 Standard angepaßt ist. Deswegen wird es im folgenden kurz das BASIC 84 genannt.

Das Grundkonzept dieses Buches beruht auf der Benutzung des SHARP-BASIC. Wegen der hervorragenden Bedeutung des BASIC 84 wird jedoch darüber hinaus auf die Möglichkeiten eingegangen, die sich aus seiner Verwendung ergeben. Speziell werden Programme von übergeordneter Bedeutung in das BASIC 84 umgesetzt, um dessen Vorzüge gegenüber dem SHARP-BASIC herauszustellen.

In den folgenden Ausführungen wird grundsätzlich vorausgesetzt, daß sich der Leser mit der Bedienungsanleitung für den SHARP PC-1500 (A) vertraut gemacht hat. Dazu gehört insbesondere die Kenntnis der Bedeutungen der BASIC-Instruktionen, -Funktionen und -Operatoren des SHARP-BASIC sowie ihrer Anwendung.

Auf die Besonderheiten des SHARP-BASIC und auf seine Anwendung beim Programmieren wird jedoch ausführlich eingegangen. Dies geschieht in der Erstellung kleiner Programmroutinen für leicht überschaubare Probleme und durch Verweise auf bestimmte Stellen in den Programmen der Programmsammlung.

1.1 Die Besonderheiten des SHARP-BASIC

Für die Anwender einer Programmiersprache wäre eine konsequente Normierung der Bedeutung und Wirkungsweise aller verwendeten Sprachelemente ideal. Damit würde eine Übertragung von Programmen auf alle Computer, die die betreffende Sprache verarbeiten können, ermöglicht.

Leider trifft dies für die Programmiersprache BASIC nicht zu. Zuweilen haben hier Sprachelemente verschiedener BASIC-Dialekte gleiche Namen aber unterschiedliche Bedeutungen. Deswegen wird in der folgenden Aufstellung auf die Besonderheiten des SHARP-BASIC eingegangen.

1.1.1 Speicherorganisation

Schon in der Speicherorganisation unterscheidet sich der SHARP PC-1500 (A) von anderen vergleichbaren Computertypen, wie etwa dem PACKARD HP-71B. Während beim HP-71B der Platz, der zur Speicherung von Variablen, BASIC-Programmen und Zwischenrechnungen benötigt wird, aus einem zentralen Speicherbereich entnommen wird, sind beim SHARP PC-1500 (A) die einzelnen Speicherbereiche voneinander getrennt.

Die Aufteilung des gesamten Speicherbereiches erfolgt beim PC-1500 (A) in BASIC-Stack, Eingabepuffer, Standardvariablenspeicher, Standardstringvariablenspeicher, RESERVE-Speicher und Programmspeicher. Der letztere wird auch als Hauptspeicher bezeichnet. Beim PC-1500 A kommt noch ein besonderer Speicherbereich hinzu, der Maschinenprogramme aufnehmen kann.

Der BASIC-Stack ist mit 196 Byte Umfang recht schmal ausgelegt, zumal er nicht nur zur Berechnung von numerischen Ausdrücken, sondern auch zur Bearbeitung von FOR-NEXT-Schleifen und GOSUB-RETURN-Sprüngen dient.

Obwohl zwei ERROR-Meldungen (ERROR 14 und ERROR 15) vorgesehen sind, die signalisieren sollen, daß die Kapazität des BASIC-Stack durch eine FOR-NEXT-Schleife, ein Zwischenergebnis eines numerischen Ausdrucks oder eine GOSUB-Ebene überschritten wird, hat der PC-1500 (A) hier eine Schwachstelle: Bei mehreren nacheinander ausgeführten GOSUB-RETURN-Sprüngen mit Labels (Marken) als alphanumerischen Sprungadressen vergißt der Computer ohne Warnung bei Überschreitung der BASIC-Stack-Kapazität, aus welchem aufrufenden Programm der Sprung erfolgte. Dies führt dazu, daß der nächste Sprung, bei dem die Zieladresse eine Zeilennummer ist, in einem falschen Programmblock ausgeführt wird.

Diese Fehler sind wegen der ausbleibenden Warnung schwer zu lokalisieren. Desgleichen ist das Umgehen einer solchen Fehlerquelle beim Programmieren zuweilen schwierig. In der Regel hilft das Setzen neuer Labels weiter. Dies ist beispielsweise im Programm NULLSTELLE in der Zeile 70 durch das Setzen des

Labels "x" und im Programm KLOTOIDE in der Zeile 540 durch das Setzen des Labels "i" geschehen. Da in den beiden Beispielen die genannten Labels mit der GOTO-Instruktion angesprungen werden, müssen nachfolgende Sprunganweisungen mit Zeilennummern als Adressen - wie hier gewünscht - in dem betreffenden Programmblock ausgeführt werden.

Der Standardvariablenspeicher und der Standardstringvariablenspeicher weisen den Vorzug auf, daß ihre Variablen unter Verwendung einer indirekten Adressierung angesprochen werden können. Dies geschieht etwa im Programm VARIABLENSUCHE.

Der RESERVE-Speicher ist mit seinen 188 Bytes - wie der BASIC-Stack - zu klein dimensioniert. Dadurch führt eine anspruchsvolle Belegung der 6 RESERVE-Tasten in den 3 Ebenen rasch zum ERROR 13. Das Programm RESERVE-TASTENBELEGUNGEN ist ein Beispiel für eine maximal ausgeschöpfte Kapazität.

Die Aufteilung des gesamten Speicherbereiches in Teilbereiche führt neben den genannten Vor- und Nachteilen dazu, daß freie Speicherkapazitäten dort, wo sie benötigt werden, nicht genutzt werden können.

Eine Erweiterung der Teilbereiche ist nur für den Haupt- und Maschinenprogrammspeicher vorgesehen. Die Erweiterung der Speicherbereiche erfolgt hier durch das Einstecken von Speichererweiterungsmodulen in das Modulfach des PC-1500 (A).

1.1.2 Die Variablen

Neben den numerischen Variablen A bis Z können im SHARP-BASIC weitere numerische Variablen mit zwei Zeichen im Namen erzeugt werden. Dies geschieht automatisch bei ihrer ersten Verwendung. Das erste Zeichen solcher Variablen muß ein Großbuchstabe und das zweite eine Ziffer oder ein weiterer Großbuchstabe sein. Dabei sind jedoch als Namen BASIC-Schlüsselwörter - wie etwa IF und TO - verboten, um Verwechslungen auszuschließen. Dies ist der Grund dafür, weshalb Kombinationen von zwei Großbuchstaben für Variablennamen in anderen BASIC-Dialekten verboten sind. An die Namen von Variablen mit zwei Zeichen im Namen können noch weitere Ziffern oder Großbuchstaben angehängt werden, solange kein BASIC-Schlüsselwort entsteht. Bei der Verarbeitung solcher Variablen werden die zusätzlichen Zeichen ignoriert.

Außerdem lassen sich numerische Variablen mit der DIM-Instruktion erzeugen.

Die Speicherung von Zahlen in numerischen Variablen erfolgt mit Vorzeichen, 10-stelliger Mantisse, 2-stelligem Exponenten und dessen Vorzeichen. Grundlage ist dabei das Format USING "+#.## #######^". Mit der Mantisse sind die eine Ziffer vor dem Dezimalpunkt und die neun Ziffern hinter dem Dezimalpunkt gemeint. Der Exponent bezieht sich auf die Zehnerpotenz.

Der Rechenbereich ist durch die Werte -99 und +99 bei den Zehnerpotenzen gekennzeichnet.

Die Rechnungen im BASIC-Stack werden mit 12-stelliger Mantisse durchgeführt, jedoch für die Anzeige zur 10. Stelle gerundet.

Einen Einfluß auf die Genauigkeit der Variablen, d.h. auf die Anzahl der Stellen, mit der Zahlen gespeichert werden, kann man im SHARP-BASIC nicht ausüben. Andere BASIC-Dialekte sehen hier zusätzlich die Genauigkeit SHORT (5-stellige Mantisse bei gleichem Exponenteninterval1) und INTEGER (zwischen -99999 und +99999) vor. Die 10-stellige Mantisse würde hier durch die Genauigkeit REAL gekennzeichnet werden. Auch ein DOUBLEREAL - also eine doppelte normale Genauigkeit - ist nicht ungebräuchlich.

Die Genauigkeit REAL ist in den einzelnen BASIC-Dialekten - ebenso wie der Rechenbereich - recht verschieden. Das SHARP-BASIC schneidet hier nicht schlecht ab, ist aber dem BASIC des HP-71B - wie auch an vielen anderen Stellen - unterlegen.

Die Stringvariablen (Textvariablen) des SHARP-BASIC sind ähnlich wie die numerischen Variablen konzipiert, nur dienen sie zur Aufnahme von Zeichenfolgen. Neben den Standardstringvariablen A$ bis Z$ lassen sich auch hier mit den gleichen Einschränkungen wie bei numerischen Variablen Stringvariablen mit zwei Zeichen im eigentlichen Namen erzeugen.

Alle bisher genannten Stringvariablen haben die gemeinsame Eigenschaft, daß sie maximal 16 Zeichen aufnehmen können. Eine unschöne Besonderheit des SHARP-BASIC bewirkt an dieser Stelle, daß bei dem Versuch, mehr als 16 Zeichen in eine solche Stringvariable einzulesen, der 16 Zeichen überschreitende Rest ohne Warnung abgetrennt wird.

Werden Stringvariablen benötigt, die maximal mehr oder weniger als 16 Zeichen aufnehmen können, so lassen sich diese mit DIM-Instruktionen erzeugen.

Der Speicherplatz für alle numerischen und Stringvariablen, die nicht Standard- bzw. Standardstringvariablen sind, wird im Hauptspeicher bei ihrer Erzeugung reserviert, kann also bei der Speicherung von BASIC-Programmen nicht mehr verwendet werden.

Umgekehrt kann ein Programm, das solche Variablen benutzt, von seinem Umfang her in den Hauptspeicher passen, jedoch nicht lauffähig sein, weil der Platz für die genannten Variablen fehlt.

Für das aus Platzgründen wünschenswerte gezielte Löschen einzelner nicht mehr benötigter Variablen und Felder sieht das SHARP-BASIC keine BASIC-Instruktion vor. Dies ist ein entscheidender Nachteil, der unter anderem dazu führt, daß um eine DIM-instruktion in einem Programmteil beim zweiten Durchlauf umständlich herum verzweigt werden muß, weil es sonst zum ERROR 5 kommt, der signalisiert, daß eine Feldvariable bereits verwendet wurde.

Die Wertzuweisung zu numerischen Variablen und die Stringzuweisung zu Stringvariablen erfolgt unter Verwendung des Gleichheitszeichens, wobei der String in Anführungszeichen zu setzen ist. Beispiele: A = 25 , A$ = "LEO"

1.1.3 Operatoren und Hierarchie der Operatoren

Allgemein wird zwischen arithmetischen, logischen und Vergleichsoperatoren unterschieden. Mit ihnen lassen sich mathematische Operationen ausführen. Die dabei verwendeten Symbole werden häufig gleichzeitig zur Beschreibung analoger Operationen mit Strings benutzt.

Zu diesen Operationen kommen noch Verknüpfungen von BASIC-Anweisungen in BASIC-Programmen oder im Display hinzu.

Im SHARP-BASIC sind die folgenden arithmetischen Operatoren mit den dazugehörigen Operationen vorgesehen:

+	Addition
-	Subtraktion
*	Multiplikation
/	Division
^	Exponentation

Dazu kommen in manchen anderen BASIC-Dialekten noch zwei weitere Operatoren:

\ (DIV)	ganzzahlige Division
%	hier gibt X%Y X Prozent von Y zurück

Der zuletzt genannte Operator ist zwar im Zeichensatz des SHARP-BASIC enthalten, jedoch nicht als Operator einsetzbar.

Hinsichtlich der Verkettung von Strings wird im SHARP-BASIC das Additionszeichen zum Aneinanderreihen von Teilstrings verwendet. Andere BASIC-Dialekte benutzen an seiner Stelle das Zeichen &, welches im SHARP-BASIC wiederum zur Signierung von Hexadezimalzahlen dient.

Unter den logischen Operatoren finden sich im SHARP-BASIC:

AND	logisches und
OR	logisches oder
NOT	logische Negation

Auch diese Liste wird in anderen BASIC-Dialekten noch durch einen weiteren logischen Operator ergänzt, nämlich:

EXOR	logisches entweder oder

NOT wird im SHARP-BASIC als Operator und gleichzeitig als Funktion bezeichnet. Was seine Verwendung als Operator mit der Bedeutung einer logischen Negation anbelangt, ist hier eine kritische Bemerkung angebracht:

Unter einer logischen Negation versteht man im allgemeinen die Umkehrung des Wahrheitswertes einer Aussage von 1 (wahr) in 0 (falsch) und umgekehrt. Im BASIC des HP-71B gibt deswegen auch NOT 1 eine 0 und NOT 0 eine 1 zurück. Genauer gilt dort $X \neq 0 \Rightarrow$ NOT $X = 0$ und $X = 0 \Rightarrow$ NOT $X = 1$, d.h. Werte ungleich Null werden dem Wahrheitswert 1 (wahr) gleichgestellt.

Die entsprechende Zuordnung ist im SHARP-BASIC nur für Argumente im offenen Intervall (-32768;+32767) vorgesehen und läßt sich für ganzzahlige Argumente X durch NOT $X = -(X + 1)$ beschreiben.

Die eigentliche Berechnung von NOT X erfolgt jedoch nach einem anderen Prinzip, das auch bei der Verwendung der Operatoren OR und AND eine Rolle spielt. X wird von NOT als eine 16-stellige Binärzahl, d.h. im Dualsystem, interpretiert. In dieser Binärzahl werden von der <u>NOT-Funktion</u> - die also nur einen eingeschränkten Operatorencharakter hat - alle Ziffern invertiert, d.h. eine 0 wird in eine 1 verwandelt und umgekehrt. Der Computer gibt aber nicht die so gebildeten binären Darstellungen zurück und auch nicht unbedingt ihre dazugehörigen dezimalen Werte sondern berücksichtigt, daß negative Zweierpotenzen durch ihr "Zweierkomplement" dargestellt werden. Ihre Bildung zeigt das folgende Schema:

dezimal		binär
$-1 = -2^0$	⟶	1...11111
$-2 = -2^1$	⟶	1...11110
$-4 = -2^2$	⟶	1...11100
$-8 = -2^3$	⟶	1...11000
$-16 = -2^4$	⟶	1...10000

Dazwischen angesiedelte negative ganze Dezimalzahlen lassen sich nun ebenfalls binär darstellen. Dies wird im folgenden am Beispiel der binären Darstellung von -13 (dezimal) gezeigt. Da sich -13 in -16 + 3 zerlegen läßt, gilt:

dezimal		binär
-16	⟶	1...10000
+3	⟶	0...00011
+		
-13	⟶	1...10011

Wie man sieht, geht aber diese binäre Darstellung aus der Invertierung von 0...01100 (binär) mit der Bedeutung von 12 (dezimal) hervor. Deswegen gibt NOT -13 eine 12 und NOT 12 eine -13 zurück.

Die Invertierung der Ziffern bei einer binären Darstellung einer Zahl im genannten Intervall stellt demnach eine übergeordnete Umkehrung der durch sie beschriebenen Wahrheitswerte dar. Insofern hat NOT also tatsächlich Operatorcharakter wie in anderen BASIC-Dialekten.

Für die Operatoren OR und AND ergeben sich damit im SHARP-BASIC folgende Konsequenzen: Werden logische Ausdrücke mit OR oder AND verknüpft, so interpretiert der Computer ihre Wahrheitswerte 1 (wahr) und 0 (falsch) als binäre Zahlen. Im Fall von OR lautet das Ergebnis 0, wenn beide Ausdrücke den Wert 0 haben, sonst heißt das Ergebnis 1. Für AND lautet das Ergebnis 1, wenn beide Ausdrücke durch 1 gegeben sind, sonst wird eine 0 zurückgegeben.

Bei der Anwendung von OR auf zwei numerische Ausdrücke werden diese als Binärzahlen interpretiert und ziffernweise verglichen. Es wird eine Binärzahl erzeugt, die dort Nullen aufweist, wo in den Operanden zugleich Nullen standen. Alle anderen Ziffern dagegen sind durch 1 gegeben.

Entsprechend wird bei der Anwendung von AND auf zwei numerische Ausdrücke verfahren. Die erzeugte Binärzahl weist überall dort eine 1 auf, wo in den Operanden zugleich Einsen standen. Alle sonstigen Plätze sind mit Nullen belegt.

Zurückgegeben werden die Ergebnisse wieder nicht als Binär- sondern als Dezimalzahlen. Zu beachten ist ferner, daß die Operanden im zulässigen Intervall liegen müssen.

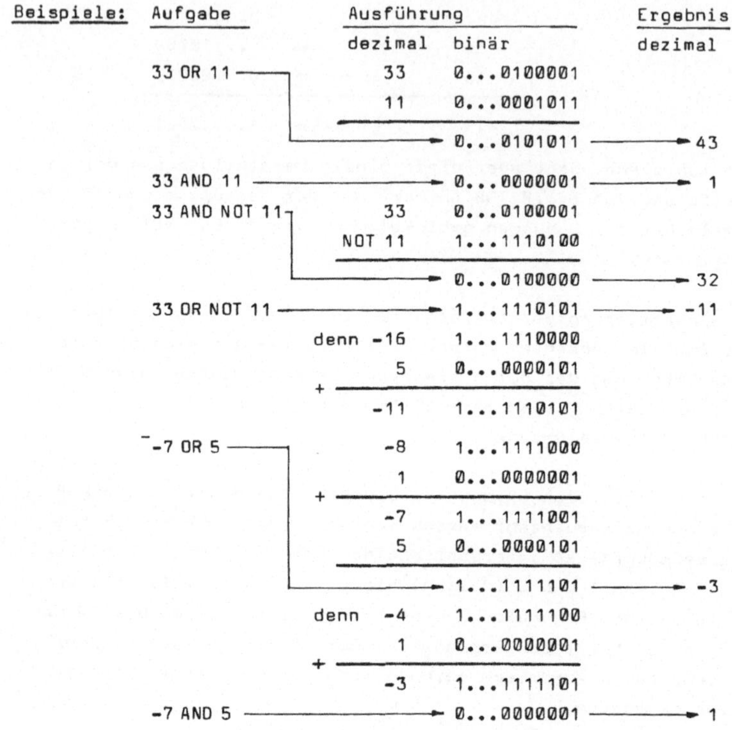

Was die Interpretation von Wahrheitswerten ungleich 0 anbelangt, so wird wie beim HP-71B verfahren, d.h. sie werden dem Wahrheitswert 1 gleichgestellt. Abweichend davon interpretieren Anfangsserien des PC-1500 nur Wahrheitswerte ≥ 0 als wahr!

Im allgemeinen werden logische Operationen und Vergleichsoperationen im Zusammenhang mit der IF-Instruktion verwendet. Soweit dies nicht geschieht, muß bei der Abfrage des Wahrheitswertes mit dem Gleichheitszeichen - wenn links vor dem Gleichheitszeichen eine Variable steht - eine Klammer um den logischen Ausdruck gesetzt werden, damit keine Zuordnung erfolgt.

Bei der Aufstellung der Hierarchie der Operatoren ist im Handbuch zum SHARP PC-1500 (A) ein Fehler in der Auflistung der Reihenfolge der Prioritätsstufen enthalten. Einen eigentlichen NOT-Operator auf der Stufe der logischen Operatoren AND und OR gibt es nicht. Die NOT-Funktion dagegen gehört nach ihrem Verhalten eindeutig auf die Stufe der Funktionsoperationen. Dies zeigt das folgende Beispiel.

Beispiel: NOT $1 \wedge 2 \longrightarrow (-2) \wedge 2 \longrightarrow 4$, aber NOT $(1 \wedge 2) \longrightarrow$ NOT $1 \longrightarrow -2$

Hinsichtlich der Vergleichsoperatoren ist das SHARP-BASIC recht vollständig ausgestattet:

<	kleiner
<=	kleiner oder gleich
=	gleich
>=	größer oder gleich
>	größer
<>	ungleich

Bis auf die Variante, daß manche anderen BASIC-Dialekte für die Abfrage der Ungleichheit das Symbol # verwenden - welches im SHARP-BASIC bei der USING-Instruktion benutzt wird - gibt es dort speziell in neueren BASIC-Dialekten auch noch ein:

?	hier gibt X ? Y den Wahrheitswert 1 zurück, wenn mindestens einer der beiden verglichenen Ausdrücke "ungeordnet" ist, d.h. die Bedeutung von NaN (Not a Number) hat. Dabei ist NaN das Ergebnis einer ungültigen Operation.

Dieselben Vergleichsoperatoren dienen im SHARP-BASIC auch zum Vergleich von Strings. Das Ziel dabei ist die Erkennung der lexikalischen Reihenfolge der Zeichen, so wie sie im ASCII-Code (American Standard Code for Information Interchange) festgelegt ist. Ein Zeichen steht *vor* einem anderen, wenn sein entsprechender Code - das ist eine Zahl - *kleiner* ist als der Code des Zeichens, mit dem es verglichen wird. Der Vergleich zweier Zeichenketten erfolgt, indem schrittweise ihre Zeichen an entsprechenden Stellen verglichen werden, wobei von links nach rechts gelesen wird und bei unterschiedlicher Länge der Zeichenketten die kürzere mit ASCII-Nullen aufgefüllt wird.

Aufpassen muß man bei der Verwendung von Groß- und Kleinbuchstaben. Soll wirklich wie im Lexikon geordnet werden, so müssen die Kleinbuchstaben zuerst in Großbuchstaben verwandelt werden, wofür jedoch im SHARP-BASIC keine elementare Funktion vorgesehen ist. Im BASIC des HP-71B heißt sie UPRC$. Außerdem ist der Zeichensatz im ASCII-Code für die Verarbeitung der deutschen Sprache unvollständig. Neuere BASIC-Dialekte weisen hier eine Ergänzung des Zeichensatzes auf.

In gewisser Hinsicht müssen im SHARP-BASIC auch der Doppelpunkt und das Komma als Operatoren angesehen werden. Der Doppelpunkt trennt nicht nur BASIC-Anweisungen in BASIC-Programmen, sondern bewirkt auch ihre sequentielle Ausführung. Andere BASIC-Dialekte verwenden für dieselbe Aufgabe den "Klammeraffen" @, der im SHARP-BASIC sowohl zur indirekten Adressierung der Standard- und Standardstringvariablen als auch als ENTER im RESERVE-Mode dient.

Sequentiell auszuführende Anweisungen im Display werden im SHARP-BASIC durch Kommata getrennt. Dasselbe bewirkt in anderen BASIC-Dialekten der schon erwähnte " Klammeraffe" @.

Die Rangfolge oder Hierarchie der Operatoren ist in dem folgenden Schema wiedergegeben. Zu den Operatoren gehörige Operationen mit höherer Priorität werden zuerst aufgeführt. Operationen mit gleicher Prioritätsstufe werden von links nach rechts nacheinander abgearbeitet.

1. Klammerausdrücke. Verschachtelte Klammern werden von innen nach außen bearbeitet.
2. Funktionsoperationen in Bezug auf das folgende Argument einschließlich der NOT-Funktion
3. Exponentation ∧
4. Vorzeichen +, -
5. NOT-Operator bzw. NOT-Funktion
6. Multiplikation *, Division /
7. Addition +, Subtraktion -
8. Vergleichsoperatoren <, <=, =, >=, >, <>
9. Logische Operatoren AND, OR

Auch hier gibt es in den BASIC-Dialekten Abweichungen von dieser Hierarchie. Zuweilen hat das logische NOT denselben Rang wie das Vorzeichen und das logische AND steht nach den Vergleichsoperatoren und vor dem logischen OR, auf dessen Stufe sich auch das logische EXOR befindet.

Eine positive Besonderheit des SHARP-BASIC liegt hinsichtlich der Klammersetzung darin, daß Argumente von Funktionen - soweit die Hierarchie der Operatoren es nicht anders erfordert - nicht in Klammern eingeschlossen werden müssen. Dies führt zu kürzeren Programmen und verbesserter Übersichtlichkeit.

1.1.4 Numerische Funktionen

Im Vergleich mit anderen BASIC-Dialekten schneidet das SHARP-BASIC - was seine Ausstattung mit numerischen Funktionen anbelangt - in den folgenden aufgeführten Gruppen unterschiedlich gut ab. Relativ konfortabel ist seine Ausstattung im trigonometrischen Bereich, am dürftigsten ist sie hinsichtlich der Zahlenmanipulation.

1.1.4.1 Funktionen zur Zahlenmanipulation

Das SHARP-BASIC kennt hier nur die Funktionen ABS (absoluter Betrag), INT (gibt die größte ganze Zahl zurück, deren Wert kleiner oder gleich dem Argument ist) und SGN (Vorzeichen).

Bei der SGN-Funktion ist zu beachten, daß sie für das Argument 0 eine 0 zurückgibt. Eine modifizierte Vorzeichenfunktion, die in diesem Fall - wie SGN bei positiven Argumenten - eine 1 zurückgibt, ist durch (X = 0) + SGN X gegeben. Hier wird die Klammer bei ihrer Auswertung durch den Computer als logischer Ausdruck aufgefaßt und liefert für X = 0 den Wahrheitswert 1. Der zweite Summand dagegen liefert für X = 0 eine 0. Damit hat die Summe den Wert 1. In allen anderen Fällen benimmt sich die modifizierte Vorzeichenfunktion wie die SGN-Funktion.
Beispiel: Programm ANALYTISCHE GEOMETRIE; Zeile 245

In anderen BASIC-Dialekten ist INT auch durch die gleichbedeutende Funktion FLOOR ersetzt und es sind weitere Funktionen zur Zahlenmanipulation vorgesehen: IP (ganzzahliger Anteil des Arguments mit Vorzeichen), FP (gebrochener Anteil des Arguments - das ist der Teil der Zahl hinter dem Dezimalpunkt einschließlich Dezimalpunkt und Vorzeichen), CEIL (kleinste ganze Zahl größer oder gleich dem Argument).

1.1.4.2 Funktionen zur Dezimal- und Hexadezimalumwandlung

Hexadezimalzahlen erhalten im SHARP-BASIC zu ihrer Signierung ein & vorangestellt. Eigentliche Umwandlungsfunktionen von Hexadezimalzahlen in Dezimalzahlen und umgekehrt kennt das SHARP-BASIC nicht. Für natürliche Zahlen zwischen 1 und 65535 zuzüglich der 0 lassen sich jedoch gleichwertig ihre hexadezimalen Darstellungen &0 bis &FFFF verwenden. Schreibt man die hexadezimale Darstellung einer solchen Zahl ins Display, so wird nach einem ENTER ihr dezimaler Wert zurückgegeben.

Hexadezimale Darstellungen von Zahlen werden etwa bei der Adressierung von Speichern eingesetzt.
Beispiele: Programm RESERVE-TASTENBELEGUNGEN; Ebene I, F2 F3 F5 F6; Ebene II, F4 F6

Andere BASIC-Dialekte realisieren mit den Funktionen DTH$ (Umwandlung von Dezimalzahl in Hexadezimalzahl) und HTD (Umwandlung von Hexadezimalzahl in Dezimalzahl) Umrechnungsmöglichkeiten.

1.1.4.3 Logarithmische und Exponentialfunktionen

Von den Logarithmus- und Exponentialfunktionen sind im SHARP-BASIC nur LOG (Logarithmus zur Basis 10), LN (natürlicher Logarithmus) sowie EXP (Exponentation zur Basis e) vorgesehen.

Abgesehen davon, daß andere BASIC-Dialekte zuweilen die Symbole LGT und LOG10 für den Zehnerlogarithmus jedoch dafür auch LOG für den natürlichen Logarithmus verwenden, finden sich bei ihnen zuweilen zusätzlich Funktionen, die eine sehr genaue Bestimmung von $\ln x$ in der Nähe von $x = 1$ und von e^x in der Nähe von x = 0 gestatten. Auch die Hyperbelfunktionen HSN (Hyperbelsinus), HCS (Hyperbelkosinus) und HTN (Hyperbeltangens) sowie ihre Umkehrfunktionen AHS (Areasinus), AHC (Areakosinus) und AHT (Areatangens) finden zuweilen Aufnahme in BASIC-Dialekten.

1.1.4.4 Trigonometrische Funktionen

Die trigonometrischen Funktionen SIN (Sinus), COS (Kosinus) und TAN (Tangens) sowie ihre Umkehrfunktionen ASN (Arkussinus), ACS (Arkuskosinus) und ATN (Arkustangens) sind im SHARP-BASIC unter Verwendung der drei Winkelmodi DEGREE (Altgrad), GRAD (Neugrad) und RADIAN (Bogenmaß) einsetzbar. Auch an die Umwandlung dezimaler Altgraddarstellungen in ihre sexagesimale Form und umgekehrt ist durch die Funktionen DMS (Umwandlung von dezimal in sexagesimal) und DEG (Umwandlung von sexagesimal in dezimal) gedacht worden. Noch einmal muß hier die positive Besonderheit des SHARP-BASIC hinsichtlich der Klammersetzung hervorgehoben werden.

<u>Beispiel:</u> Wo in anderen BASIC-Dialekten umständlich etwa A = LOG (SIN (ABS (DEG (X)))) steht, fallen im SHARP-BASIC alle Klammern weg und es ergibt sich
A = LOG SIN ABS DEG X

Leider ist im SHARP-BASIC die Umrechnung von Polarkoordinaten in kartesische Koordinaten und umgekehrt nicht vorgesehen. Wenigstens die ANGLE-Funktion hätte man berücksichtigen sollen. Sie gibt in anderen BASIC-Dialekten bei Vorgabe der kartesischen Koordinaten den dazugehörigen Polarwinkel zurück. Soweit Programme auf Polarkoordinaten angewiesen sind, müssen die entsprechenden Funktionen erst programmiert werden.

<u>Beispiel:</u> Programm ANALYTISCHE GEOMETRIE; Zeile 5, 10 und Sprungadressen

1.1.4.5 Zufallszahlen

Für die Erzeugung von Pseudo-Zufallszahlen ist im SHARP-BASIC die numerische Funktion RND vorgesehen. Ihr Einsatz erfordert das Hinzufügen eines numerischen Arguments. Ist X das Argument, so gilt für $0 \leq X < 1 \Rightarrow 0 \leq \text{RND } X < 1$ und für $X \geq 1 \Rightarrow 1 \leq \text{RND } X \leq \text{INT } X$.

Es können also sowohl positive Dezimalzahlen zwischen 0 und 1 als auch natürliche Zahlen als Pseudo-Zufallszahlen erzeugt werden. Dezimalzahlen werden mit 10-stelliger Genauigkeit ausgegeben. Das fortlaufende Ausführen von RND X liefert eine Folge von Pseudo-Zufallszahlen.

Nach dem Einschalten des PC-1500 (A) erhält man im SHARP-BASIC jeweils die gleiche Folge von Pseudo-Zufallszahlen. Dies gilt jedoch nicht für das BASIC 84, da hier die OFF-Taste des Computers mit der Bedeutung von BYE - was einem AUTO POWER OFF entspricht - belegt ist.

Mit der RANDOM-Instruktion läßt sich sowohl im SHARP-BASIC als auch im BASIC 84 eine andere Folge von Pseudo-Zufallszahlen initiieren.

In anderen BASIC-Dialekten ist die Erzeugung lediglich dezimaler Pseudo-Zufallszahlen im Intervall [0;1) vorgesehen. Auch die Vorgabe eines Arguments für RND ist dort nicht erlaubt. Dafür darf bei RANDOMIZE - was hier grundsätzlich die gleiche Bedeutung wie RANDOM hat - ein numerisches Argument hinzugefügt werden. Dann basiert die Folge der erzeugten Pseudo-Zufallszahlen auf dem Wert dieses Arguments. Wird RANDOMIZE ohne das Hinzufügen eines Arguments ausgeführt, so wird in diesem Fall die Uhrzeit des Computers als Grundlage für den Startwert verwendet.

1.1.4.6 Weitere numerische Funktionen

Hier findet sich im SHARP-BASIC die schon bei den logischen Operatoren ausführlich beschriebene NOT-Funktion.

Aufpassen muß man bei ihrer Anwendung auf Dezimalzahlen, die versteckt in manchen Rechnungen auftreten können. Die NOT-Funktion wirkt nur auf den ganzzahligen Anteil von Dezimalzahlen, die außerdem im offenen Intervall (-32768;+32767) liegen müssen. Damit läßt sich das offensichtlich falsche Ergebnis erklären, das von NOT (3∧2)⟼-9 zurückgegeben wird. Die Berechnung von 3∧2 erfolgt im BASIC-Stack mit 12-stelliger Mantisse und lautet dort 8,999... . Nur nach einer Rundung vor der Ausgabe liefert 3∧2 den Wert 9. Wie beschrieben, wirkt nun NOT hinsichtlich 8,999... nur auf den ganzzahligen Anteil 8. Das Ergebnis ist -9 und damit falsch.

Noch einmal muß herausgestellt werden: NOT wirkt bei logischen Ausdrücken auf deren Wahrheitswert und zwar im Sinn der NOT-Funktion. Einen logischen Operator NOT, der den anderen logischen Operatoren AND und OR gleichgestellt ist, gibt es im SHARP-BASIC nicht.

Eine weitere Funktion im SHARP-BASIC ist die Quadratwurzel √ , für die auch der Name SQR verwendet werden kann.

Die Kreiszahl π, die auch den Namen PI hat, ist im SHARP-BASIC keine Funktion sondern eine Konstante, deren Wert mit 10-stelliger Mantisse gespeichert ist.

In anderen BASIC-Dialekten finden sich zuweilen noch die folgenden weiteren numerischen Funktionen mit den hinzugefügten Bedeutungen:

FACT	Fakultät einer positiven ganzen Zahl
MAX (x,y)	Maximum zweier Werte x und y
MIN (x,y)	Minimum zweier Werte x und y
MOD (x,y)	x modulo y
RMD (x,y)	Rest bei x/y
RED (x,y)	Reduktion von x um y
RES	Resultat des zuletzt berechneten Ausdrucks

Die meisten dieser aufgeführten Funktionen kann man mühelos programmieren, wenn sie benötigt werden, die wichtigste - nämlich RES - jedoch nicht ohne Aufwand. Ihr Einsatz ist weitreichend und ihr Fehlen im SHARP-BASIC deswegen bedauerlich.

An dieser Stelle muß auch darauf hingewiesen werden, daß das SHARP-BASIC nicht die Möglichkeit vorsieht, im Programm Funktionen zu definieren, die nach der Übergabe von Parametern berechnete Werte zurückgeben. Dies gilt sowohl für numerische als auch für Stringfunktionen.

1.1.5 Stringfunktionen

Stringfunktionen werden auch Textfunktionen genannt und dienen zur Verarbeitung von Texten, die aus Zeichenketten bestehen.

Es gibt Sachverhalte, wo im Zusammenhang mit Zeichenketten auch numerische Größen eine Rolle spielen, etwa bei der Umwandlung einer Zahl in eine Zeichenkette und umgekehrt oder beim Auszählen der Anzahl der Zeichen einer Zeichenkette. Deswegen sind auch Stringfunktionen vorgesehen, die diese Gegebenheiten berücksichtigen.

Die Stringfunktionen des SHARP-BASIC sind in der folgenden Aufstellung - zusammen mit der Erklärung ihrer Wirkungsweise und dazugehörigen Kommentaren - aufgeführt.

Funktion	Wirkung, Kommentar
CHR$	Hier steuert der ganzzahlige Anteil von Argumenten im geschlossenen Intervall [0;127] die Ausgabe eines Zeichens aus dem ASCII-Code mit gleichem dezimalen Code. Beispiel: CHR$ 65 ——► A Das ausgegebene Zeichen kann nicht wie ein in das Display eingegebenes Zeichen für Zuordnungen verwendet werden. Beispiel: CHR$ 65 = 5 ——► ERROR 17 ; keine Gleichwertigkeit mit A = 5 Beispiel: Programm VARIABLENSUCHE; Zeile 20, 60
ASC	Diese Stringfunktion ist die Umkehrfunktion von CHR$. Sie dient zur Ermittlung des dezimalen ASCII-Code-Wertes des ersten Zeichens einer Zeichenkette. Damit erspart man sich für die mit Tasten erzeugbaren Zeichen eine umständliche Suche in der ASCII-Code-Tabelle. Beispiele: ASC "ANTON" ——► 65 2 * ASC "A" ——► 130
LEN	Hiermit wird die Anzahl der Zeichen einer Zeichenkette berechnet und als numerischer Wert ausgegeben. Auch Leerzeichen werden mitgezählt.

Leider kann nicht ohne Umweg die Anzahl der Zeichen einer Zeichenkette, die im Display steht, ausgelesen werden. Damit ist eine gesteuerte Dimensionierung einer Stringvariablen, welche die Zeichenkette aufnehmen soll, nicht möglich.

Beispiel: LEN "BERLIN␣45" ⟶ 9

STR$ Mit dieser Stringfunktion wird der Wert eines numerischen Ausdrucks in eine dezimale Zeichenfolge verwandelt. Obwohl diese formal genauso aussieht wie die Zahl, aus der sie hervorgegangen ist, hat sie ihren Zahlencharakter verloren.

Beispiele: STR$ 25 ⟶ 25
2 * STR$ 25 ⟶ ERROR 17

VAL Diese Stringfunktion ist die Umkehrfunktion von STR$. Sie ermöglicht die Verwandlung einer Zeichenfolge in eine Zahl, indem sie deren Zeichen schrittweise auf ihren Zahlencharakter prüft und gegebenenfalls konvertiert. Nur die Zeichen Ø,1,...,9,E sowie + und -, wenn sie Vorzeichenbedeutung haben, werden berücksichtigt. Sobald ein anderes Zeichen auftritt, wird der Lesevorgang abgebrochen. Eine Ausnahme bildet das Leerzeichen, das überlesen wird. Wird kein lesbares Zeichen gefunden, so erfolgt die Ausgabe einer Ø.

Die Wirkungsweise der VAL-Funktion ist in manchen BASIC-Dialekten viel umfangreicher. Dort lassen sich mit ihr Funktionsanweisungen, die etwa als Zeichenkette in einer Stringvariablen gespeichert sind, auslesen und werden anschliessend ausgeführt. Damit ist hier die Abfrage von Funktionsgleichungen in Programmen möglich.

Die Umgehung dieser Schwachstelle des SHARP-BASIC hat eine umständliche Eingabe der Funktionsanweisung als Programmzeile zur Folge.

Im BASIC 84 hat die beschriebene Funktion den Namen RESULT und wird dort im Zusammenhang mit INEDIT verwendet. RESULT darf nicht mit der numerischen Funktion RES verwechselt werden, die den Wert des zuletzt berechneten Ausdrucks zurückgibt.

Beispiele: 2*VAL "12" ——→ 24
2*VAL "12E3" —→ 24000
4 + VAL "3OTTO" ——→ 7
VAL "LNX" —→ 0 für beliebige Werte X

LEFT$(s,x) Diese Stringfunktion gibt vom String s einen Teilstring zurück, der aus den ersten x Zeichen besteht. Die Zahl x darf größer als die Anzahl der Zeichen im String sein.

Beispiele: S$ = "BERLIN", LEFT$(S$,3) ——→ BER
LEFT$("BER",21) ——→ BERLIN

RIGHT$(s,x) Hier wird vom String s ein Teilstring zurückgegeben, der aus den letzten x Zeichen besteht. Wieder darf x größer als die Anzahl der Zeichen im String sein.

Beispiele: S$ = "BERLIN", Z = 3, RIGHT$(S$,Z) —→
—→ LIN
RIGHT$("BERLIN",21) ——→ BERLIN

MID$(s,x,y) Mit dieser Stringfunktion läßt sich vom String s ein Teilstring bilden, der beim x-ten Zeichen des Strings s beginnt und von hier an y Zeichen entnimmt. Auch hier sind wieder Überschreitungen der sinnvollen Bereichsgrenzen für x und y zugelassen.

Beispiele: S$ = "BERLIN", X = 3, Y = 2,
MID$(S$,X,Y) ——→ RL
MID$("BERLIN",3,0) ——→ Nullstring

INKEY$ Mit Hilfe dieser Stringfunktion ist es möglich, während des Programmablaufs das zu einer betätigten Taste gehörige Zeichen in einer Stringvariablen zu speichern. Dieser Vorgang läßt sich zur Programmsteuerung verwenden.
Genauso ist mit ASCINKEY$ die Speicherung des zum Tastensymbol gehörigen dezimalen ASCII-Code-Wertes in einer numerischen Variablen möglich.

Beispiel:

```
10:"V":S$=""
20:S$=INKEY$
30:IF S$="*"PRINT
   "ENDE"
40:GOTO 10
```

Dieses Programm wird mit DEF V gestartet und bricht nicht ab bis die Taste * gedrückt wird, was auch die Ausgabe des Kommentars ENDE bewirkt.

Zuweilen werden die Funktionen ASC, LEN und VAL nicht den eigentlichen Stringfunktionen CHR$, STR$, LEFT$, RIGHT$, MID$ und INKEY$ zugeordnet, weil sie im Gegensatz zu diesen numerische Ergebnisse zurückgeben.

Abgesehen davon, daß in anderen BASIC-Dialekten für ASC auch das Kürzel NUM verwendet wird, gibt es hier manchmal auch noch eine weitere Stringfunktion POS(s_1,s_2,x), mit der die Position des Strings s_2 innerhalb des Strings s_1 als numerischer Wert bestimmt werden kann. Der optionale numerische Ausdruck x legt die Anfangsposition der Suche in s_1 fest.

Auf die im SHARP-BASIC fehlende Stringfunktion UPRC$, die in einem String alle Kleinbuchstaben in Großbuchstaben umwandelt, wurde bereits hingewiesen.

Um Verwechslungen auszuschließen, ist im SHARP-BASIC der Einschluß von Anführungszeichen in einem String verboten.

1.1.6 Instruktionen (Anweisungen)

Das SHARP-BASIC enthält einen leistungsfähigen Satz von Instruktionen, die in anderen BASIC-Dialekten nicht unbedingt die gleiche Reaktion des Computers zur Folge haben müssen.

Ein Vorzug des SHARP-BASIC liegt darin, daß die meisten BASIC-Schlüsselwörter, zu denen neben den Instruktionen auch die numerischen Funktionen und die Stringfunktionen gehören, abgekürzt eingegeben werden können, wodurch sich die Eingabezeit erheblich reduzieren läßt. Eine geordnete Liste der Schlüsselwörter sowie der dazugehörigen Abkürzungen findet sich im Anhang dieses Buches.

Die Instruktionen des SHARP-BASIC sind in der folgenden Aufstellung - zusammen mit Hinweisen, die ihre Verwendung betreffen, und mit Besonderheiten, die sie aufweisen, - aufgeführt.

Instruktion	Verwendung, Besonderheiten
LET	Mit dieser Instruktion lassen sich numerischen Variablen Werte und Stringvariablen Strings zuweisen. Im SHARP-BASIC darf LET weggelassen werden, wenn die Zuordnung nicht im zweiten Teil einer IF-Instruktion verwendet wird. Beispiele: LET A = 5 kürzer: A = 5 LET S$ = "LEO" kürzer: S$ = "LEO" IF B = 2 THEN LET A = 5 kürzer: IF B = 2 LET A = 5 aber auch: IF B = 2 THEN A = 5
DATA READ RESTORE	Hier handelt es sich um drei Instruktionen, deren Wirkung aufeinander abgestimmt ist. DATA-Anweisungen enthalten Daten, die von READ-Instruktionen ausgelesen werden können. Mit Hilfe von DATA-Anweisungen lassen sich sowohl String- als auch numerische Datenelemente ordnen. Diese werden dann den in den READ-Instruktionen aufgelisteten Variablen zugewiesen. Jedesmal, wenn ein Programm während der Ausführung eine Variable in einer READ-Instruktion findet, ordnet es ihr den nächstfolgenden Wert aus einer DATA-Anweisung zu. Findet das Programm eine READ-Variable, wenn bereits alle Werte einer DATA-Anweisung vergeben sind, so wird dieser Variablen der erste Wert der DATA-Anweisung mit der nächsthöheren Zeilennummer zugeordnet. DATA-Anweisungen können in beliebiger Anzahl an beliebigen Stellen im Programm stehen. Sie werden bei der Programmausführung automatisch übersprungen. Arithmetische Ausdrücke in DATA-Anweisungen sind zulässig. Ihr Wert wird berechnet und der Variablen zugewiesen. READ- und DATA-Instruktionen müssen vom Typ her zueinander passen, da numerische Variablen nur

numerische Werte und Stringvariablen nur Strings aufnehmen können.
Die RESTORE-Instruktion bezieht sich auf eine Zeilennummer oder auf ein Label und bietet die Möglichkeit, diejenige DATA-Anweisung zu benennen, von der an mit der nächsten READ-Instruktion gelesen wird. Läßt man die Zeilennummer oder das Label weg, so wird die RESTORE-Instruktion automatisch auf die mit der kleinsten Zeilennummer versehene DATA-Anweisung bezogen.
Zu beachten ist, daß bei einem Programmstart mit DEF oder GOTO sowie bei einem Rücksprung zum Programmanfang der DATA-Pointer nicht automatisch zurückgesetzt wird. Dies hat zur Folge, daß beim zweiten Programmdurchlauf das Auslesen der Daten fortgesetzt und nicht - wie beabsichtigt - neu begonnen wird. Die Fehlermeldung ERROR 4 signalisiert in diesem Fall, wenn zu einer READ-Instruktion schließlich keine Daten mehr zur Verfügung stehen. Zweckmäßig fügt man an geeigneter Stelle im Programm eine RESTORE-Instruktion ein, die diese Fehlerquelle beseitigt.

Beispiel:

```
10:"V":CLEAR :
   RESTORE :Z=2
20:DATA 5*Z, "LEO"
   ,11
30:DATA 12
40:READ A,A$:Z=4
50:RESTORE 20:
   READ B,B$,C,D:
   END
```

Das mit DEF V gestartete Programm bewirkt schrittweise die folgenden Zuordnungen:

10 ⟶ A
LEO ⟶ A$
20 ⟶ B
LEO ⟶ B$
11 ⟶ C
12 ⟶ D

Beispiele: Programm FLÄCHENSCHWERPUNKT; Zeile 20, 30, 40, 120, 230
Programm KURVENSCHWERPUNKT; Zeile 20, 30, 40, 90, 170

REM

Diese Instruktion ermöglicht das Einfügen von Kommentaren in ein Programm. Von der Stelle an, wo in einer Zeile REM steht, wird der Rest der Zeile als Kommentar aufgefaßt und bei der Programmausführung übergangen.
In manchen anderen BASIC-Dialekten wird das Ausrufezeichen mit derselben Bedeutung wie REM verwendet.

Beispiel:

```
10:"V":REM Dritt          40:PRINT "3.Wurze
   e Wurzel                   l=";R
20:INPUT "R=";R           50:GOTO 20
30:R=R^(1/3)
```

Das Programm wird mit DEF V gestartet und fragt sofort nach dem Wurzelradikanden R. Der Text "Dritte Wurzel" in der Zeile 10 wird übergangen. Dies gilt jedoch nicht für den Text in der Zeile 40, der eine beschriftete Ausgabe der Lösung bewirkt.

STOP
CONT
TRON
TROFF

Diese vier Instruktionen werden im Zusammenhang mit der Fehlersuche in einem Programm eingesetzt. Dabei ist es häufig zweckmäßig, den Programmablauf an einer bestimmten Stelle zu unterbrechen. Dies geschieht mit der Instruktion STOP, die in das Programm eingefügt werden muß. Trifft das Programm auf STOP, so wird es unterbrochen und im Display erscheint die Information BREAK IN (Zeilennummer). Dasselbe bewirkt übrigens mit den gleichen Konsequenzen das Drücken der BREAK-Taste.
Nun kann man etwa die Werte von Variablen abrufen oder sich bei gedrückt gehaltener ↑-Taste die gerade ausgeführte Programmzeile im Display ansehen. Betätigt man dagegen die ↓-Taste, so wird das Programm zeilenweise fortgesetzt, d.h. automatisch nach dem Abarbeiten jeder Zeile gestoppt. Zur Fortsetzung des Programms muß hier jeweils wieder die ↓-Taste aktiviert werden.
Mit der CONT-Instruktion läßt sich der Programmablauf nach einem STOP im Programm bzw. nach dem

Betätigen der BREAK-Taste fortsetzen und zwar von der Stelle an, wo es unterbrochen wurde.
Das Kommando TRON ermöglicht generell die zeilenweise Abarbeitung eines Programms. Zusätzlich wird hier die Zeilennummer der abgearbeiteten Zeile angezeigt. Die Aktivierung der Tasten ↑ bzw. ↓ bewirkt jeweils die Anzeige der abgearbeiteten Programmzeile bzw. die Fortsetzung des Programms.
Die Aufhebung des TRON-Zustandes erfolgt durch das Kommando TROFF.
TRON und TROFF können in Programmen aufgenommen werden.
Das längere Festhalten der ↓-Taste führt zu einer wiederholten Ausführung seiner Wirkung.

END

Mit dieser Instruktion wird die Programmausführung beendet. Obwohl die END-Instruktion weggelassen werden kann, wenn keine weiteren Instruktionen mehr folgen, ist dies nicht empfehlenswert, da ein weiteres in den Hauptspeicher aufgenommenes Programm diesen Zustand ändert. Nun würde die Programmausführung in das hinzugekommene Programm hinein fortgesetzt werden.
In Programmen, die mehrmals nacheinander verwendet werden sollen, ersetzt man zweckmäßig die END-Instruktion durch einen Rücksprungbefehl zum Programmanfang.

RUN
DEF
GOTO

Der Start eines Programms muß mit einer dieser Instruktionen erfolgen. Sie bewirken nicht nur die Auslösung des Programmstarts, sondern versetzen den PC-1500 (A) gleichzeitig in bestimmte unterschiedliche Grundzustände.
Alle drei Startbefehle führen zum Löschen der FOR NEXT-Informationen sowie der Rücksprungadressen. Die Standard- und Standardstringvariablen und der Trace-Zustand (TRON oder TROFF) bleiben unangetastet. Das WAIT-Intervall dagegen wird von RUN zurückgesetzt, während es von DEF und GOTO unbeeinflußt bleibt.

RUN löscht auch die Anzeige, Variablen mit zwei Zeichen im Namen, den ON ERROR GOTO-Befehl und das USING-Format. Gleichzeitig wird die Cursor-Position auf 0 gesetzt und die RESTORE-Instruktion ausgeführt.

DEF läßt dagegen alle zuletzt aufgeführten Merkmale unverändert.

GOTO verhält sich fast wie DEF, lediglich die Anzeige wird gelöscht.

Wie noch ausführlich gezeigt wird, läßt sich auf den beschriebenen Wirkungen der Startbefehle des SHARP-BASIC eine rationelle Programmierung aufbauen.

In anderen BASIC-Dialekten haben die genannten Startbefehle nicht unbedingt dieselben Bedeutungen wie im SHARP-BASIC. Speziell wird dort DEF häufig im Zusammenhang mit FN verwendet, womit der Anfang einer benutzerdefinierten Funktion gekennzeichnet wird, die es im SHARP-BASIC nicht gibt.

GOTO

Die Anweisung GOTO wird nicht nur im RUN-Modus zum Starten von Programmen verwendet, sondern dient auch in Programmen zur uneingeschränkten Übergabe der Programmausführung an die spezifizierte Programmzeile. Die Sprungzieladresse kann auch durch ein Label beschrieben werden.

GOSUB
RETURN

Häufig lassen sich bestimmte Routinen in einem Programm während der Programmausführung mehrfach benutzen. Dann werden sie zweckmäßig als Unterprogramm ausgelegt und mit RETURN abgeschlossen.

Mit der GOSUB-Instruktion wird die Programmausführung zu so einem Unterprogramm verzweigt. Als Sprungzieladressen dienen wieder Zeilennummern und Labels.

Sobald das Programm bei der Abarbeitung eines Unterprogramms auf ein RETURN trifft, erfolgt ein Rücksprung auf die der GOSUB-Anweisung folgenden Instruktion.

GOSUB-Anweisungen können an beliebigen Stellen im Programm stehen, und es dürfen maximal 32 Unterprogrammaufrufe verschachtelt werden.
Befinden sich mehrere Programme im Hauptspeicher, so darf mit GOSUB (Label) - wie auch mit GOTO (Label) - zu diesen verzweigt werden. Bei Verschachtelungen dieser Art muß sich der Computer - wenn numerische Sprungzieladressen auftreten - merken, in welchem Programm er sich befindet.
Wie schon bei der Beschreibung der Speicherorganisation erwähnt, hat der SHARP PC-1500 (A) hier eine Schwachstelle: Bei mehreren nacheinander ausgeführten GOSUB-RETURN-Sprüngen mit Labels als Sprungadressen vergißt der Computer ohne Warnung bei Überschreitung der BASIC-Stack-Kapazität, aus welchem aufrufenden Programm der Sprung erfolgte.
Ein weiterer Nachteil des SHARP-BASIC ist darin zu sehen, daß die vom Unterprogramm verwendeten Variablen stets globalen und nicht wie in manchen anderen BASIC-Dialekten lokalen Charakter haben. Was im SHARP-BASIC Unterprogramm heißt, wird dort Unterroutine genannt. Zusätzlich gibt es dafür Unterprogramme mit lokalen Variablen, deren Namen nur formal mit denen des aufrufenden Programms übereinstimmen. Der Aufruf socher Unterprogramme erfolgt zuweilen mit CALL, das im SHARP-BASIC zum Starten von Maschinenprogrammen dient.
Unterprogrammen mit lokalen Variablen werden bei ihrem Aufruf die Parameter, die sie benötigen, übergeben. Sobald ein Unterprogramm abgearbeitet ist, gibt es über die Parameter die von ihm ermittelten Größen an das aufrufende Programm zurück.
Diese Methode berücksichtigt die Forderung nach einer strukturierten Programmierung.

<u>Beispiele:</u> Programm MATRIZEN; Zeile 10, 20, ...
Programm NULLSTELLE; Zeile ..., 130

ON...GOTO
ON...GOSUB

Mit diesen Instruktionen wird die Programmausführung abhängig vom numerischen Wert eines Ausdrucks zu einer Programmzeile oder einem Label verzweigt, wie sie sich unter den Elementen einer dazugehörigen Sprungzielliste finden.
Ist der ganzzahlige Wert des numerischen Ausdrucks 1, so wird das 1. Element der Sprungzielliste ausgewählt usw.
Für alle anderen Werte des Ausdrucks, zu denen kein dazugehöriges Listenelement existiert, findet kein Sprung statt. Die Programmausführung wird hier mit der auf ON...GOTO bzw. ON...GOSUB folgenden Instruktion fortgesetzt.
Die ON...GOTO-Instruktion muß am Ende einer Programmzeile stehen.

__Beispiele:__ Programm KURVENDISKUSSION; Zeile 90

```
10:"V":CLS :INPUT      30:PRINT "1.ZIEL"
   "I=";I                 :RETURN
20:ON IGOSUB 30,4      40:PRINT "2.ZIEL"
   0:PRINT "KEIN          :RETURN
   ZIEL"
```

Das Programm wird mit DEF V gestartet und fragt nach dem Wert von I, der festlegt, welches der Elemente aus der Sprungzielliste ausgewählt wird. Die Eingabe von 1 liefert nach ENTER den Kommentar 1.ZIEL aus Zeile 30. Entsprechend führt die Eingabe von 2 zum Kommentar 2.ZIEL aus Zeile 40. Ein erneutes ENTER führt zum Kommentar KEIN ZIEL aus Zeile 20. Eingabewerte, deren ganzzahliger Anteil weder 1 noch 2 ist, führen __nur__ zum Kommentar KEIN ZIEL aus Zeile 20.

ON ERROR
GOTO

Um festzulegen, wie sich der Computer verhalten soll, wenn im Programmablauf ein Fehler auftritt, dessen Code-Nummer weder 1 noch 7 noch 32 ist, wird die Instruktion ON ERROR GOTO in das Programm an beliebiger Stelle vor dem erwarteten Fehler eingebaut. Die Sprungzielliste darf hier

nur aus einem Element bestehen.
ON ERROR-Instruktionen dürfen nicht geschachtelt werden. Die zuletzt ausgeführte bleibt solange gültig, bis sie durch eine neue ersetzt wird. Dazu zählt auch die ON ERROR GOTO 0-Instruktion, mit der die standardmäßige Fehlerbehandlung wieder eingeschaltet wird.
Im Zusammenhang mit der ON ERROR GOTO 0-Instruktion kann es bei der Verwendung von RENUMBER-Programmen, die eine Umnumerierung von Zeilennummern bei gleichzeitiger Berücksichtigung der Sprungbefehle ermöglichen, wegen der nicht existierenden Zeile 0 zu Schwierigkeiten kommen. In solchen Programmen muß dann vor der Ausführung von RENUMBER die 0 in der Instruktion durch eine existierende Zeilennummer vorübergehend ersetzt werden. Nach der Ausführung von RENUMBER muß wieder das Sprungziel 0 eingesetzt werden
Leider ist im SHARP-BASIC keine differenzierte Fehlerbehandlung mit ERRN vorgesehen, womit in anderen BASIC-Dialekten die Code-Nummer des zuletzt aufgetretenen Fehlers abgefragt werden kann. Zusammen mit IF ist hier eine gezielte Verzweigung möglich. Auch die ON ERROR GOSUB-Instruktion fehlt im SHARP-BASIC.
<u>Beispiele:</u> Programm NULLSTELLE; Zeile 80
Programm GRAPHEN IM KOORDINATENSYSTEM; Zeile 250, 360

IF...THEN Auch diese Instruktion ist für eine Programmverzweigung vorgesehen. Die auf IF folgende Instruktion wird auf ihren Wahrheitswert geprüft. Dieser wird als wahr erkannt, wenn er $\neq 0$ ist und als falsch, wenn er $= 0$ ist. Wahre Bedingungen führen zur Ausführung der dem optionalen THEN folgenden Instruktionen. Falsche Bedingungen dagegen haben einen Sprung aus der Programmzeile in die Programmzeile mit der nächsthöheren Zeilennummer zur Folge.
Steht nach THEN eine Zuordnung, so darf THEN

auch durch LET ersetzt werden. Beim Sprungbefehl GOTO an gleicher Stelle darf GOTO weggelassen werden. Aber auch das Weglassen von THEN beim Belassen von GOTO ist hier zulässig.
Andere BASIC-Dialekte fügen zuweilen der IF THEN-Instruktion noch ein optionales ELSE hinzu. Hier stehen nach ELSE diejenigen Instruktionen, die ausgeführt werden sollen, wenn die Bedingung falsch ist.

Beispiele:

```
10:"V":CLS :INPUT      30:PRINT "WAHR":
   "I=";I:IF I            GOTO 10
   THEN 30
20:PRINT "FALSCH"
   :GOTO 10
```

Das Programm wird mit DEF V gestartet und führt bei der Eingabe von 0 für I zum Kommentar FALSCH. Alle anderen Eingabewerte für I führen zum Kommentar RICHTIG. In beiden Fällen führt ein anschließendes ENTER zum Rücksprung in die Zeile 10.

```
10:"V":CLS :INPUT      20:PRINT "GERADE"
   "X=";X:IF XAND         :GOTO 10
   1PRINT "UNGERA
   DE":GOTO 10
```

Das Programm wird mit DEF V gestartet. Von jeder eingegebenen Zahl X wird im zulässigen offenen Intervall (-32768; +32767) deren ganzzahliger Anteil abgetrennt und daraufhin untersucht, ob er ungerade ist. Nur in diesem Fall endet seine dazugehörige binäre Darstellung mit einer 1. Damit hat die logische Verknüpfung X AND 1 den Wahrheitswert 1 und es wird vom Programm die nächste Anweisung in Zeile 10, nämlich die Ausgabe des Kommentars UNGERADE abgearbeitet. Für alle anderen Werte von X liefert X AND 1 den Wahrheitswert 0, was zum Kommentar GERADE aus Zeile 20 führt.

FOR...
TO...
STEP...
NEXT

Diese Instruktionen dienen zur Erzeugung von Schleifen. Der zwischen der FOR...TO- und NEXT-Instruktion eingeschlossene Programmteil wird gemäß den Schleifenbedingungen mehrmals durchlaufen.
Zwischen FOR und TO wird festgelegt, welchen Anfangswert die numerische Schleifenvariable hat. Dieselbe Schleifenvariable muß auch hinter der dazugehörigen NEXT-Instruktion stehen.
Die Werte für die Schleifenvariable müssen im zulässigen offenen Intervall (-32768;+32767) liegen. Von Schleifenvariablen, die nicht ganzzahlig sind, wird nur ihr ganzzahliger Anteil verwendet.
Die optionale STEP-Instruktion dient zur Festlegung der Schrittweite. Wird diese Instruktion weggelassen, so beträgt die Schrittweite automatisch 1.
Die Abarbeitung einer Schleife beginnt mit der Zuweisung des Anfangswertes zur Schleifenvariablen. Sobald das Programm auf die dazugehörige NEXT-Instruktion trifft, wird die Schrittweite - die auch negativ sein darf - zum derzeitigen Wert der Schleifenvariablen addiert. Solange bei positiver Schrittweite der Wert der Schleifenvariablen kleiner - und bei negativer Schrittweite größer - als diese Summe ist, wird die Schleife erneut durchlaufen. Andernfalls erfolgt ein Verlassen der abgearbeiteten Schleife. Danach wird die auf NEXT folgende Instruktion ausgeführt.
Schleifen dürfen geschachtelt werden.
Zwar darf von außen nicht in eine Schleife hineingesprungen, wohl aber von innen aus ihr herausgesprungen werden.
Beispiele: Programm VARIABLENSUCHE; Zeile 10, 20 bis 40,...
Programm MATRIZEN; Zeile ..., 290, 320 und 330,...
In der Zeile 290 wird unter Verwen-

dung weiterer Zeilen der Eingabestring a(i,j)= für die Elemente einer n-reihigen Determinante zusammengestellt und eine Zuordnung der eingegebenen Werte zu den Feldvariablen D(i-1,j-1) durchgeführt, wobei i = 1;2;...;n und j = 1;2;...;n gilt.

DIM Mit der DIM-Instruktion lassen sich zweidimensionale numerische und Textfelder definieren. Erst nach der Definition eines Feldes kann auf dessen Feldvariablen zurückgegriffen werden. Bei ihrer Erzeugung wird numerischen Feldvariablen der Wert 0 und Stringfeldvariablen der Nullstring zugewiesen.

Zur Kennzeichnung der numerischen und Textfelder dienen Feldnamen, für die dieselben Einschränkungen wie für die Variablennamen gelten. Ein zweidimensionales numerisches Feld mit dem Feldnamen F, das n+1 Zeilen und m+1 Spalten besitzt, wird durch die Instruktion DIM F(n,m) erzeugt.

Hinsichtlich der Anzahl der Zeilen und Spalten ist zu beachten, daß die Zählung mit 0 beginnt. In manchen anderen BASIC-Dialekten gibt es eine OPTION BASE-Instruktion, mit der die Untergrenze der Feldindizes festgelegt werden kann. Im SHARP-BASIC ist danach stets OPTION BASE 0 wirksam. Das Weglassen der Anzahl der Spalten in der DIM-Instruktion führt zur Erzeugung eines eindimensionalen Feldes mit einer Spalte und n+1 Zeilen. Es eignet sich zur Aufnahme eines Vektors.

Während auf die Genauigkeit der numerischen Feldvariablen kein Einfluß ausgeübt werden kann, läßt sich bei Stringfeldvariablen die Kapazität - das ist die maximale Anzahl der Zeichen, welche die Stringfeldvariablen aufnehmen können - vorschreiben. Dies geschieht durch ein multiplikatives Hinzufügen der Kapazität k, die den Wert 80 nicht überschreiten darf, bei der DIM-Instruktion. So wird durch DIM F1$(n,m)*k das Textfeld mit dem Namen F1$ erzeugt, dessen Elemente maximal k Zeichen aufnehmen können. Es besitzt n+1 Zeilen und m+1 Spalten. Wird bei der Dimensionierung eines Textfeldes die Kapazität nicht angegeben, so erfolgt automatisch die Einrichtung von Stringfeldvariablen mit der Kapazität 16. Erlaubt ist die gleichzeitige Einrichtung von einfachen Variablen und Feldern mit gleichen Namen. Dies ist in anderen BASIC-Dialekten zuweilen verboten.

Leider sieht das SHARP-BASIC nicht die Erweiterung bzw. Beschränkung bestehender Felder vor, da Felder während eines Programmablaufes nur einmal definiert werden dürfen. Ebensowenig ist ein gezieltes Löschen einzelner Felder möglich. Manche anderen BASIC-Dialekte erlauben diese Feldmanipulationen.

Ein Vorteil des SHARP-BASIC ist darin zu sehen, daß seine Standardvariablen und Standardstringvariablen gleichzeitig Elemente der Felder @(26) bzw. @$(26) sind, wobei die Felduntergrenzen hier 1 lauten.

<u>Beispiele:</u> DIM TZ(1,3) erzeugt ein numerisches Feld mit den abgebildeten Elementen

TZ(0,0) TZ(0,1) TZ(0,2) TZ(0,3)
TZ(1,0) TZ(1,1) TZ(1,2) TZ(1,3)

- Programm NULLSTELLE; Zeile 20
- Programm BESTIMMTES INTEGRAL; Zeile 20
- Programm MATRIZEN; Zeile 30, 50, 150, 280

AREAD

Um das Auslesen des Displays nach dem Programmstart zu realisieren, wird die AREAD-Instruktion verwendet.

Mit AREAD X wird der Wert eines im Display stehenden numerischen Ausdrucks der Variablen X zugewiesen. Entsprechendes gilt für Textausdrücke, nur muß hier die Zuweisung zu einer Stringvari-

ablen erfolgen.
Das Problem, die Anzahl der Zeichen einer im Display stehenden Zeichenkette mit LEN auszuzählen, um die Stringvariable, der die Zeichenkette zugeordnet werden soll, mit angepaßter Kapazität zu dimensionieren, läßt sich mit AREAD nicht lösen. Das liegt daran, daß die Auszählung nicht vor der Zuordnung erfolgen kann.
Andere BASIC-Dialekte können mit DISP direkt auf das Display zugreifen.

ARUN

Wenn diese Instruktion die erste eines Programms ist, erfolgt nach dem Einschalten des Computers ein automatischer Programmstart. Voraussetzung ist jedoch, daß sich der Rechner vor dem letzten Ausschalten im RUN-Mode befand und keine ungelöschte Fehlermeldung im Display stand.

CLEAR
NEW

Abgesehen davon, daß beim Start eines Programms mit RUN alle Variablen mit zwei Zeichen im Namen und alle Felder gelöscht werden, die Standardvariablen und Standardstringvariablen jedoch davon nicht betroffen sind, kennt das SHARP-BASIC nur zwei Löschbefehle.
CLEAR löscht alle Variablen und Felder aus dem Hauptspeicher und setzt die Werte aller Standardvariablen auf 0 und alle Standardstringvariablen erhalten den Nullstring zugewiesen. Die Programme im Hauptspeicher werden von CLEAR nicht gelöscht.
NEW ist im PRO-Mode für das Löschen des Hauptspeichers sowie im RESERVE-Mode für das Löschen der Tastendefinitionen und Beschriftungstexte vorgesehen. Im RUN-Mode darf es nicht verwendet werden.
Wie noch gezeigt wird, ist eine differenzierte Verwendung von NEW im Zusammenhang mit den Programmadressen möglich. Hierbei wird das Löschen von Programmen im Hauptspeicher von einer bestimmten Stelle an realisiert.
NEW 0 dient gleichzeitig zur Initialisierung

des Rechners nach einem Batteriewechsel oder einem Absturz.
Andere BASIC-Dialekte haben differenziertere Löschbefehle wie etwa PURGE zum gezielten Löschen einzelner Variablen und Felder und DELETE zum Löschen einzelner Programme oder Programmteile.

LIST Diese Anweisung wird im PRO-Mode verwendet und dient dazu, bei hinzugefügter Programmzeilennummer oder hinzugefügtem Label die betreffende Zeile ins Display zu holen.
Soweit die spezifizierte Zeilennummer nicht vorhanden ist, wird diejenige Zeile mit der nächsthöheren Zeilennummer gelistet. Existiert eine solche Zeile oder ein spezifiziertes Label nicht, so signalisiert ERROR 11 diesen Umstand.
Hinsichtlich der Zeilennummer wird jeweils nur im ersten im Hauptspeicher befindlichen Programm gesucht. Dies führt zu einem umständlichen Auflisten von Programmzeilen, die sich in anderen Programmen befinden. Hier wird zuerst eine Zeile des betreffenden Programms aufgelistet, die ein Label besitzt. Danach muß man sich zeilenweise mit den Tasten ↑ bzw. ↓ in Richtung kleinerer bzw. größerer Zeilennummern bis zur gesuchten Zeile heranarbeiten.
Konfortablere BASIC-Dialekte haben Befehle zum Aktivieren des betreffenden Programms und listen mit FETCH (Zeilennummer) die gesuchte Programmzeile.

USING Diese Instruktion wirkt auf alle folgenden Ausgabeanweisungen wie PRINT, PAUSE, LPRINT usw. und dient zur Festlegung des Ausgabeformats von Texten sowie von Werten numerischer Ausdrücke. Wird ihr kein Zusatz - d.h. keine Formatspezifikation - hinzugefügt, so wählt der Computer eine automatische Formatkonvertierung, die dem Format des ausgegebenen Wertes angepaßt ist. Dasselbe bewirkt das Starten eines Programms mit

RUN oder die Tastenfolge SHIFT CL.
Andere BASIC-Dialekte verwenden für USING ohne Zusatz auch die Anweisung STD, was soviel wie Standardformat bedeutet.
Hinsichtlich der in der Bedienungsanleitung zum SHARP PC-1500 (A) ausführlich beschriebenen möglichen Formatspezifikationen ist anzumerken, daß man sich dabei auf die Anzahl der Vorkommastellen bzw. auf die Anzahl der Zeichen eines Strings festlegen muß. Reicht dann das durch die USING-Instruktion festgelegte Ausgabeformat nicht aus, so führt dies zur Unterbrechung des Programms durch eine Fehlermeldung.
Andere BASIC-Dialekte weisen diese Schwachstelle nicht auf. Sie realisieren mit FIX eine Festkommadarstellung auf eine vorgegebene Anzahl von Stellen nach dem Komma _ohne_ Festlegung auf die Anzahl der Stellen vor dem Komma. Außerdem gibt es hier eine wissenschaftliche Darstellung SCI und ein technisches Ausgabeformat ENG, bei dem der Exponent in der wissenschaftlichen Darstellung so gewählt wird, daß er ein Vielfaches von 3 ist. Bei allen genannten numerischen Ausgaben erfolgt zudem eine Rundung des ausgegebenen Wertes auf die letzte Stelle, während die Rundung im SHARP-BASIC überhaupt nicht vorgesehen ist.
Beispiel: Programm KLOTOIDE; Zeile 590, 600, 610

PRINT
PAUSE
WAIT
CURSOR

Die beiden Instruktionen PRINT und PAUSE sind für die Ausgabe numerischer Werte und Zeichenfolgen im Display vorgesehen. Ihr Unterschied besteht allein darin, daß bei der PAUSE-Instruktion der durch sie bewirkte unterbrochenen Programmablauf stets nach ca. 0,85 sec wieder fortgesetzt wird, während er nach der PRINT-Instruktion grundsätzlich gestoppt wird. Hier erfolgt die Wiederaufnahme des Programmablaufs erst nach ENTER.
Durch die WAIT-Instruktion kann jedoch bei der PRINT-Anweisung eine Wirkung wie bei der PAUSE-

Instruktion erzielt werden, indem durch einen numerischen Ausdruck nach WAIT mit einem Wert w im geschlossenen Intervall [0;65535] die Wartezeit w/64 sec festgelegt wird, nach der das unterbrochene Programm fortgesetzt werden soll. Speziell können mit WAIT 0 und nachfolgenden PRINT-Instruktionen Informationen ins Display geschrieben werden, ohne daß der Programmablauf unterbrochen werden muß.
Eine einmal gesetzte WAIT-Instruktion wirkt solange auf alle folgenden PRINT- und GPRINT-Anweisungen, bis sie durch eine neue ersetzt wird. Die WAIT-Instruktion ohne Zusatz bewirkt eine Zurücksetzung des WAIT-Intervalls auf seinen Grundwert unendlich. Dasselbe bewirkt - im Gegensatz zur Beschreibung in der Bedienungsanleitung zum SHARP PC-1500 (A) - auch ein Programmstart mit RUN.
In manchen anderen BASIC-Dialekten hat die PAUSE-Instruktion lediglich die Bedeutung der STOP-Instruktion des SHARP-BASIC.
Bevor nach der PRINT- oder PAUSE-Instruktion die Ausgabeliste aufgeführt wird, kann optional eine USING-Anweisung mit Formatspezifikation dazwischengefügt werden. Sie bleibt solange wirksam, bis sie durch eine neue USING-Anweisung ersetzt wird.
Auf die Ausgabe der numerischen Werte und Zeichenfolgen im Display läßt sich mit der CURSOR-Instruktion, dem Komma sowie dem Semikolon ein Einfluß ausüben.
Der CURSOR-Instruktion kann ein numerischer Ausdruck hinzugefügt werden, der einen Wert zwischen 0 und 25 annehmen darf und mit ihm von den 26 Schreibstellen des Displays diejenige anspricht, von der an hinsichtlich einer PRINT- oder PAUSE-Instruktion geschrieben werden soll. Die Instruktion CURSOR ohne Zusatz setzt - wie der Programmstart mit RUN - die CURSOR-Positio-

nierung in den Grundzustand. Die CURSOR-Instruktion mit Zusatz wirkt nur auf die nächstfolgende PRINT- bzw. PAUSE-Anweisung, die in diesem Fall vor ihrer Wirkung nicht das Display löscht.
Sind die Elemente der PRINT- bzw. PAUSE-Liste jeweils durch ein Semikolon getrennt, so erfolgt ihre Ausgabe im Display in Form einer Aneinanderreihung von der Stelle an, die durch die letzte CURSOR-Instruktion festgelegt wurde. Während in diesem Zusammenhang bei der Ausgabe der Werte von numerischen Ausdrücken jeweils eine Leerstelle zur eventuell erforderlichen Aufnahme eines Vorzeichens vorangesetzt wird, werden Strings zu einer Zeichenkette zusammengestellt, wie sie auch mit dem Verknüpfungsoperator + für Strings erzeugbar wäre.
Nur wenn die PRINT- oder PAUSE-Liste mit einem Semikolon abschließt, wird der beschriebene Vorgang der Aneinanderreihung hinsichtlich nachfolgender PRINT- und PAUSE-Instruktionen fortgesetzt. Fehlt dagegen das Semikolon am Ende einer Liste, so erfolgt vor der neuen Ausgabe ein Löschen des Displays.
Eine Sonderstellung nimmt das Komma ein. Besteht die PRINT- bzw. PAUSE-Liste aus nur zwei Ausdrücken, so dürfen diese auch durch ein Komma getrennt werden. In diesem Fall wird das 26-spaltige Display in zwei gleich große Felder zerlegt. Die letze CURSOR-Instruktion verliert gleichzeitig ihre Bedeutung. In beiden Feldern erfolgt nun die Ausgabe so, wie sie auch bei nur einem einzigen Ausdruck in der Liste im gesamten Display - hier jedoch gemäß der CURSOR-Position - erfolgen würde:
Textausdrücke werden linksbündig und Werte werden rechtsbündig in das Ausgabefeld geschrieben.
Bei PRINT- und PAUSE-Instruktionen muß hinsichtlich der Ausgabe auf eine gefährliche Falle aufmerksam gemacht werden: Teile, die von den Aus-

gabefeldern aus Platzmangel nicht mehr aufgenommen werden können, werden ohne Warnung weggelassen!

<u>Beispiel:</u>

```
 10:"V":A=1:B=22:C       60:CURSOR 5:PRINT
    =333:A$="MEHR"          C$:NEXT I
    :B$="WERT":C$=       70:PRINT A,B:NEXT
    "STEUER"                I
 20:FOR I=1TO 9:ON       80:PRINT A$,A:CLS
    IGOTO 30,40,50          :NEXT I
    ,60,70,80,90,1       90:CURSOR 7:PRINT
    00,110                  A;B;C:NEXT I
 30:PRINT C:CLS :       100:PRINT A$;B$;C$
    NEXT I                  :CLS :NEXT I
 40:CURSOR 3:PRINT      110:CURSOR 8:PRINT
    C:NEXT I                A$;A;B$:NEXT I
 50:PRINT C$:CLS :          :END
    NEXT I
```

Der Programmstart erfolgt mit DEF V . Nachfolgende ENTER-Befehle bewirken die Ausführung der Zeilen 30 bis 110 . Im Display erscheinen die folgenden Anzeigen, wobei Leerstellen durch _ gekennzeichnet sind. CLS löscht die Anzeige vor den CURSOR-Instruktionen.

```
Zeile   Anzeige
 30 ——► _____________________333
 40 ——► ___333__________________
 50 ——► STEUER__________________
 60 ——► _____STEUER_____________
 70 ——► ___________1__________22
 80 ——► MEHR___________________1
 90 ——► _______1_22_333_________
100 ——► MEHRWERTSTEUER__________
110 ——► _______MEHRWERTSTEUER___
```

INPUT

Sieht man von der AREAD-Instruktion ab, so ist INPUT die einzige differenzierte Eingabe-Instruktion des SHARP-BASIC.
Mit der INPUT-Instruktion lassen sich numerischen Variablen Werte und Stringvariablen Zeichenketten zuordnen.
Trifft das Programm auf eine INPUT-Anweisung, so wird es automatisch unterbrochen. Gemäß der

CURSOR-Position erscheint - soweit durch eine Textkonstante nach der INPUT-Anweisung kein Text als Eingabehilfe vorgesehen ist - lediglich ein Fragezeichen im Display. Hier ist nach der INPUT-Instruktion im Programm lediglich die Variable zu nennen, welcher der eingegebene Wert bzw. String zugewiesen werden soll.
Soweit eine Textkonstante in die INPUT-Anweisung aufgenommen wurde, muß die Variable von der Textkonstanten durch ein Semikolon oder Komma getrennt werden. Im Fall des Semikolons bleibt die Textkonstante gemäß der CURSOR-Position stehen und der Eingabewert bzw. Eingabestring wird an sie anschließend ins Display eingetragen. Verwendet man dagegen das Komma, so wird die Textkonstante durch die Eingabe gelöscht und der Eingabewert bzw. Eingabestring erscheint linksbündig an der alten CURSOR-Position.
Zu beachten ist, daß bei der Eingabe eines Strings dieser nicht in Anführungszeichen eingeschlossen werden darf.
Fehlerhafte Eingaben können editiert werden.
Im SHARP-BASIC ist bei der INPUT-Instruktion nicht die Möglichkeit der Aufnahme eines Vorgabestrings vorgesehen.
Es gibt zwar so etwas wie eine INPUT-Liste, deren Eingabeelemente durch Kommata getrennt werden müssen, jedoch ist dabei jede einzelne Eingabe mit ENTER zu vollziehen.
Eine Besonderheit des SHARP-BASIC hinsichtlich der INPUT-Instruktion ist dadurch gegeben, daß die Eingabeaufforderung ignoriert - d.h. ohne Eingabe mit ENTER abgeschlossen - werden darf. Dies hat einen Sprung aus der betreffenden Programmzeile zur Folge, was programmiertechnisch ausgenutzt werden kann.

<u>Beispiele:</u> Programm ANALYTISCHE GEOMETRIE; Zeile 25, 50, 55, 60,...
Programm MATRIZEN; Zeile 30, 40,...

CLS Mit dieser Instruktion wird die Anzeige gelöscht und gleichzeitig der CURSOR in die Grundposition gesetzt.
Nach der Eingabe der Daten mit INPUT kann u.U. eine längere Zeitspanne verstreichen, bis durch das Programm die ermittelten Daten ausgegeben werden. Zwischenzeitlich bleibt die letzte Eingabe im Display stehen, wenn nicht nach der dazugehörigen INPUT-Instruktion durch eine CLS-Anweisung das Display gelöscht wird.
Wird die CLS-Anweisung nicht vor einer CURSOR-PRINT-Anweisungskombination ausgeführt, so überschreibt die PRINT-Instruktion alle Schreibstellen im Display, auf die sie wirkt. Soweit dies nicht beabsichtigt ist, muß die Anzeige vorher mit CLS gelöscht werden.
Andere BASIC-Dialekte verwenden im Zusammenhang mit der Datenausgabe im Display anstelle von PRINT eine DISP-Instruktion. Hier erfolgt mit DISP ohne Zusatz das Löschen des Displays.

<u>Beispiele:</u> Programm BESTIMMTES INTEGRAL; Zeile 30, 40

Programm NULLSTELLE; Zeile 40, 50

```
10:"V":A$="MEHR":          40:PRINT A$:
   B$="WERT":C$="             CURSOR 2:PRINT
   STEUER"                    B$:CURSOR 11:
20:FOR I=1TO 3:ON             PRINT C$:NEXT
   IGOTO 30,40,50             I
30:WAIT 0:PRINT A          50:PRINT A$:CLS :
   $:CURSOR 2:                CURSOR 2:PRINT
   PRINT B$:                  B$:CLS :CURSOR
   CURSOR 11:WAIT             11:PRINT C$:
   :PRINT C$:NEXT             NEXT I:END
   I
```

Das Programm wird mit DEF V gestartet. Nachfolgende ENTER-Befehle führen zur - z.T. schrittweisen - Ausführung der Zeilen 30 bis 50. Im Display erscheinen die folgenden Anzeigen, wobei Leerstellen durch _ gekennzeichnet sind.

```
Zeile        Anzeige
 30 ──► MEWERT_____STEUER_________
 40 ──► MEHR______________________
    ──► MEWERT____________________
    ──► MEWERT_____STEUER_________
 50 ──► MEHR______________________
    ──► __WERT____________________
    ──► ___________STEUER_________
```

Nach dem Programmaufruf wird sofort die Zeile 30 abgearbeitet. Da hier vor den CURSOR-Instruktionen keine CLS-Anweisungen stehen, bleiben die ausgeführten PRINT-Anweisungen stehen, soweit sie nicht überschrieben werden. Nachfolgende ENTER-Befehle zeigen noch einmal schrittweise, wie die zur Zeile 10 gehörige Anzeige zustande kam. Weitere ENTER-Befehle arbeiten schrittweise die Zeile 50 ab. Da hier vor den CURSOR-Instruktionen CLS-Anweisungen stehen, wird jeweils die alte Anzeige gelöscht und durch die neue ersetzt.

BEEP

Mit der BEEP-Anweisung kann der akustische Signalgeber des PC-1500 (A) gesteuert werden.
Es besteht die Möglichkeit, ihn durch das Kommando BEEP OFF mit der Wirkung auszuschalten, daß alle nachfolgenden BEEP-Instruktionen solange übergangen werden, bis der akustische Signalgeber durch das Kommando BEEP ON wieder eingeschaltet wird.
Drei Parameter - nämlich die Tonanzahl, die Tonhöhe und die Tondauer - lassen sich durch numerische Ausdrücke hinter BEEP mit den Werten n, h und d steuern. Dabei müssen n, h und d in den geschlossenen Intervallen [0;65535], [0;255] bzw. [0;65279] liegen. Die dazugehörige Tonfrequenz liegt dann zwischen 230 und 7000 Hz. Die Tondauer beträgt (d + 256)/Tonfrequenz.

Die Parameter bei der BEEP-Instruktion bilden eine Liste, deren Elemente durch Kommata getrennt werden müssen. Die letzten beiden Parameter sind optional.

Das Tonsignal besteht aus einer Folge von Tönen mit gleicher Frequenz, die von kurzen Pausen unterbrochen sind.

GCURSOR
GPRINT
POINT

Mit diesen Instruktionen lassen sich die 156 Spalten des Punktrasters im Display ansteuern, graphische Muster in der Anzeige erzeugen und auch auslesen.

Grundsätzlich ist damit die Möglichkeit gegeben, neben den Zeichen des ASCII-Code Sonderzeichen zu definieren. Ihre Erzeugung, Speicherung und ihr Einsatz sind jedoch im SHARP-BASIC so umständlich, daß von einer diesbezüglichen Anwendung der Instruktionen abgeraten werden muß.

TEXT
GRAPH
LF
CSIZE
TEST
LLIST
COLOR
TAB
LPRINT
ROTATE
GLCURSOR
SORGN
LINE
RLINE

Der SHARP PC-1500 (A) kann zusammen mit einem Plotter/Drucker CE-150, der gleichzeitig eine integrierte Kassettengerät-Schnittstelle besitzt, betrieben werden.

Die Steuerung der Druckerbetriebsart erfolgt mit den Kommandos TEXT bzw. GRAPH.

Manche der aufgeführten Druckeranweisungen sind nur in einer, andere in beiden Betriebsarten zulässig.

Der TEXT-Mode wird zum Drucken von alphanumerischen Zeichen benutzt, wobei mit CSIZE die Zeichengröße und mit TAB die Schreibposition bestimmt werden kann. Mit LPRINT werden alphanumerische Texte und numerische Werte auf dem Drucker ausgegeben. ROTATE legt die Schreibrichtung im GRAPH-Mode fest.

LF steuert den Papiervorschub.

Sowohl im TEXT- als auch im GRAPH-Mode ist die Verwendung von vier verschiedenen Farben möglich, die mit COLOR ausgewählt werden. Die Brauchbarkeit der verwendeten Kugelschreiberminen läßt sich mit TEST überprüfen.

Das Ausdrucken von ganzen Programmen sowie von Programmzeilen erfolgt mit LLIST.
Der GRAPH-Mode wird zur Ausgabe von Zeichnungen benutzt. Dies geschieht unter Verwendung eines Koordinatensystems, in dem die Positionierung des Schreibkopfes mit GLCURSOR erfolgt. Mit SORGN wird in diesem Koordinatensystem der Ursprung festgelegt.
LINE erlaubt das Zeichnen von durchgehenden und gestrichelten Linien. RLINE ist eine spezielle LINE-Instruktion, die Linien bezogen auf ein Koordinatensystem zeichnet, dessen Ursprung die augenblickliche Schreibposition ist.
Beispiel: Programm GRAPHEN IM KOORDINATENSYSTEM; Zeile 70,...

CSAVE
CLOAD?
CLOAD
MERGE
CHAIN
INPUT #
PRINT #
RMT

Wie schon erwähnt - kann der SHARP PC-1500 (A) über den Plotter CE-150 mit einem Kassettengerät wie etwa dem Kassettenrecorder CE-152 von SHARP verbunden werden.
Dann ist mit CSAVE die Möglichkeit gegeben, Programme und RESERVE-Ausdrücke auf das Magnetband zu übertragen.
Ebenso ist mit **PRINT#** das Speichern von Daten auf dem Magnetband möglich.
Das Prüfen einer Programmaufzeichnung auf die Korrektheit der Übertragung erfolgt mit CLOAD?.
Zum Zurückspielen einer Bandaufzeichnung in den Computer dient CLOAD bzw. MERGE, wenn sich schon ein Programm im Hauptspeicher befindet und das eingespielte Programm zusätzlich aufgenommen werden soll.
Mit INPUT # erfolgt ein Rückladen der Daten vom Band.
CHAIN ist eine Instruktion, die dazu dient, ein Programm, das aus Platzgründen nicht in den Hauptspeicher paßt, dennoch auszuführen. Es wird in Teilstücke zerlegt, deren letzte Instruktion jeweils CHAIN lautet. Dadurch wird nach dem Abarbeiten des Programmteils im Hauptspeicher au-

tomatisch das nächste Teilstück zugeladen, abgearbeitet usw., wobei die Variablen erhalten bleiben.
Die Fernsteueranweisung RMT realisiert die Steuerung von bis zu zwei angeschlossenen Kassettenrecordern.
Auf die Besonderheiten der hier aufgeführten Instruktionen wird noch ausführlicher eingegangen.
Zwei in diesem Zusammenhang zu nennende gravierende Nachteile des SHARP-BASIC sollen jedoch schon an dieser Stelle herausgestellt werden:
Die Übertragung von Programmen und Daten vom Computer zum Band und umgekehrt erfolgt viel zu langsam. Ferner verlieren Programme im Hauptspeicher, die vor solchen stehen, die mit MERGE eingespielt wurden, ihre Editierbarkeit.

1.1.7 Weitere Merkmale des SHARP-BASIC

In den folgenden Ausführungen wird auf weitere Besonderheiten des SHARP-BASIC eingegangen, wie sie sich im Bereich des Editierens, der Tastenfeldbelegungen, der Verwendung der eingebauten Uhr sowie des Befehlsstacks finden.

Was die Möglichkeiten des Editierens im Display anbelangt, so ist der zur Verfügung stehende Befehlstastensatz recht dürftig. Mit den Cursortasten ◀ bzw. ▶ läßt sich der Cursor lediglich schrittweise zu einer bestimmten Anzeigestelle bewegen, um dort mit DEL ein Löschen zu bewirken bzw. mit INS vor der Cursoranzeige Platz für ein neues Zeichen zu schaffen. Das führt beim Einfügen längerer Terme - auch bei der Verwendung der Abkürzungen von BASIC-Schlüsselwörtern - zu einer umständlichen Fingerarbeit, zumal die Befehle DEL und INS zusätzlich die Verwendung der SHIF-Taste erfordern.

Andere BASIC-Dialekte sehen hier einen Einfügungscursor vor, der bei einmaliger Betätigung nachfolgend eingegebenen Zeichen oder BASIC-Schlüsselwörtern automatisch den benötigten Platz reserviert. Auch an eine akustische Warnung bei der dabei möglichen Eingabe von mehr als maximal zulässig vielen Zeichen ist dort gedacht worden, beim SHARP PC-1500 (A) jedoch nicht.

Ebenso verhält es sich mit dem Löschen von einer bestimmten Anzeigestelle an. Beim PC-1500 (A) muß man umständlich schrittweise den gesamten Rest mit DEL löschen. Ein Ersatzbefehl, der dieses Löschen mit einem Tastendruck ermöglicht, fehlt. In vielen Fällen - wie etwa beim Editieren von Programmzeilen - kann man sich in diesem Zusammenhang damit helfen, daß dort, wo gelöscht werden soll, mit der SPACE-Taste überschrieben wird. Überflüssige Leerstellen werden dann bei der Eintragung der betreffenden Programmzeile in den Hauptspeicher entfernt.

Ebenfalls nicht vorgesehen ist im Befehlstastensatz zum Editieren der Sprung zum linken bzw. rechten Zeilenende. Was aber noch mehr vermißt wird, sind fehlende Hinweiszeichen im Display, wenn etwa beim Auflisten und Editieren einer Programmzeile Teile derselben aus Platzgründen nicht abgebildet werden können, weil sie links oder rechts aus dem Anzeigefeld herausragen. Hier muß man sich erst umständlich mit dem Cursor Gewißheit über diesen Umstand verschaffen.

Ein Einfluß auf die Schnelligkeit, mit der die Zeichen einer Zeile durch die Anzeige wandern, wenn eine der Cursortasten gedrückt wird, kann auch nicht ausgeübt werden. Genauso wenig ist der Anzeigekontrast zu beeinflussen.

Die Möglichkeit, das Tastenfeld neu zu belegen, ist beim SHARP PC-1500 (A) eingeschränkt gegeben. Sie bezieht sich nur auf die 6 RESERVE-Tasten in 3 Ebenen. Damit stehen dem Benutzer theoretisch 18 Tasten zur Belegung mit Befehlen zur Verfügung. Leider ist - wie schon bei der Speicherorganisation erwähnt - der RESERVE-Speicher, der dafür zuständig ist, mit lediglich 188 Bytes zu klein ausgelegt. Dadurch reicht seine Kapazität nicht zur Aufnahme mehrerer umfangreicher Befehle aus, auch wenn man auf das Speichern von Zusatztexten verzichtet.

Andere vergleichbare Computer - wie etwa der HP-71B von HEWLETT-PACKARD - sehen eine benutzerangepaßte Belegung nahezu aller vorhandenen Tasten in zwei Ebenen vor und liefern viel extensiver auf Tastendruck die wichtigsten BASIC-Schlüsselwörter.

Die Verwendung der im SHARP PC-1500 (A) eingebauten Uhr ist nur in bescheidenem Umfang möglich. So lassen sich mit ihr etwa die genauen Laufzeiten von Programmen ermitteln, indem die entsprechenden Instruktionen in das betreffende Programm aufgenommen werden. Eine Verwendung der Uhr als Timer ist nicht möglich.

Andere Computer besitzen Timer, die auf die eingebaute Uhr zurückgreifen und es gestatten, aus dem Computer einen Terminkalender zu machen. Programmgesteuert läßt sich hier der Computer zu bestimmten Terminen aufwecken und auch wieder in den Schlafzustand versetzen. Dazwischen weist er seinen Besitzer durch akustische Signale und ins Display gesendete Informationen auf wichtige Termine und ihre Bedeutung hin. Genauso ist ein Timer zur zeitlichen Steuerung von angeschlossenen digitalen Meßgeräten verwendbar.

Wie manche anderen vergleichbaren Computer besitzt auch der SHARP PC-1500 (A) ein Befehlsstack, das zuweilen auch Kommandostack genannt wird. Ähnlich wie bei der beschriebenen RES-Instruktion anderer Computer der Wert des zuletzt berechneten numerischen Ausdrucks aufgehoben wird, speichert ein Befehlsstack den Ausdruck, der zu dem zuletzt berechneten Wert führte. Nach dem Rückruf eines Ausdrucks aus dem Befehlsstack läßt sich derselbe editieren und in seiner neuen Form wiederverwenden.

Während manche Computer einen Befehlsstack mit mehreren Etagen besitzen, durch die in ihrer Reihenfolge die zuletzt berechneten Ausdrücke hindurchgeschoben werden, gibt es beim PC-1500 (A) nur eine Etage. Ihre Aktivierung erfolgt durch eine der Cursortasten ◀ bzw. ▶ , die gleichzeitig festlegt, von welcher Seite aus der damit im Display angezeigte Ausdruck editiert werden kann.

Wie leicht zu überblicken ist, eignet sich der Befehlsstack gut zur Ausführung serieller oder wenigstens verwandter Rechnungen, etwa zur Aufstellung einer Wertetabelle hinsichtlich einer

Funktionsgleichung. Sollen z.B. die Funktionswerte von $y = e^x * x$ zwischen 0 und 1 für die Argumente 0,0 ; 0,1 ; ... ; 1,0 berechnet werden, so schreibt man die Anweisungen X = 0.0 , EXP X*X ins Display. Mit ENTER erhält man den zu 0 gehörigen Funktionswert 0. Nun wird mit der Cursortaste ▶ der Befehlsstack aktiviert. Damit stehen die eben eingegebenen Anweisungen editierbereit im Display. Durch Editieren kann der Wert des Arguments auf 0.1 abgeändert und mit ENTER der dazugehörige Funktionswert berechnet werden. Er lautet 1.105170918E-01 . Dieser Vorgang wird fortgesetzt, bis das Intervall abgearbeitet ist.

Analog läßt sich unter Verwendung des Befehlsstacks nach NEWTON eine Nullstelle einer vorgegebenen Funktion bei bekanntem Startwert berechnen. Ist etwa $f(x) = \ln(x+3) - e^x + 2$ die gegebene Funktion und $x_1 = -2{,}8$ ein bekannter Startwert, so gilt nach NEWTON für die Folge der Verbesserungswerte: $x_{n+1} = x_n - \frac{f(x_n)}{f'(x_n)}$, wobei hier die 1.Ableitung konkret durch $f'(x) = \frac{1}{x+3} + e^x$ gegeben ist. Zur Berechnung der gesuchten Nullstelle wird zuerst mit der Anweisung X = -2.8 der Startwert der Variablen X zugewiesen. Nun schreibt man die Anweisung X = X - (LN (X + 3) - EXP X + 2) / (1 / (X + 3) - EXP X) ins Display. Mit ENTER wird dann nicht nur der Verbesserungswert -2,86676237 ins Display geholt, sondern es erfolgt auch noch gleichzeitig seine Zuordnung zur Variablen X. Das abwechselnde Betätigen der Tasten ▶ (bzw. ◀) und ENTER führt zur schrittweisen Berechnung der Glieder der Folge der Verbesserungen: $x_1 = -2{,}8$

$x_2 = -2{,}86676237$
$x_3 = -2{,}857028356$
$x_4 = -2{,}856661025$
$x_5 = -2{,}856660548$
$x_6 = -2{,}856660548$

Soll von einem neuen Startwert 1,2 für dieselbe Funktion ausgegangen werden, so fehlt beim PC-1500 (A) zur eleganten Problemlösung die zweite Etage des Befehlsstacks. Mit einigen Umständen kann man sich jedoch helfen, ohne die Zuordnung X = X - ... neu eingeben zu müssen: Durch Editieren ergänzt man die Zuordnung zu der Form X = 1.2 , X = X - ... . Nachdem sie einmal abgearbeitet wurde, muß der hinzugefügte erste Teil wieder entfernt werden. Weiter wird dann wie im ersten Teil verfahren. So erhält man die zweite Nullstelle 1,236561572 derselben Funktion.

1.2 Erweitertes BASIC

Wie die bisherigen Ausführungen gezeigt haben, ist das SHARP-BASIC in zwei Richtungen hin erweiterungsbedürftig: Zum ersten ist der BASIC-Schlüsselwörterschatz nicht umfangreich genug, um der Forderung nach einer strukturierten - also übersichtlichen - Programmierung ausreichend nachzukommen. Zum zweiten ist die Verwaltung vorhandener Programme durch eingeschränkte Editier- und Löschmöglichkeiten recht umständlich. Dazu kommt noch die langsame Übertragungsgeschwindigkeit beim Überspielen von Programmen auf das Magnetband und umgekehrt.

Das Hard- und Softwarehaus HOLTKÖTTER in Hamburg hat sich um eine Verbesserung des SHARP-BASIC bemüht. Durch zwei Software-Pakete in Form von Bandaufzeichnungen mit dazugehörigen Dokumentationen läßt sich beim PC-1500 (A) der Schatz an BASIC-Schlüsselwörtern um insgesamt 36 leistungsfähige Instruktionen erweitern.

Die beiden Software-Pakete tragen die Namen PC-BASIC'84 und PC-WORK. Obwohl sie unabhängig voneinander verwendet werden können, wird zum Paket PC-WORK zugleich eine Version mitgeliefert, die das Paket PC-BASIC'84 implementiert und damit zu einer weniger umfangreichen - nämlich 5947 Bytes langen - Gesamtversion führt. PC-BASIC'84 hat einen Platzbedarf von 2304 Bytes und PC-WORK benötigt in seiner Grundform 3899 Bytes Speicherplatz.

Bei den genannten Software-Paketen handelt es sich um Maschinenprogramme, die ihrerseits auf ROM-Routinen des PC-1500 (A) zurückgreifen. Sie werden unter Verwendung eines Kassettenrecorders und des Interfaces im CE-150 in den Hauptspeicher des PC-1500 (A) eingespielt. Unabhängig davon können noch andere Maschinenprogramme in den Hauptspeicher - beim PC-1500 A auch in dessen speziellen Maschinencodespeicher - transferiert werden.

Da der Platzbedarf nicht unerheblich ist, kommt man um eine zusätzliche Anschaffung eines RAM-Erweiterungsmoduls nicht umhin. Um die mit den genannten Software-Paketen extensiv gesteigerte Leistungsfähigkeit des PC-1500 (A) voll ausnutzen zu können, darf die Kapazität des RAM-Erweiterungsmoduls nicht zu klein bemessen sein.

Nach dem Einspielen der genannten Software kann der Zugriff auf die neuen BASIC-Instruktionen aus technischen Gründen nur im PRO- oder RESERVE-Modus - also <u>nicht</u> im RUN-Modus - erfolgen. Dabei werden die Tasten des Tastenfeldes verwendet. Eine buchstabenweise Eingabe der neuen Instruktionen ist im Gegensatz zu den Instruktionen des SHARP-BASIC nicht möglich.

Wie schon in der Grundkonzeption des PC-1500 (A) bestimmte BASIC-Schlüsselwörter über das Tastenfeld unter Verwendung der DEF-Taste abrufbar sind, so erfolgt jetzt der Aufruf der neuen Instruktionen mit den Vortasten DEF SPACE bzw. nur DEF, je nachdem, zu welchem Software-Paket die Instruktion gehört.

Eine Ausnahme bilden die Anfangsserien des PC-1500, deren Geräte auf die Frage PEEK 58039 ENTER mit der Zahl 244 antworten. Die Antwort neuerer PC-1500 sowie aller PC-1500 A lautet 204. Für die genannten Anfangsserien ist die HOLTKÖTTER-Software ebenfalls verwendbar, nur fällt die Tastenbelegung hier umständlicher aus. Genauere Angaben darüber finden sich in den Begleitdokumentationen zu den Magnetbändern.

Durch die neue Doppelbelegung des Tastenfeldes gehören nun zu den meisten Tasten zwei zusätzliche BASIC-Schlüsselwörternamen. Mit dem Drucker CE-150 lassen sie sich - klein genug und gerade noch lesbar - im Format CSIZE 1 in zwei verschiedenen Farben untereinander auf dem Papierstreifen ausdrucken. Wenn man sie ausschneidet und mit Klebstoff an entsprechender Stelle von hinten unter die durchsichtige Tastenfeldschablone des PC-1500 (A) klebt, ist man von zusätzlichen Aufzeichnungen unabhängig. Eine noch nicht erhältliche maschinell hergestellte neue Schablone wäre allerdings vorzuziehen!

Aus den Bezeichnungen der beiden Software-Pakete - PC-BASIC'84 und PC-WORK - könnte man schließen, daß im letzteren ausschließlich Arbeitshilfen enthalten sind, die sich etwa auf das Editieren, Löschen sowie Überspielen von Programmen usw. beziehen. Das ist aber leider nicht so. Ausgerechnet hier findet sich die erweiterte VAL-Instruktion mit dem Namen RESULT. Mit ihr lassen sich BASIC-Instruktionen, die in einer Stringvariablen gespeichert sind, auslesen und ausführen.

Dafür fehlt im PC-WORK eine RENUMBER-Instruktion, mit der sich in anderen BASIC-Dialekten Umnumerierungen von Programmzeilen unter Berücksichtigung der Sprungbefehle durchführen lassen.

Möglicherweise ist der Grund dafür darin zu suchen, daß sich die bekannten RENUMBER-Maschinenroutinen nicht auf die im PC-BASIC'84 enthaltenen neuen Instruktionen GSB und FN, die sich auf Unterprogramme bzw. vom Benutzer definierte Funktionen beziehen, anwenden lassen. Bei den genannten Anweisungen kann nämlich als Ziel gleichberechtigt neben einem Label auch eine Zeilennummer angegeben werden.

Soweit man an einer verbesserten BASIC-Programmierung und zugleich an einer bequemeren Programmerstellung und Programmverwaltung interessiert ist, ist es ratsam, beide Software-Pakete zu erwerben. Inhaltlich sind sie ohnehin aufeinander abgestimmt.

Obwohl die Programmsammlung in ihrem Grundkonzept auf dem SHARP-BASIC aufgebaut ist, sind bereits zusätzlich einige ihrer bedeutenden Programme unter Verwendung der HOLTKÖTTER-Software in ein strukturiertes BASIC umgesetzt. In diesem Zusammenhang wird kurz vom BASIC 84 mit der Bedeutung gesprochen, daß diese Variante das SHARP-BASIC, das PC-BASIC'84 und das Software-Paket PC-WORK umfaßt.

Soweit sich die Programme in der Programmsammlung auf das BASIC 84 beziehen, ist ihnen das Zeichen # im Blocknamen vorangestellt. Dasselbe Zeichen folgt auch dem Programmnamen.

Bei eingespielter Software ist noch ein Hinweis angebracht:

Aufgepaßt muß jetzt bei einer Löschung des Hauptspeichers mit der NEW-Instruktion werden. Da die eingespielten Maschinenprogramme nicht im ROM des PC-1500 (A) stehen, würden sie bei der Ausführung des gewohnten NEW 0 - Löschbefehls verloren gehen. Anhand des gesamten Platzbedarfes aller existenten Maschinenprogramme wird deswegen ausgerechnet, von wo an künftig der Hauptspeicher BASIC-Programme aufnehmen soll. Lautet die erste freie Adresse im Hauptspeicher x, so wird ab jetzt mit NEW x gelöscht. Bei der Beschreibung der Programmierarbeitshilfen wird darauf noch ausführlicher eingegangen.

Wie die BASIC-Instruktionen der Software-Pakete heißen und was sie leisten, wird in den folgenden beiden Abschnitten geschildert.

1.2.1 PC-BASIC'84

Der Befehlssatz des PC-BASIC'84 ist darauf ausgerichtet, eine strukturierte Programmierung zu ermöglichen. Deswegen wird von HOLTKÖTTER auch der Zusatz Struktur-BASIC verwendet.

Die Forderung einer strukturierten Programmierung bezieht sich auf die Übersichtlichkeit der Programme, um die Möglichkeit zu schaffen, auftretende Fehler schnell zu lokalisieren und Programme durch das Hinzufügen neuer Abschnitte problemlos zu erweitern.

Wie noch anhand der Programmblock- und Zentral-Peripherieprogrammmethode gezeigt wird, ist dies im gewissen Umfang auch mit dem SHARP-BASIC möglich. Nur fallen hier die einzelnen Programmabschnitte wegen der wenig differenzierten Verzweigungs- und Schleifenbefehle durch die vielen GOTO-Instruktionen nur allzu schnell unübersichtlich aus.

Auch der Überschnitt bei der Benutzung von Variablen ist ein Problem. Fehler können in diesem Zusammenhang nur durch eine genaue Programmdokumentation vermieden werden, da das SHARP-BASIC keine Unterprogramme mit lokalen Variablen und einer geordneten Parameterübergabe kennt.

Der Befehlssatz des PC-BASIC'84 von HOLTKÖTTER ist so ausgelegt, daß die geschilderten Mängel in Programmen umgangen werden können. In der folgenden Zusammenstellung sind die neuen BASIC-Schlüsselwörter zusammen mit ihrer Bedeutung und ihren Verwendungsmöglichkeiten aufgeführt.

Instruktion	Bedeutung, Verwendungsmöglichkeiten
IF# ... THEN... ELSE... ENDIF	Die bedingte Verzweigung IF...THEN des SHARP-BASIC kennt kein optionales ELSE, nach dem in anderen BASIC-Dialekten diejenigen Instruktionen stehen, die bei einer nicht erfüllten Bedingung zwischen IF und THEN ausgeführt werden sollen. Sie hat zudem den Nachteil, daß bei längeren Passagen zwischen IF und THEN oder nach THEN wegen der Begrenztheit der Zeilenlänge Sprünge mit GOTO unvermeidlich werden. Insbesondere bei Schachtelungen solcher bedingten Verzweigungen geht damit die Übersichtlichkeit des Programms schnell verloren. Die neuen Instruktionen ermöglichen das Einbinden der betreffenden Passagen zwischen den BASIC-anweisungen auch über mehrere Zeilen hinweg.

Beispiel:

```
10:"V":INPUT "A="
   ;A:WAIT 0
20:IF# A=0
30:PRINT "W=0";
40:PRINT "  ";
50:ELSE
60:PRINT "W=1";
70:PRINT "  ";
80:ENDIF
90:WAIT :PRINT "E
   NDE"
```

Das Programm ermöglicht die Ermittlung des Wahrheitswertes einer Zahl A im Sinn des SHARP-BASIC. Nach der Eingabe der Zahl A und der Ausführung von ENTER ist für $A = 0$ das Abarbeiten der Zeilen 30 und 40 charakteristisch, während für $A \neq 0$ die Instruktionen in den Zeilen 60 und 70 ausgeführt werden. In beiden Fällen führt der Weg über ENDIF in der Zeile 80 zur Zeile 90.

Wie zu sehen ist, kommt man gänzlich ohne Sprungbefehle aus.

SELECT...
CASE...
ELSE...
ENDSELECT

Mit diesen neuen Instruktionen ist eine übersichtliche Zusammenfassung vieler differenzierter IF...THEN-Verzweigungen möglich, indem der Ausdruck nach SELECT mit mehreren jeweils nach CASE stehenden Ausdrücken verglichen wird. Sobald dies zum Wahrheitswert ungleich 0 führt, werden die nachfolgenden Instruktionen - die sich wieder über mehrere Zeilen erstrecken dürfen - ausgeführt. Speziell kann man für die OR-Verknüpfung nach CASE eine durch Kommata getrennte Liste aufführen oder einen Bereich mit TO beschreiben.

Soweit Instruktionen nach CASE ausgeführt wurden, erfolgt ein Sprung zu ENDSELECT mit anschließender Programmfortsetzung. Erweist sich keine der Abfragen als zutreffend, so wird ebenso verfahren, ggf. aber auch wie nach CASE ELSE vorgesehen.

Beispiel:

```
 10:"V":INPUT "A="        80:CASE 5TO 8
    ;A:WAIT 0                PRINT "5<=A<=8
 20:SELECT A                 ";
 30:CASE <0PRINT "        90:PRINT "  ";
    A<0";                100:PRINT "  ";
 40:PRINT "  ";          110:CASE >0PRINT "
 50:CASE =0PRINT "          A>0";
    A=0";                120:PRINT "  ";
 60:PRINT "  ";          130:ENDSELECT
 70:CASE =20,=40,=       140:WAIT :PRINT "E
    60PRINT "A=n*2          NDE"
    0 wobei n=1;2;       150:ENDSELECT
    3";                  160:WAIT :PRINT "E
                            NDE"
```

Mit diesem Programm, das mit DEF V gestartet wird, läßt sich die Zugehörigkeit einer Zahl A zu einem bestimmten Zahlenbereich prüfen. In den Zeilen 30, 50, 70, 80 und 110 stehen die Vergleiche, denen die Variable A schrittweise unterworfen wird. Sobald einer der Vergleiche zutrifft, erfolgt die dazugehörige Ausgabe A<0, A=0, A=n*20 wobei n= 1;2;3, 5<=A<=8 bzw. A>0 zusammen mit dem Zusatz ␣␣ENDE.

DO...
WHILE...
EXIT...
LOOP

Während die FOR...NEXT...STEP-Schleifen des SHARP-BASIC auf eine Schleifenvariable und eine additive, ganzzahlige Schrittweite angewiesen sind, kommt der neue Instruktionssatz ohne die Verwendung dieser Hilfsmittel aus.
Aus dem Programmteil zwischen DO und LOOP, der fortwährend durchlaufen wird, gibt es nur zwei Ausstiegsmöglichkeiten. Die eine ist dadurch gegeben, daß die Bedingung nach WHILE nicht zutrifft, und die andere, daß mit EXIT kompromißlos zum Schleifenende verwiesen wird. In beiden Fällen erfolgt die Fortsetzung des Programms mit der Instruktion, die auf LOOP folgt.

<u>Beispiel:</u>

```
10:"V":WAIT 0:DO
   S$=INKEY$
20:WHILE S$<>"T"
   PRINT "*";
30:SELECT S$
40:CASE "L","E","
   O"BEEP 1:EXIT
50:ENDSELECT
60:LOOP
70:WAIT :CLS :
   PRINT "ENDE"
```

Das Programm wird mit DEF V gestartet und schreibt fortlaufend aneinandergereihte Multiplikationszeichen * ins Display. Nur durch das Betätigen <u>bestimmter</u> Tasten kann es angehalten werden. Erstens durch die Taste T. Hierdurch erfolgt ein Sprung zu LOOP und damit der Programmabbruch mit der Ausführung der Zeile 70, die die Multiplikationszeichen löscht und ENDE ins Display schreibt. Die Tasten L, E und O bewirken einen modifizierten Programmabbruch. Hier wird noch zusätzlich das akustische Signal BEEP 1 ausgegeben.

GSB
SUB
SUBEND

Aus den SHARP-BASIC ist der Begriff des Unterprogramms bekannt. Ein Unterprogramm wird dort mit GOSUB angesprungen. Sein Ende ist stets durch RETURN gekennzeichnet, um einen Rücksprung in das aufrufende Programm zu ermöglichen. Unterprogramme dieser Art dienen dazu, bestimmte

Programmroutinen mehrmals verwenden zu können. Das legt den Gedanken nahe, häufig benutzte Routinen in einer Programmbibliothek innerhalb oder außerhalb des Hauptspeichers zusammenzustellen. Zweckmäßig legt man diese Programmbibliothek so an, daß ihre Programme jeweils aus einer Hauptprogrammversion und der dazugehörigen Unterprogrammversion bestehen.
Wie noch gezeigt wird, ist dieses Konzept - wenn auch weniger elegant als im BASIC 84 - bereits unter Verwendung des SHARP-BASIC realisierbar. Da solche Routinen nicht selten viele Arbeitsvariablen benötigen, sind sie im SHARP-BASIC zuweilen nicht ohne Veränderung für beliebige andere Programme verwendbar. Zumindest muß aufgepaßt werden, daß es im Bereich der verwendeten Variablen nicht zu einem Überschnitt kommt.
Deswegen wird ein neuer Unterprogrammtyp konzipiert, bei dem die verwendeten Variablen grundsätzlich nur eine lokale Bedeutung haben. Variablen des aufrufenden Programms dürfen dieselben Namen haben, ohne daß es zu einem Überschnitt kommt.
Um Verwechslungen hinsichtlich der Terminologie auszuschließen, nennt man die Unterprogramme im bisherigen Sinn von nun an Subroutinen und vergibt den Namen Unterprogramm an ihre neue Gestalt.
Die von den neuen Unterprogrammen benötigten Informationen werden ihnen bei ihrem Aufruf in Form von Wert- oder Referenzparametern übergeben. Während Wertparameter durch das Unterprogramm nicht abgeändert werden können, ermöglichen es die Referenzparameter, die vom Unterprogramm erarbeiteten Daten an das aufrufende Programm zurückzugeben.
Aus technischen Gründen können beim PC-1500 (A) die Standard- und Standardstringvariablen niemals als lokale Variablen verwendet werden. Sie

haben vielmehr stets globalen Charakter, d.h. auf sie kann uneingeschränkt zugegriffen werden. Eine Besonderheit des PC-BASIC'84 besteht noch darin, daß von Unterprogrammen her grundsätzlich auf die Variablen des aufrufenden Programms zugegriffen werden kann. In anderen BASIC-Dialekten ist das zuweilen nicht so. Hier wird die Umgebung des aufrufenden Programms für eine spätere Verwendung gerettet, ist aber dem Unterprogramm nicht zugänglich.

Die Kennmarke eines Unterprogramms kann ein Label, jedoch auch lediglich die entsprechende Zeilennummer sein. Der Charakter des Unterprogramms wird mit SUB und einer optionalen nachfolgenden Liste von Variablen gekennzeichnet. Durch Kommata getrennt, stehen hier diejenigen Variablen, an die Werte übergeben bzw. von denen zusätzlich Daten zurückgegeben werden sollen. Diese aufgeführten Variablen haben stets eine lokale Bedeutung. Nach einem Semikolon können weitere lokale Variablen angemeldet werden, an die keine Übergabe erfolgt.

Die nachfolgenden Instruktionen schließen mit SUBEND ab, das dem RETURN der Subroutine entspricht.

Der Aufruf des Unterprogramms erfolgt mit GSB und dem Label bzw. der Zeilennummer des entsprechenden Unterprogramms. Hinter einem anschließenden Semikolon steht eine optionale Liste von Werten und Variablen. Soweit diese Variablen zwei Zeichen im Namen haben oder dimensionierte Felder sind, haben sie die Bedeutung von Referenzparametern, d.h. nach der Abarbeitung des Unterprogramms erfolgt über sie ein Datenrücktransfer.

<u>Beispiele:</u> Programm NULLSTELLE #; Zeile 80, 140
Programm BESTIMMTES INTEGRAL #; Zeile 120, 170
Programm FLÄCHENSCHWERPUNKT #; Zeile

_70, 90, 260

```
10:"V":CLEAR :                40:PRINT "A=";A:
   INPUT "A=";A,"                PRINT "A1=";A1
   A1=";A1,"A2=";                :PRINT "A2=";A
   A2,"A3=";A3                   2:PRINT "A3=";
20:GSB "v";7,A,A2                A3:PRINT "A4="
   :BEEP 2:GOSUB                 ;A4:PRINT "A5=
   40:GOTO 10                    ";A5:RETURN
30:"v":SUB A1,A4,
   A5;A2:A2=9:A3=
   A3^2:A5=2*A5:
   BEEP 1:GOSUB 4
   0:SUBEND
```

Das Programm wird mit DEF V gestartet und soll zeigen, mit welchen Werten die Variablen A und A1 bis A5 im Haupt- und im Unterprogramm belegt sind, wenn etwa bei der Abfrage von A und A1 bis A3 die folgenden Werte eingegeben werden: A = 1, A1 = 2, A2 = 3 und A3 = 4.
Im Programmablauf erfolgt zuerst ein Sprung ins Unterprogramm "v" und damit gleichzeitig eine Reihe von Zuordnungen:

7 → A1
A = 1 → A4
A2 = 3 → A5

A2 wird zusätzlich als lokale Variable angemeldet. Das Unterprogramm bewirkt die Operationen:

A2 = 9
A3 = A3 ^ 2 = 4 ^ 2 = 16 (Zugriff auf die Hauptprogrammvariable A3)
A5 = 2 * A5 = 2 * 3 = 6

Nach dem Tonsignal BEEP 1 sind die Werte der Unterprogrammvariablen abrufbereit:

A = 1 (globale Variable)
A1 = 7 (gemäß Zuordnung)
A2 = 9 (gemäß Unterprogramm)
A3 = 16 (gemäß Unterprogramm)
A4 = 1 (gemäß Zuordnung)

A5 = 6 (gemäß Unterprogramm)

Mit ENTER kehrt man ins Hauptprogramm zurück, wo nach dem Tonsignal BEEP 2 die Werte der Hauptprogrammvariablen abgefragt werden können:

A = 1 (globale Variable)

A1 = 2 (doppelt verwendet, aber als lokale Variable angemeldet - deswegen alter Wert)

A2 = 6 (Referenzparameter - Wert wie A5 im Unterprogramm)

A3 = 16 (doppelt verwendet, aber nicht als lokale Variable angemeldet - deswegen neuer Wert)

A4 = 0 (nicht doppelt verwendet - deswegen alter Wert)

A5 = 0 (nicht doppelt verwendet - deswegen alter Wert)

SUBCLR Mit dieser Löschinstruktion lassen sich lokale Variablen über das Display - aber auch programmgesteuert - löschen.

Der zuerst genannte Einsatz ist dafür vorgesehen, daß nach einem Abbruch eines Unterprogramms mit BREAK oder STOP ohne Fortsetzung mit CONT die Variablen des Hauptprogramms betrachtet werden können.

Vor der Ausführung von SUBCLR ist im angeführten Fall nur ein Zugriff auf die Variablen des Unterprogramms möglich.

DEFFN FN Die Anweisung DEFFN dient zur Definition von Funktionen. Sie stellt eine modifizierte SUB-Instruktion dar.

Bei ihrem Aufruf mit FN werden den Variablen der DEFFN-Instruktion Wertparameter übergeben, die diese gemäß der Struktur der Funktionsanweisung verarbeitet.

Zurückgegeben wird ein Wert oder String, der

unmittelbar dort zur Verfügung steht, von wo aus die Funktion aufgerufen wurde. Das kann eine Stelle im Programm sein, aber auch ein Aufruf über das Display ist möglich.

Die Funktionszeile ist ähnlich wie bei der SUB-instruktion strukturiert: Nach einem optionalen Label folgt das Schlüsselwort DEFFN. Danach werden - hier in runden Klammern eingeschlossen, aber auch durch Kommata getrennt - diejenigen numerischen oder Stringvariablen genannt, denen die Daten in Form von Wertparametern übergeben werden sollen.

Der Aufruf der Funktion sieht etwas anders aus als der eines Unterprogramms mit GSB. Hinter der Instruktion FN ist das Label oder die Zeilennummer zur Spezifizierung der aufgerufenen Funktion anzugeben. Um den ganzen beschriebenen Ausdruck werden runde Klammern gesetzt.

Dem ersten Ausdruck schließt sich nach einem Semikolon die Liste der in runde Klammern eingeschlossenen und durch Kommata getrennten Wertparameter, die übergeben werden sollen, an.

<u>Beispiele:</u> Programm BESTIMMTES INTEGRAL #; Zeile 240, 250, 260, 370, 380

```
10:"RD":DEFFN (XX
   ,YY)=SGN XX*
   INT ((ABS XX*1
   0^YY)+.5)/10^Y
   Y
20:"IP":DEFFN (XX
   )=SGN XX*INT
   ABS XX
30:"FP":DEFFN (XX
   )=SGN XX*(ABS
   XX-INT ABS XX)
40:"U":INPUT "X="
   ;X,"N=";N
45:LPRINT "X=";X:
   LPRINT "N=";N
50:LPRINT "RD=";(
   FN "RD");(X,N)
60:LPRINT "IP=";(
   FN "IP");(X)
70:LPRINT "FP=";(
   FN "FP");(X):
   LF 1:GOTO 40
```

X= 23.56892 N= 4 RD= 23.5689 IP= 23 FP= 0.56892	X=-12.4557 N= 3 RD=-12.456 IP=-12 FP=-0.4557
X= 23.56892 N= 3 RD= 23.569 IP= 23 FP= 0.56892	X=-45.00291 N= 4 RD=-45.0029 IP=-45 FP=-0.00291

Das Programm wird mit DEF V gestartet. In den Zeilen 10, 20 und 30 finden sich drei Funktionen, von denen die erste die Rundung einer Zahl auf die n-te Stelle nach dem Komma für positive n bewirkt. Für n = 0, -1, -2,... erfolgt eine Rundung auf die (|n| + 1)-te Stelle vor dem Komma.
Die zweite Funktion gibt den mit dem Vorzeichen versehenen ganzzahligen Anteil IP einer Zahl zurück und die dritte entsprechend ihren Teil FP nach dem Komma mit Vorzeichen.
Sobald die Zahl X sowie die Stelle N, auf die sie gerundet werden soll, eingegeben worden sind, erfolgt mit dem Plotter CE-150 der Ausdruck von X, N, RD, IP und FP, wobei RD die gerundete Zahl ist.

Die genannten Berechnungen sind für vier Beispiele durchgeführt worden.

ROUND

Im letzten Beispiel zur DEFFN-Instruktion ist eine Rundungsfunktion aufgeführt, mit der eine Zahl auf eine vorgegebene Stelle gerundet werden kann.
Die hier vorliegende Instruktion ROUND ermöglicht ein differenziertes Runden im Rahmen des aktuellen oder zusätzlich von ROUND gesetzten USING-Formats.
Beachtet werden muß, daß die USING-Instruktion zwar auf die PRINT- und LPRINT-Anweisung, nicht aber schlechthin auf die Ausgaben im Display wirkt. So ergibt nach den Vorarbeiten X = 123.456 und USING "##.##" ROUND X (im PRO-Mode) die Anzeige 123.46 , aber PRINT ROUND X führt zum ERROR 36 . Genauso verhalten sich ROUND (X) und PRINT ROUND (X).
Wird in die Klammer noch ein weiteres - vom ersten durch ein Komma getrenntes - Argument auf-

genommen, so ersetzt dieses eine USING-Anweisung für das wissenschaftliche Format und legt mit seinem Wert die Anzahl der Nachkommastellen ohne Dezimalpunkt fest. Für dieselben Vorarbeiten wie oben führt demnach ROUND(X,1) zur Ausgabe 120 und PRINT ROUND (X,1) zur Ausgabe 1.2E 02. Werden in die Klammern der ROUND-Instruktion drei durch Kommata getrennte Parameter aufgenommen, so bestimmt der Wert des zweiten Parameters die Anzahl der Vorkommastellen ohne Vorzeichen. Der Wert des dritten Parameters bestimmt in diesem Fall die Anzahl der Nachkommastellen ohne Dezimalpunkt.

Für dieselbe Vorarbeit wie oben führt demnach ROUND (X,2,1) zur Ausgabe 123.5 und PRINT ROUND (X,2,1) zum ERROR 36.

INTEGRAL

Mit dieser Instruktion läßt sich nach der SIMPSONschen Regel der Wert eines bestimmten Integrals berechnen. Dazu müssen die beiden Grenzen a und b, die Anzahl $n = 2k$ der Teilintervalle, in die das Intervall [a;b] zerlegt werden soll, sowie die Integrandenfunktion f(x) vorgegeben werden. Von der Instruktion (INTEGRAL (a,b,k));(f(x)) wird dann ein Näherungswert für das bestimmte Integral zurückgegeben.

Da k durch die Forderung $1 \angle k \angle 256$ beschränkt ist, die SIMPSONsche Regel die Integrandenfunktion lediglich durch Parabeln zweiter Ordnung approximiert und die gewünschte Genauigkeit des Ergebnisses nicht berücksichtigt wird, handelt es sich bei dem von der INTEGRAL-Instruktion berechneten Wert mehr oder weniger um einen Richtwert.

Wie man das Verfahren unter Verwendung von Parabeln 6. Ordnung verfeinert und damit schneller zu sicheren Ergebnissen kommt, wird beim Programm BESTIMMTES INTEGRAL genauer beschrieben.

1.2.2 PC-WORK

Der Name PC-WORK läßt darauf schließen, daß der Befehlssatz dieses Software-Pakets auf die Erleichterung des technischen Teils der Programmierung abgestimmt ist, zu dem die Verwaltung und das Editieren von Programmen ebenso wie ihre Konservierung auf Magnetbändern gehört.

Der größte Teil der Befehle bezieht sich auch tatsächlich auf diese Anliegen, aber es gibt auch einen Überschnitt mit dem Bereich des strukturierten Programmierens. Gemeint sind die Instruktionen INEDIT, RESULT und PURGE, die in der Anleitung zum Software-Paket unter den Anweisungen zur Datenverwaltung aufgeführt sind, sich jedoch auch bei einer strukturierten Programmierung der Ingenieurmathematik als unentbehrlich erweisen. Mit den genannten Instruktionen ist nämlich ein Editieren von bereits eingegebenen Daten, ein Auslesen von Anweisungen in Stringvariablen und ein gezieltes Löschen von Variablen möglich.

Was die Qualität der BASIC-Instruktionen dieses Software-Pakets anbelangt, so übertrifft sie noch die des PC-BASIC'84. Einige wesentliche Mängel des SHARP-BASIC - wie die eingeschränkte Editierbarkeit von Programmen im Hauptspeicher und die viel zu langsame Übertragung von Programmen aus dem Hauptspeicher auf das Magnetband und umgekehrt - werden ausgeräumt.

Wie die neuen Instruktionen heißen, welche Bedeutung sie haben und welche Verwendungsmöglichkeiten für sie bestehen, zeigt die folgende Zusammenstellung.

Instruktion	Bedeutung, Verwendungsmöglichkeiten
CREATE	In der PC-WORK-Anleitung werden die im Hauptspeicher befindlichen - etwa mit MERGE eingespielten - Programme als Programm-Module bezeichnet. Andere BASIC-Dialekte verwenden den Begriff BASIC-File mit derselben Bedeutung. Soll im Hauptspeicher ein neues Programm-Modul angelegt werden, bei dem die Zeilennumerierung unabhängig von bereits vorhandenen Zeilen erfol-

gen kann, so wird zu seiner Erzeugung die Instruktion CREATE ohne Zusatz verwendet.
Das erzeugte Programm-Modul ist vorerst leer. Man kann jedoch sofort mit der Anlegung von BASIC-Zeilen beginnen und erhält dann ein Modul, das sich so verhält, als wäre es mit MERGE vom Band eingespielt worden. Speziell kann es - wie gewohnt - editiert werden.
Soweit diese Editierbarkeit besteht, wird von einem aktiven Programm-Modul gesprochen. Ein mit CREATE erzeugtes Modul ist also stets zugleich ein aktives Modul.
Wie noch gezeigt wird, ist die Instruktion CREATE auch im SHARP-BASIC realisierbar.

MODUL

Mit dieser Instruktion läßt sich eines der im Hauptspeicher befindlichen Programm-Module zum aktiven Modul erklären. Dazu muß hinter der Instruktion MODUL entweder die laufende Nummer 1 bis 255 des betreffenden Moduls oder ein beliebiges Label, das in ihm auftritt, aufgeführt werden.
Anschließend ist sowohl ein Editieren als auch ein Überspielen des aktivierten Moduls auf Band möglich.
Die Aktivierung eines Moduls hat zur Folge, daß dasjenige Modul, das bisher aktiviert war, diese Eigenschaft verliert, soweit es sich nicht um ein und dasselbe Modul handelt.

FETCH

Soweit sich mehrere mit MERGE eingespielte Programme im Hauptspeicher befinden, ist das Auflisten einer Programmzeile, die nicht im ersten Programm-Modul steht, im SHARP-BASIC umständlich: Will man nicht primitiv den Programmspeicher mit den Tasten ↓ und ↑ von oben nach unten oder umgekehrt absuchen, so muß man zuerst eine Zeile in dem betreffenden Programm-Modul auflisten, die ein Label besitzt, und dann die genannten Tasten einsetzen.
Mit FETCH wird die Suche vereinfacht: Zuerst

wird das betreffende Programm-Modul zum aktiven Modul erklärt. Dann führt die Instruktion FETCH mit nachfolgender Zeilennummer oder nachfolgendem Label zum Auflisten der gewünschten Zeile. Speziell liefert FETCH END die letzte Zeile des betreffenden Programm-Moduls und FETCH ohne Zusatz die erste Zeile.

DELETE

Mit dieser Instruktion lassen sich Teile eines aktiven Programm-Moduls oder das gesamte aktive Programm-Modul löschen.
Hinter DELETE ist die Angabe zweier - durch Kommata voneinander getrennter - Parameter vorgesehen, die beide Zeilennummern oder Labels beschreiben. DELETE mit einem solchen Zusatz löscht dann aus einem aktiven Programm-Modul den Teil, dessen Anfang durch den ersten und dessen Ende durch den zweiten Parameter bestimmt ist.
Fehlende Parameter vor oder nach dem Komma werden vom Computer als erste bzw. letzte Zeile des aktiven Programm-Moduls interpretiert.
Ist nur ein Parameter ohne Komma angegeben, so legt er die Zeile fest, die gelöscht wird.
DELETE kann auch im Programm verwendet werden.

QSAVE
QLOAD
QVERIVY
QCHAIN

Mit diesem Satz von Instruktionen wird das schnelle Überspielen von Programmen und Daten aus dem Computer auf das Band und umgekehrt sowie die Ausführung damit verbundener Operationen ermöglicht.
Da die Bandaufzeichnungen - bei gleich gebliebener Bandgeschwindigkeit - mit erheblich größerer Datendichte als bisher erfolgen, können nur qualitativ hochwertige Bandsorten verwendet werden. Der Software-Hersteller HOLTKÖTTER empfiehlt den Typ SONY HF-60. Beste Erfahrungen liegen aber auch für den Typ TDK PC 15 - einem speziell für die Computeranwendung konzipierten Band - vor. Der Mehrpreis gegenüber Bandsorten mittlerer Qualität ist unbedeutend, weil bei der Verwendung der neuen Quick-Instruktionen nicht nur die

Übertragungszeiten auf $\frac{1}{15}$ ihrer alten Dauer reduziert werden, sondern auch der Bedarf an Bandmaterial im selben Umfang eingeschränkt wird. Grundsätzlich gleichen die Bedeutungen der neuen Instruktionen denen der bekannten und fast gleichnamigen Instruktionen des SHARP-BASIC, wenn man von dem neuen Namen QVERIVY, der das alte CLOAD? ablöst, absieht.
Neu hinzugekommen ist auch die Möglichkeit eines wirksamen Kopierschutzes, der durch ein S nach der Instruktion QSAVE realisiert wird. Dieser Kopierschutz macht Unbefugten den Zugriff auf solche Bandaufzeichnungen solange unmöglich, wie der Blockname nicht bekannt ist.
Für das Wort Blockname wird auch das Wort Filename mit derselben Bedeutung verwendet.
Weitere Kürzel dienen zur Kennzeichnung des Filetyps:

P	aktives Programm-Modul
R	RESERVE-Speicher
M	Maschinenprogramm
V	Variablen
-1	Fernbedienung Nr. 1

So wird etwa mit der Instruktion QSAVE S P -1 "NULLSTELLE" das aktive Programm-Modul aus dem Hauptspeicher unter Verwendung der Fernbedienung Nr. 1 geschützt unter dem Namen NULLSTELLE auf das Band übertragen. Alle vier Parameter nach QSAVE sind dabei optional. QSAVE ohne jeden Zusatz speichert sämtliche Programme, die sich im Hauptspeicher befinden, auf Band.
Für das Speichern von Maschinenprogrammen auf Band ist der Parameter M hinter QSAVE nicht optional. Zusätzlich müssen hier grundsätzlich (neben anderen optionalen Parametern) - und soweit ein Blockname angegeben ist nach einem Semikolon - zwei durch Kommata voneinander getrennte Parameter angegeben werden, die die Anfangs- und

Endadresse des Maschinenprogramms beschreiben.
Eine ähnliche Struktur hat die Instruktion zum Abspeichern von Variablen auf Band: Nicht optional ist hier ein V nach QSAVE. Darauf folgen - soweit ein Blockname angegeben ist nach einem Semikolon - die durch Kommata getrennten Variablen, welche gespeichert werden sollen.
Speziell lassen sich mit QSAVE V DATA sämtliche Variablen auf Band speichern. Damit ist es möglich, zu einem Programm den dazugehörigen Variablensatz ohne großen Befehlsaufwand auf das Band zu übertragen.
Ließen sich mit QSAVE sämtliche Programme im Hauptspeicher auf Band übertragen, so realisiert QLOAD ohne Zusatz ihre Rückübertragung nach vorheriger automatischer Löschung des Hauptspeichers. Nach dieser Übertragung ist das erste Programm-Modul das aktive Modul.
Dieser Vorgang kann auch auf Einzelprogramme angewendet werden.
Wie QSAVE so läßt sich auch QLOAD differenzierter einsetzen. Als erster Parameter hinter QLOAD kann ein P, R, V oder M mit der geschilderten Bedeutung stehen, danach -1 zum Ansprechen der Fernbedienung Nr. 1 und anschließend der Blockname, ggf. in einer Stringvariablen gespeichert.
QLOAD P hat dieselbe Bedeutung wie MERGE. Das entsprechende Programm wird mit dieser Instruktion zu den im Hauptspeicher befindlichen Programmen dazugeladen.
QLOAD R bewirkt das Laden von RESERVE-Belegungen und kann auch in Programmen verwendet werden.
Zum Laden von Maschinenprogrammen sowie einzelner Variablen oder eines Variablensatzes vom Band ist, wenn anschließend ein Blockname aufgeführt wird, hinter diesem ein Semikolon zu setzen. Dann folgt bei Maschinenprogrammen (hinter weiteren optionalen Parametern) ein numerischer Ausdruck, der die Adresse festlegt, von der an das Maschi-

nenprogramm gespeichert wird.
QLOAD M ohne Zusatz lädt ein Maschinenprogramm an die Stelle, wo es aufgenommen wurde.
Beim Laden von Variablen stehen anstelle der Adresse des Maschinenprogramms diejenigen durch Kommata getrennten Variablen, die geladen werden sollen.
Speziell lädt QLOAD V DATA einen aufgenommenen Variablensatz. Der Variablenspeicher wird in diesem Fall vor dem Laden automatisch gelöscht.
Mit QVERIVY werden Bandaufzeichnungen - am besten unmittelbar anschließend an ihre Aufnahme - mit den entsprechenden Informationen im Computer verglichen.
Als optionale Parameter können QVERIVY lediglich -1 und der Blockname hinzugefügt werden.
Während des Datenvergleichs wird im Display des PC-1500 (A) die Fileart der betreffenden Aufzeichnung durch die Symbole

B	BASIC-Programm
R	RESERVE-Belegungen
V	Variablen
D	Variablensatz
M	Maschinenprogramm

angezeigt. Zusätzlich erfolgt - durch eine Leerstelle vom Symbol getrennt - die Ausgabe des Blocknamens, soweit er existiert.
Nur nach einem positiv ausgefallenen Vergleich der Daten erscheint - begleitet von einem kurzen Tonsignal - das Bereitschaftssymbol im Display.
Um ein BASIC-Programm programmgesteuert zu laden und es ggf. von einer bestimmten Zeile an zu starten, wird QCHAIN verwendet. Als optionale Parameter sind -1, der Blockname und nach einem Komma die Startzeilennummer bzw. das Startzeilenlabel zulässig. Letztere können auch in einer numerischen bzw. Stringvariablen gespeichert sein.
Bis auf die höhere Datendichte hat QCHAIN dieselbe Bedeutung wie CHAIN im SHARP-BASIC.

OLD Soweit ein Kassettenladevorgang wegen eines aufgetretenen Fehlers abgebrochen wurde, kann mit OLD der fehlerfrei geladene Programmteil gerettet werden.
Auch versehentlich mit NEW gelöschte Programme können mit OLD zurückgewonnen werden. Dabei muß bei mehreren mit NEW gelöschten Programmen OLD wiederholt ausgeführt werden.
Der Instruktion OLD kann optional ein numerischer oder Textausdruck hinzugefügt werden, der diejenige Zeile des geretteten Programms spezifiziert, die angezeigt werden soll. Ohne Zusatz zeigt OLD die erste Zeile an. Die letzte Zeile kann auch durch END beschrieben werden.
Soweit ein Modul mit DELETE gelöscht wurde, ist seine Rettung mit OLD nur dann realisierbar, wenn es das letzte im Hauptspeicher befindliche Modul war.
In bestimmten Fällen kann es zu Unkorrektheiten hinsichtlich der Anzeige der Zeilennummer der ersten Zeile im ersten Programm-Modul kommen.

INEDIT Diese Instruktion ist mit der INPUT-Anweisung des SHARP-BASIC verwandt. Während jedoch bei der letzteren nach der Dateneingabe ein Editieren ausgeschlossen ist, wird es durch INEDIT ermöglicht, wenn im Programmablauf dieselbe INEDIT-Anweisung erneut ausgeführt wird. Mit dem Cursor, der dann in der Anzeige unter dem ersten Zeichen der alten Eingabe positioniert ist, kann eine gezielte Änderung eines numerischen Wertes oder eines Strings erfolgen.
Dabei wird bei Stringvariablen gleichzeitig eine Schwachstelle des SHARP-BASIC ausgeräumt, indem mit dem Cursor der nicht mehr ins Display passende Teil einer Stringvariablen zur Anzeige gebracht werden kann, wenn diese - zusammen mit ihrer eventuellen Beschriftung - mehr als 26 Zeichen lang ist.
Soweit in diesem Zusammenhang eine Neueingabe

erfolgen soll, muß vorher mit CL gelöscht werden.
Ähnlich wie bei INPUT kann optional zwischen INEDIT und der spezifizierten Variablen eine USING-Anweisung gefolgt von einem Semikolon stehen.
Im mathematischen Bereich eröffnet INEDIT die Möglichkeit, in Verbindung mit RESULT eingegebene Funktionsanweisungen mühelos zu verändern.
Beispiele: Programm NULLSTELLE #; Zeile 50, 60
Programm BESTIMMTES INTEGRAL #; Zeile 40, 50, 60
Programm FLÄCHENSCHWERPUNKT #; Zeile 40

RESULT Im SHARP-BASIC läßt sich eine Zeichenkette, die Zahlencharakter besitzt, mit der VAL-Instruktion in eine Zahl verwandeln. Andere BASIC-Dialekte verwenden die gleichnamige Instruktion zum Auslesen und Ausführen von Ausdrücken, die BASIC-Instruktionen enthalten.
Diese Aufgabe übernimmt hier die RESULT-Instruktion. Sie liefert von einer Stringvariablen oder einem Textausdruck das Ergebnis einer als Text eingegebenen Funktion. Diese darf allerdings keine Instruktionen von PC-WORK oder PC-BASIC'84 enthalten.
Im mathematischen Bereich hat RESULT eine große Bedeutung, weil damit eine programmgesteuerte Eingabe von Funktionstermen ohne Eingriff in das Programm ermöglicht wird.
Wie noch gezeigt wird, kann diese Schwachstelle des SHARP-BASIC dadurch umgangen werden, daß man die Funktionsanweisung nachträglich in eine besondere Programmzeile mit selbständigen Programmcharakter schreibt. Dies ist jedoch nicht nur umständlicher, sondern führt außerdem zu vielen zusätzlichen Sprüngen im Programmablauf und damit zu längeren Programmlaufzeiten.
Da Problemstellungen denkbar sind, wo eine be-

reits eingegebene Funktionsanweisung für einen erneuten Programmdurchlauf nur unwesentlich abgeändert werden muß, erfolgt hier die Ersteingabe der Funktionsanweisung zweckmäßig mit INEDIT.

Beispiele: Programm NULLSTELLE#; Zeile 140, 160, 210

Programm BESTIMMTES INTEGRAL#; Zeile 350, 360

```
10:"V":DIM F$(0)*80
20:WAIT 0:PRINT "z(x,y)=";:INEDIT F$(0):CLS
30:INPUT "x=";X,"y=";Y
40:WAIT :PRINT "z=";RESULT F$(0):GOTO 20
```

Das mit RUN "V" gestartete Programm führt über die Dimensionierung der Stringvariablen F$(0), die 80 Zeichen aufnehmen kann, zur Eingabeaufforderung z(x,y) = der Funktionsgleichung einer Fläche im 3-dimensionalen Raum. Nach der Eingabe von etwa X*X + Y*Y werden die Werte der Koordinaten x und y abgefragt. Anschließend wird der Funktionswert z berechnet und beschriftet ausgegeben. Ein ENTER führt zur editierbereiten Anzeige z(x,y) = X*X + Y*Y der soeben eingegebenen Funktionsgleichung. Der blinkende Cursor steht auf dem ersten X.

Nun kann die Funktionsgleichung editiert werden. Mit CL kann aber auch der Teil rechts hinter dem Gleichheitszeichen gelöscht werden. Dann erscheint hier ein Fragezeichen. In diesem Fall ist eine Neueingabe möglich. Die dritte Reaktion kann eine Ignorierung der Editieraufforderung mit ENTER sein. Hierdurch erfolgt die Übernahme der alten Funktionsgleichung und anschließende Abfrage von x und y.

SORT

Mit dieser Instruktion läßt sich - ohne Verwendung weiterer Variablen - ein numerisches Variablenfeld in aufsteigender und ein Stringvariablenfeld in alphabetischer Reihenfolge ordnen. Dabei werden die Variablennamen gemäß der aktuellen Ordnung neu vergeben.
Soweit es sich um ein zweidimensionales Feld handelt, kann optional die Spalte n genannt werden, auf die sich die Neuordnung beziehen soll. Hierbei ist zu beachten, daß die Zählung der Zeilen und Spalten jeweils mit 0 beginnt.
Variablen, die vormals in derselben Zeile standen, werden in diesem Fall automatisch mit in die neue Zeile übernommen.
Wird bei einem zweidimensionalen Feld keine Spalte spezifiziert, so erfolgt die Neuordnung zeilenweise. Sie beginnt links oben und endet rechts unten.
Ist das numerische Feld etwa durch F(i,k) gegeben und soll sich die Neuordnung auf die n-te Spalte beziehen, so lautet die ausführliche SORT-Instruktion: SORT F(*,n). Dabei gilt: $0 \leq n \leq k$.
Bei Stringvariablen kann außerdem optional die Startposition s sowie die Länge l innerhalb des Vergleichsausdrucks festgelegt werden.
Ist hierbei das Feld etwa durch F$(i,k) gegeben, so hat - wenn wieder in der n-ten Spalte geordnet werden soll - die ausführliche SORT-Instruktion die Gestalt: SORT F$(*,n;s,l). Dabei gilt: $0 \leq n \leq k$.

<u>Beispiele:</u>

$$F(i,k) = \begin{pmatrix} 1 & 3 & 5 & 7 \\ 2 & 4 & -1 & 8 \\ -2 & 1 & 0 & 3 \end{pmatrix}$$

SORT F(*,2) ⟶

$$F(i,k) = \begin{pmatrix} 2 & 4 & -1 & 8 \\ -2 & 1 & 0 & 3 \\ 1 & 3 & 5 & 7 \end{pmatrix}$$

SORT F(*) ⟶

$$F(i,k) = \begin{pmatrix} -2 & -1 & 0 & 1 \\ 1 & 2 & 3 & 3 \\ 4 & 5 & 7 & 8 \end{pmatrix}$$

```
           / SAMUEL  PAULA    EGON  \
F$(i,k) = (  OTTO    KARL     HEINZ  )
           \ ERNA    BARBARA  ANNA  /

SORT F$(*,2;2,3) ---->

           / OTTO    KARL     H[EIN]Z \
F$(i,k) = (  SAMUEL  PAULA    E[GON]   )
           \ ERNA    BARBARA  A[NNA]  /

SORT F$(*) ---->

           / ANNA    BARBARA  EGON   \
F$(i,k) = (  ERNA    HEINZ    KARL    )
           \ OTTO    PAULA    SAMUEL /
```

PURGE Bekanntlich ist es im SHARP-BASIC nicht möglich, Variablen mit zwei Zeichen im Namen oder Felder gezielt zu löschen. Nach einem Programmstart mit RUN werden alle solche Variablen gelöscht und CLEAR setzt dazu noch zusätzlich die Standardvariablen auf den Wert Ø und weist den Standardstringvariablen den Nullstring zu.
Mit PURGE dagegen ist ein gezieltes Löschen von Variablen mit zwei Zeichen im Namen sowie von Feldern möglich. Dazu müssen hinter PURGE - durch Kommata voneinander getrennt - die betreffenden Variablen genannt werden. Die Kennzeichnung von Feldern erfolgt in diesem Zusammenhang durch das Symbol (*) hinter ihrem Namen.
Einzelne Feldvariablen eines Feldes können nicht gezielt gelöscht werden.
PURGE DIM hat dieselbe Löschwirkung wie der Programmstart mit RUN.

BYE Mit der Instruktion BYE läßt sich der PC-15ØØ (A) in denselben AUTO POWER OFF-Zustand versetzen wie durch ein automatisches Abschalten des Computers nach einer längeren Arbeitspause.
Ein erneutes Einschalten mit der ON-Taste stellt den Zustand vor dem Ausschalten wieder her, d.h. die letzte Eingabe BYE steht wieder im Display.

Desgleichen unterbleibt nach der Ausführung von BYE eine Initialisierung des Druckers.
Die zu BYE gehörige Maschinenprogrammroutine ist übrigens im ROM des PC-1500 (A) enthalten und mit CALL &E33F direkt ansprechbar.
Sowohl PC-WORK als auch PC-BASIC'84 verändern die Wirkung der OFF-Taste im Sinn der beschriebenen BYE-Instruktion. Damit geht speziell der Inhalt des Displays nun nach dem Ausschalten nicht mehr verloren.

SEC
YEAR
TIME$
DATE$

Diese vier Instruktionen beziehen sich auf eine elegante Verwendung der Uhr des PC-1500 (A).
Die Instruktion SEC gibt die Anzahl der Sekunden nach Mitternacht als numerischen Wert zurück.
Damit kann SEC zur bequemen Laufzeitmessung von Programmen verwendet werden, indem am Programmanfang die Instruktion T = SEC und am Programmende die Instruktion PRINT "dt (sec)=";T - SEC aufgenommen wird.
Damit DATE$ das Datum in der Form des Strings dd.mm.jjjj zurückgeben kann, muß dem Computer einmalig die aktuelle Jahreszahl in Form der Instruktion YEAR = jjjj mitgeteilt werden, wobei das Jahr im Bereich zwischen 1900 und 2027 liegen darf. Danach wird die Jahreszahl automatisch inkrementiert.
Wie DATE$ das Datum liefert, so gibt TIME$ die Uhrzeit in der Form des Strings hh:mm.ss zurück.

Die Beschreibung der Instruktionen von PC-WORK und PC-BASIC'84 ist hier in demselben Rahmen erfolgt wie bei den Anweisungen des SHARP-BASIC. Ausführliche Informationen zu der genannten HOLTKÖTTER-Sofrware finden sich in den Dokumentationen zu den betreffenden Bandaufzeichnungen.

Obwohl der neue Befehlssatz manche Instruktionen - wie etwa die RENUMBER-Anweisung - vermissen läßt, muß er doch insgesamt als ein gelungener Beitrag zur strukturierten BASIC-Programmierung und rationellen Verwendung des PC-1500 (A) angesehen werden.

2 Rationelle Programmierung

Die folgenden Ausführungen beziehen sich im wesentlichen auf die Grundkonzeption des PC-1500 (A). Ein konsequenter Einsatz des BASIC 84 ist an dieser Stelle nicht vorgesehen. Dennoch wird - wo sich der Anlaß dazu bietet - auf die Möglichkeiten hingewiesen, die sich aus der Verwendung des neuen Befehlssatzes ergeben.

Wer den SHARP PC-1500 in seiner Grundkonzeption mobil und rationell als Dozent, Student oder Schüler einsetzen will, kennt das Problem: In seiner Grundversion ist der Computer mit einem viel zu kleinen RAM-Bereich ausgestattet. Dies trifft in vermindertem Maß auch für den PC-1500 A zu. Dadurch wird eine gleichzeitige Speicherung vieler getrennter Programme problematisch.

Das Löschen des Programmspeichers und die nachfolgende Eingabe eines neuen Programms - auch unter Verwendung eines Kassettenrecorders - stellen in der Vorlesung oder in der Schulstunde wegen ihrer Umständlichkeit und geringen Geschwindigkeit keine Lösung des Problems dar, ohne Zeitverlust mehrere Programme nutzen zu können.

Was tun? Zuerst einmal den RAM-Bereich erweitern! Das ist mit den von SHARP angebotenen Modulen bis zu zusätzlich 16 kBytes möglich.

Elektronik-Firmen - wie etwa datec in Wuppertal - bieten Erweiterungsmodule mit größerer Kapazität an. So hat etwa die genannte Firma ein CMOS-RAM-Erweiterungsmodul SMM-32 im Lieferprogramm, das insgesamt einen Speicherumfang von 32 kBytes besitzt, wovon 24 kBytes für BASIC-Programme und 8 kBytes aus der Maschinensprache heraus als Daten- und Programmspeicher genutzt werden können.

Das Grundproblem des begrenzten RAM-Bereichs bleibt dennoch bestehen, zumal bei der Verwendung von Variablen mit zwei Zeichen im Namen und bei der Dimensionierung von Feldern zusätzlich Platz im Hauptspeicher benötigt wird.

Deswegen sollten bei der Erstellung von eigenen Programmen - auch im BASIC 84 - die folgenden Anregungen zur rationellen Nutzung des zur Verfügung stehenden Speicherraumes beachtet werden:

Viele mathematische Probleme sind miteinander verwandt. Daher lassen sie sich häufig durch Programme lösen, die sich gegenseitig benutzen. Aus diesem Umstand leiten sich zwei Methoden ab, deren Anwendung zur Platzeinsparung im Hauptspeicher führt.

2.1 Die Programmblockmethode

Programme eines mathematischen Teilsgebiets, die sich gegenseitig verwenden, werden in einem Programmblock zusammengefaßt. Dieser ist mit einem Schweizer Käse vergleichbar, in dem die Löcher die Ein- bzw. Ausgänge darstellen.

Jedes Programm im Block erhält als Kennung ein Kürzel aus etwa zwei Buchstaben zugeordnet, die eine leicht merkbare Abkürzung des ausführlichen Programmnamens darstellen. Anhand solcher Labels ist ein schneller Zugriff auf das betreffende Programm aus dem Gedächtnis möglich.

Ein Programmblock stellt eine in sich abgeschlossene Einheit dar. Jedes seiner Teilprogramme ist innerhalb des Blockes ausführbar. Niemals verwendet ein Teilprogramm Routinen, die außerhalb des Blockes liegen.

Für die Aufnahme eines Teilprogramms in einen Programmblock kann neben der Möglichkeit der gegenseitigen Verwendung als Unterprogramm auch der Umstand ausschlaggebend sein, daß aufwendige Ein- und Ausgabe- sowie Rundungs- und Formatierungsroutinen gemeinsam genutzt werden können.

In der Programmsammlung sind zur Demonstration der Programmblockmethode drei in ihren Umfängen unterschiedliche Programmblöcke aufgeführt. Sie tragen die Namen: MATRIZEN, ANALYTISCHE GEOMETRIE und SPHÄRIK.

Die nachfolgenden graphischen Darstellungen zeigen, wie sich die Teilprogramme in den genannten Programmblöcken gegenseitig benutzen.

In den graphischen Darstellungen weisen die Pfeile jeweils auf die Programme, die von dem davor stehenden Programm als Unterprogramm verwendet werden. Die gemeinsame Benutzung von Ein- und Ausgabe- sowie Rundungs- und Formatierungsroutinen ist aus den Darstellungen nicht ersichtlich.

Programmblock: MATRIZEN

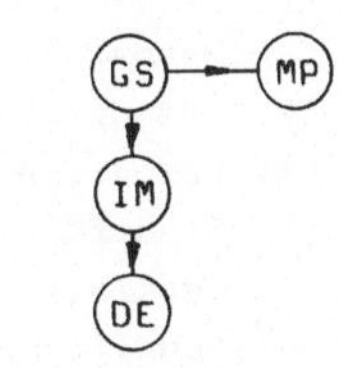

GS: Gleichungssystem
IM: Inverse Matrix
DE: Determinante
MP: Matrizenprodukt

Programmblock: ANALYTISCHE GEOMETRIE

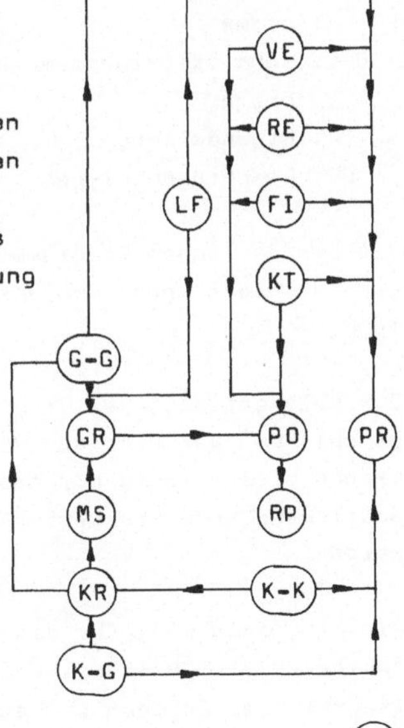

RP: Umwandlung von rechtwinkligen Koordinaten in Polarkoordinaten
PR: Umwandlung von Polarkoordinaten in rechtwinklige Koordinaten
PO: Polarkoordinaten eines Punktes bezogen auf einen neuen Ursprung
KT: Koordinatentransformation
GR: Gerade
LF: Lotfußpunkt
VE: Vorwärtseinschnitt
RE: Rückwärtseinschnitt
TP: Teilpunkt(e) einer Strecke
FI: Flächeninhalt eines n-Ecks
MS: Mittelsenkrechte
G-G: Schnitt zweier Geraden
KR: Kreis
K-G: Schnitt von Kreis und Gerade
K-K: Schnitt zweier Kreise

Programmblock: SPHÄRIK

DI: Sphärische Distanz
OD: Orthodrome
O-M: Schnitt Orthodrome-Meridian
SL: Sphärischer Lotfußpunkt
O-B: Schnitt Orthodrome-Breitenkreis
SN: Sphärisches n-Eck
O-O: Schnitt Orthodrome-Orthodrome
FP: Fremdpeilung
LX: Loxodrome
L-B: Schnitt Loxodrome-Breitenkreis
L-M: Schnitt Loxodrome-Meridian
L-L: Schnitt Loxodrome-Loxodrome
O-L: Schnitt Orthodrome-Loxodrome
EP: Eigenpeilung
LP: Loxodromenpolygon

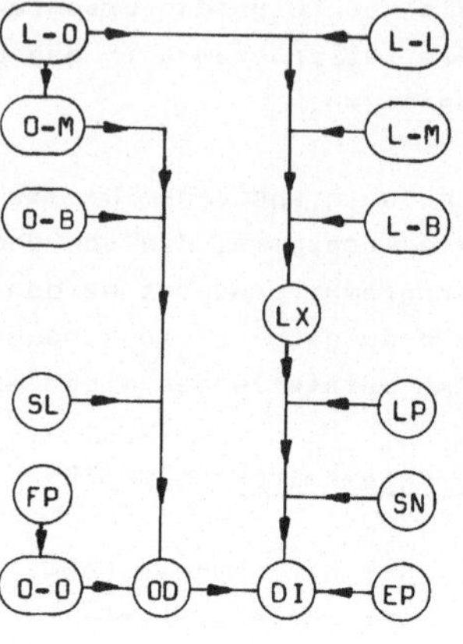

Die ausführlichen Programmbeschreibungen und Benutzungsanweisungen für diese Programmblöcke finden sich in der Programmsammlung.

Zur Erleichterung des Programmaufrufs legt man sich den Startbefehl RUN" auf eine der RESERVE-Tasten. Dann ist nach der Betätigung dieser Taste nur nachfolgend das Kürzel einzutippen. Anschließend kann das betreffende Programm mit ENTER gestartet werden.

Als Startanweisung für die Programmausführung ist generell der RUN-Befehl vorzuziehen, weil nur er vorher deklarierte Variablen mit zwei Zeichen im Namen sowie Feldvariablen löscht. Das ist - wie noch gezeigt wird - neben der Rückgewinnung nicht mehr benötigten Speicherraumes von besonderer Bedeutung.

Bei serieller Verwendung eines Programms sollte der letzte Befehl einen Rücksprung zum Programmanfang bewirken.

Diese Programmblockmethode ist um so sinnvoller, je größer die Verflechtung seiner Teilprogramme ist.

Die Struktur eines Teilprogramms ist grundsätzlich durch die Dateneingabe, die Datenverarbeitung und die Datenausgabe gegeben. Soweit die Aufforderung zur Dateneingabe und die Datenausgabe auch noch an anderer Stelle des Programmblocks verwendet werden können, besteht demnach ein solches einfaches Teilprogramm aus der Zeilennummer, dem Label, drei aufeinanderfolgenden GOSUB-Befehlen und ggf. dem Rücksprungbefehl zum Programmanfang.

Die Aufforderung zur Dateneingabe lagert man sinnvoll nur dann durch einen GOSUB-Befehl aus, wenn zwingend Daten eingegeben werden müssen. Sobald eine Ignorierung der Eingabeaufforderung - also ein ENTER ohne vorherige Eingabe - erlaubt ist, ist zu beachten, daß dies zu einem Sprung aus der betreffenden Programmzeile führt. In einem solchen Fall muß bei einer Auslagerung die eigentliche Eingabeaufforderung stets mehrzeilig ausgelegt sein und in allen möglichen Fällen den Rücksprung in die aufrufende Zeile realisieren.

Der mittlere GOSUB-Befehl führt zur eigentlichen Datenverarbeitung. Nur sie wird benötigt, wenn das betreffende Teilprogramm als Unterprogramm verwendet werden soll. Hier unterbleibt die störende Aufforderung zur Dateneingabe genauso wie die Datenausgabe.

Bei komplizierten Teilprogrammen ist es dagegen häufig notwendig, die Steuerung des Programmablaufs mit einem Flag zu bewirken. Je nachdem, ob dieser gesetzt ist oder nicht, unterdrückt er die Dateneingabeaufforderung und Datenausgabe oder bewirkt sie.

Denkbar sind auch Fälle, wo nur die Eingabeaufforderung unterdrückt werden soll, nicht jedoch die Datenausgabe oder umgekehrt.

Nun kennt der PC-1500 (A) keinen eigentlichen Flag. Der Flag läßt sich jedoch beispielsweise durch FL=0 bzw. FL=1 realisieren. Dies ist zwar eine speicherplatzungünstige Realisierung, der erzeugte Flag hat jedoch gegenüber dem normalen Flag den Vorteil, daß er hier neben den Werten 0 und 1 auch andere Werte annehmen kann, was zur differenzierten Steuerung des Programmablaufs ausgenutzt werden kann.

Die ausschließliche Verwendung von Variablen mit zwei Zeichen im Namen als Flags hat den folgenden Vorteil: Beim Start eines Programms mit RUN wird automatisch jeder Flag auf den Wert 0 gesetzt. Dieser Flagzustand ist für den Ablauf des Programms als Hauptprogramm - also mit Eingabeaufforderung und Datenausgabe - vorgesehen. Die Verwendung desselben Programms mit dem zugeordneten Flag FL als Unterprogramm erfolgt durch die Befehle FL=1 : GOSUB (Label bzw. Zeilennummer). Im Regelfall bewirken dann diese Befehle ausschließlich die Datenverarbeitung sowie den Rücksprung in das aufrufende Programm.

Um eine mehrfache Programmverschachtelung zu ermöglichen, wird jedem Programm, das auch als Unterprogramm verwendet werden soll, ein anderer Flag els Unterprogrammkennung zugeordnet. Dabei bietet es sich an, als Flagnamen das Programmkürzel selbst oder eine Abwandlung desselben zu wählen.

Obwohl ein Programmblock eine in sich abgeschlossene Einheit darstellt, ist er doch erweiterungsfähig. Sein letzter aktueller Stand läßt sich jederzeit durch das Hinzufügen neuer Teilprogramme verändern. Dazu muß bekannt sein, welche (Feld)variablen der Programmblock benutzt und wie die bereits vorhandenen Teilprogramme als Unterprogramme verwendet werden können. Unter Umständen ist es notwendig, ein Teilprogramm so zu modifizieren, daß es unter Verwendung von Flags unterprogrammlauffähig wird.

Neben dem Listing gehört deswegen zu jedem Programmblock eine Dokumentation, die aus den Gebrauchsanweisungen für die Teilprogramme besteht. Insbesondere muß aus ihr für jedes Teilprogramm ersichtlich sein, welche Variablen hinsichtlich der Unterprogrammversion mit den vorgegebenen Daten zu belegen sind und wo nach der Programmausführung die berechneten Daten stehen.

Auf Einzelheiten wird noch im Abschnitt Programmdokumentationen genauer eingegangen.

Da der Programmblock mit jeder Erweiterung wächst, ist eine rationelle Fixierung seines aktuellen Standes nur unter Verwendung des Druckers CE-150 und des Kassettenrecorders CE-152 möglich.

Häufig bedingt die Programmblockerweiterung die Einfügung neuer Programmzeilen in den bereits bestehenden Block. Dann spart ein RENUMBER-Programm viel Arbeitszeit, wenn der Block anschließend wieder ein übersichtliches Aussehen erhalten soll. Selbstverständlich muß das RENUMBER-Programm so ausgelegt sein, daß nicht nur die Zeilennummern, sondern auch alle auf sie bezogenen Befehle mit umnumeriert werden.

Eine Umnumerierung der Programmzeilen kann auch dann zweckmäßig werden, wenn die Größe des Programmblocks bei einer Intervallbreite von 10 zwischen zwei aufeinanderfolgenden Zeilen zu Zeilennummern über 990 führt. Das Listing wird in diesem Fall unübersichtlich. Deswegen wählt man hier besser die Intervallbreite 5.

Nach der Einfügung eines neuen Teilprogramms in einen Programmblock und ggf. nach der Umnumerierung der Zeilen wird ein aktuelles Listing angefertigt und die alte Bandaufzeichnung des Programmblocks durch eine neue ersetzt.

Die Verwendung des BASIC 84 führt bei der Erstellung von Programmblöcken zu einer Reihe von Vereinfachungen. Insbesondere verbessert der Einsatz von Unterprogrammen mit lokalen Variablen die Übersichtlichkeit.

Aber auch die anderen neuen BASIC-Instruktionen tragen hier zu einer strukturierten BASIC-Programmierung bei. So lassen sich etwa viele der kleineren Subroutinen unter Verwendung von DEFFN eleganter zugänglich machen, und unübersichtlich verschachtelte

IF...THEN-Abfragen bekommen mit IF ...THEN...ELSE...ENDIF eine übersichtlichere Gestalt. Dieselbe Bedeutung hat der Einsatz von SELECT...CASE...ELSE...ENDSELECT und DO...WHILE...EXIT... LOOP.

Ebenso erleichtern in diesem Zusammenhang die neuen Anweisungen zum Editieren sowie zum Speichern von Programmen auf Band die Arbeit mit dem PC-1500 (A) nicht unerheblich.

2.2 Die Zentral-Peripherieprogrammmethode

Eine andere Möglichkeit, Programmspeicherplatz zu sparen, besteht darin, Programmroutinen, die von mehreren anderen Programmen verwendet werden, aus diesen auszugliedern. Die ausgegliederten Routinen bilden die zentralen Programme und die sie benutzenden Programme die Peripherieprogramme.

Diese Namengebung ist nur dann sinnvoll, wenn sie durch die mathematische Bedeutung der zentralen Programme und der Peripherieprogramme gerechtfertigt ist.

Aus diesem Grund haben die zentralen Programme - abgesehen von ihrer Benutzung durch die Peripherieprogramme - stets auch eine eigenständige Bedeutung. Sie werden deswegen - wie in der Programmblockmethode beschrieben - so strukturiert, daß sie sowohl als Haupt- als auch als Unterprogramme verwendet werden können.

Im Gegensatz zu dem auf eine Erweiterung angelegten Programmblock stellen sowohl die zentralen Programme als auch die Peripherieprogramme fest abgeschlossene Einheiten dar. Sobald sich ihre Lauffähigkeit erwiesen hat, werden sie nicht mehr abgeändert.

In der Programmsammlung sind zur Demonstration der Zentral-Peripherieprogrammmethode eine Reihe von überwiegend Analysisprogrammen aufgeführt, die in der beschriebenen Weise miteinander verflochten sind.

Unter diesen Programmen sind hinsichtlich der Verwendung des BASIC 84 drei Programme mit herausragender Bedeutung ausgewählt worden. Für sie finden sich in der Programmsammlung ihre dazugehörigen BASIC 84-Versionen. Um dieselben von den SHARP-BASIC-Versionen abzusetzen, wurde den Programmkürzeln das Symbol # vorangestellt.

Die nachfolgenden graphischen Darstellungen zeigen, von welchen Peripherieprogrammen die zentralen Programme verwendet werden.

Die Pfeile in den graphischen Darstellungen weisen von den Peripherieprogrammen zu den Zentralprogrammen.

Zentrale Programme:

BI: BESTIMMTES INTEGRAL
#BI: BESTIMMTES INTEGRAL #
NU: NULLSTELLE
#NU: NULLSTELLE #
DQ: DIFFERENTIALQUOTIENT

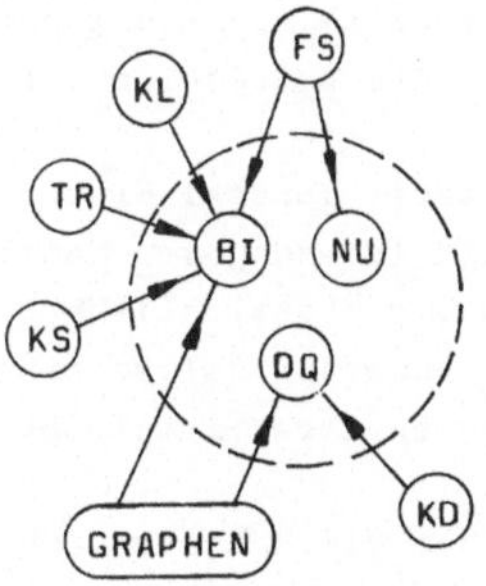

Peripherieprogramme:

KD: KURVENDISKUSSION
KL: KLOTOIDE
FS: FLÄCHENSCHWERPUNKT
#FS: FLÄCHENSCHWERPUNKT #
KS: KURVENSCHWERPUNKT
TR: TRÄGER AUF ZWEI STÜTZEN
GRAPHEN: GRAPHEN IM KOORDINATENSYSTEM

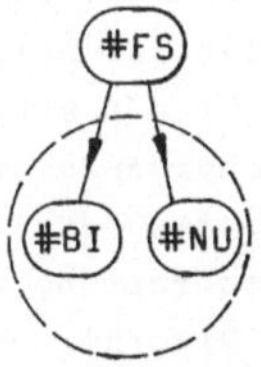

Ein Peripherieprogramm ist ohne seine dazugehörigen Zentralprogramme niemals für sich allein lauffähig. Deswegen muß darauf geachtet werden, daß sich die vom Peripherieprogramm benötigten Zentralprogramme im Hauptspeicher befinden.

Wie bei der Programmblockmethode ist auch bei der Zentral-Peripherieprogrammmethode eine Erweiterung des Systems durch das Hinzufügen hier neuer Zentral- und Peripherieprogramme möglich.

Um dabei die Übersicht über die verwendeten Variablen nicht zu verlieren und dadurch bedingte unzulässige Doppelverwendungen von Variablen zu vermeiden, arbeitet man zweckmäßig mit Feldvariablen: Zumindest für jedes zentrale Programm wird ein Feld erzeugt, das möglichst viele der vom Programm benutzten Variablen aufnimmt.

Wieder ist der RUN-Befehl zum Starten dieser Programme von Vorteil: Soweit noch Felder aus vorher verwendeten Programmen existieren, werden diese automatisch gelöscht. Damit wird nicht mehr benötigter Speicherplatz im Hauptspeicher zurückgewonnen.

Die Zentral-Peripherieprogrammmethode hat gegenüber der Programmblockmethode den Vorteil, daß sich nicht alle Programme des Systems im Hauptspeicher befinden müssen, sondern nur diejenigen, die tatsächlich gebraucht werden.

Ein weiterer Vorteil dieser Methode ist darin zu sehen, daß durch die Trennung von zentralen Programmen und Peripherieprogrammen die Übersichtlichkeit über das Programmsystem erhalten bleibt. Außerdem fallen besonders die Peripherieprogramme - gemessen an ihrer Leistungsfähigkeit - relativ kurz aus.

Leider hat die Methode auch einen Nachteil, der nicht ungenannt bleiben darf. Dieser Nachteil ist nicht in dem Konzept zu suchen, das der Zentral-Peripherieprogrammmethode zugrunde liegt, sondern beruht auf einer Schwachstelle des Computertyps: Bei mehreren nacheinander ausgeführten GOSUB-RETURN-Sprüngen zwischen den Programmen des Systems vergißt der PC-1500 (A) ohne Warnung bei Überschreitung der BASIC-Stack-Kapazität, aus welchem aufrufenden Programm der Sprung erfolgte.

Dadurch bedingt, wird bei einer nachfolgenden Zeilenadresse als Sprungziel in einem falschen Programm gesucht. Ein Glücksfall liegt in diesem Zusammenhang noch dann vor, wenn die betreffende Zeile nicht existiert. Dann wird ein ERROR 11 ausgegeben und das Programm abgebrochen.

Fehler, die durch dieses Verhalten des Computers bedingt sind, lassen sich meistens schwer lokalisieren und häufig noch schwerer umgehen. Erst das BASIC 84 schafft hier eine echte Abhilfe, weil beim Auftreten von Funktionsanweisungen durch die RESULT-Instruktion eine ganze Unterprogrammebene eingespart wird. Außerdem erfolgt durch die geordneten Strukturen des BASIC 84 eine drastische Verminderung des Hin- und Herspringens in den Programmen.

Überhaupt ist das BASIC 84 so ausgelegt, daß es geradezu auf eine Realisierung der Zentral-Peripherieprogrammmethode abzielt. Der Grund dafür liegt im wesentlichen in der konsequenten Verwirklichung von Unterprogrammen und Funktionen mit lokalen Variablen.

Obwohl dadurch eine Programmdokumentation nicht schlechthin überflüssig wird, lassen sich zentrale BASIC 84-Programme viel müheloser und umfassender in ein Zentral-Peripherieprogrammsystem einbinden als ihre SHARP-BASIC-Versionen.

Außerdem verbessern wieder die bei der Beschreibung der Programmblockmethode genannten neuen BASIC-Instruktionen die Übersichtlichkeit in den Programmen.

Mit den neuen Editier- und Kassettenrecorder-Ladebefehlen wird zudem ein erheblicher Zeitgewinn erzielt, der den Umgang mit dem Computer und seiner Peripherie vereinfacht.

Wieviel bequemer die Handhabung von BASIC 84-Programmen ist, läßt sich durch einen Vergleich mit ihren SHARP-BASIC-Versionen anhand der Programmsammlung leicht ersehen.

2.3 Programmierarbeitshilfen

Bei der Erstellung von Programmen sowie deren Fixierung fallen im SHARP-BASIC eine Reihe von wiederkehrenden Routinearbeiten an, die man sich unter Verwendung von CALL-, PEEK- und POKE-Befehlen erleichtern kann.

Dazu gehört auch die Vermeidung der lästigen und geräuschvollen

Initialisierung des Druckers, wenn dieser mit dem Computer gekoppelt ist und der letztere eingeschaltet wird.

Ohne besonderen Befehl kann die Initialisierung des Druckers in diesem Fall nur dann umgangen werden, wenn man den PC-1500 (A) vorher " einschlafen" läßt. Dieser Zustand tritt ein, wenn im Betriebszustand des Computers längere Zeit keine Eingabe oder Operation erfolgt.

Da dieses Verfahren zu zeitaufwendig ist, führt man besser den Befehl CALL &E33F aus. Dann schläft der Computer augenblicklich ein.

Nach der späteren Betätigung der ON-Taste wird eine beliebige andere Taste außer SHIFT, DEF oder SML gedrückt. Dann verschwinden das BUSY und der Befehl CALL &E33F im Display und der Plotter ist unter Umgehung der unerwünschten Initialisierung einsatzbereit.

Zweckmäßig wird der Befehl CALL &E33F@ auf eine RESERVE-Taste gelegt. Dabei hat der "Klammeraffe" @ die Bedeutung von ENTER im RESERVE-Modus. Jetzt kann man auf Tastendruck den Computer ohne Zeitverlust einschlafen lassen.

Häufig befinden sich mehrere Programme im Hauptspeicher und es wird gewünscht, eines derselben unter Verwendung des Kassettenrecorders CE-152 auf Band zu überspielen bzw. mit dem Drucker CE-150 aufzulisten.

Dann läßt sich zwar mit der differenzierten LLIST-Anweisung das Listing erstellen, es gibt aber keine elementare Instruktion zum Kopieren des Programms auf Band.

Hier wird mit dem Programmpointer gearbeitet: Sind die Anfangs- und Endadresse des betreffenden Programms im Hauptspeicher bekannt, so können alle anderen im Hauptspeicher befindlichen Programme - bis auf das anvisierte - ausgeblendet werden. Wie gewohnt wird danach mit dem Befehl CSAVE das betreffende Programm auf Band übertragen bzw. mit dem Befehl LLIST aufgelistet.

Danach lassen sich wieder auch die vorher ausgeblendeten Programme verfügbar machen.

Nun die Informationen, wie man die betreffenden Adressen erhält und die Ausblendung bewirkt:

Befindet sich nur ein Programm(block) im Hauptspeicher, so liefert die Nacheinanderausführung der Befehle PEEK &7865 und PEEK &7866 zwei natürliche Zahlen zwischen 0 und 255, die die Adresse des Programmanfangs beschreiben. Entsprechend erhält man mit den Befehlen PEEK &7867 und PEEK &7868 die Adresse des Programmendes.

Diese Programmadressen beschreiben die Stellungen des Programmpointers am Anfang und Ende des Programms.

Übrigens wird vor und nach der Programmeingabe jeweils die erste Zahl des Zahlenpaares nach dem Bildungsgesetz INT(STATUS 2/ 256) und die zweite nach dem Bildungsgesetz STATUS 2 - 256*INT (STATUS 2/ 256) berechnet.

So lauten z.B. nach der Neuinitialisierung durch den Befehl NEW 256 im PRO-Modus des mit dem 16 kB-Modul von SHARP bestückten PC-1500 und nach der anschließenden Eingabe der Programmzeile 10: "V": PRINT "OK": END die beiden Zahlenpaare 1 0 und 1 17. Bei Verwendung anderer Argumente hinsichtlich der NEW-Instruktion sowie anderer Computer-Modul-Konfigurationen ergeben sich nicht unbedingt die genannten Zahlenpaare, jedoch bleibt ihre Differenz 17 unverändert.

Erfolgt beispielsweise die Erweiterung des PC-1500 nur mit dem 8 kB-Modul von SHARP, so ist die Anfangsadresse nach der Neuinitialisierung durch das Zahlenpaar 56 197 gegeben. Deswegen lautet hier die Endadresse 56 214, wenn dieselbe Programmzeile eingegeben wird.

Zur Arbeitserleichterung legt man sich die genannten Befehle wieder auf eine RESERVE-Taste:

PRINT PEEK &7865; PEEK &7866; PEEK &7867; PEEK &7868 @.

Befindet sich nur ein Programm(block) im Hauptspeicher, dann liefert das Drücken dieser Taste - soweit die automatische Formatkonvertierung hinsichtlich der Ausgabe von Werten wirksam ist - ein Zahlenquadrupel, dessen Zahlen jeweils durch ein Leerfeld getrennt sind. Die beiden ersten Zahlen beschreiben die Adresse des Programm(block)anfangs und die beiden letzten die Adresse des Programm(block)endes im Hauptspeicher.

Beim Einspielen eines weiteren Programms mit der MERGE-Instruktion ist dessen Anfangsadresse also im allgemeinen in der zweiten Zahl des Zahlenpaares um 1 größer als die betreffende Zahl in dem Zahlenpaar, das die Endadresse des vorhergehenden Programms beschreibt. Sobald sie jedoch 256 lauten würde, wird die erste Zahl des Zahlenpaares um 1 vergrößert und die zweite durch Ø ersetzt. Beide Zahlen des Zahlenpaares können - wie schon erwähnt - den Wert 255 nicht überschreiten. Dies bedingt übrigens auch, daß der Hauptspeicher durch RAM-Erweiterungsmodule nicht uneingeschränkt erweitert werden kann.

In dem zuletzt mit der RESERVE-Taste abrufbaren Zahlenquadrupel ändert sich nach dem Einspielen des zweiten Programms mit MERGE das erste Zahlenpaar nicht, wohl aber das zweite. Dies trifft auch für das Einspielen weiterer Programme mit MERGE zu. Immer bestimmen die beiden Zahlenpaare des Zahlenquadrupels, was alles im Hauptspeicher "sichtbar" ist.

Es ist zweckmäßig, sich die Adressen aller Programme, die sich im Hauptspeicher befinden, zu notieren. Dies muß jeweils nach der Einspielung der betreffenden Programme mit MERGE geschehen. Dabei muß die Anfangsadresse des eingespielten Programms - wie beschrieben - berechnet werden während die Endadresse durch die letzten beiden Zahlen des Zahlenquadrupels bestimmt ist.

Sind die Anfangs- und Endadressen des ersten mit dem CLOAD-Befehl eingespielten und weiterer mit MERGE-Befehlen übertragenen Programmen bekannt, so lassen sich mit dem Befehl POKE &7865, a, b, c, d alle anderen - bis auf das durch das Zahlenquadrupel a b c d bestimmte Programm - ausblenden, d.h. sie sind nicht mehr sichtbar oder "versteckt".

Lauten also die Adressen des Kurzprogramms 10: "V": PRINT "OK": END wie im aufgeführten Beispiel 1 0 1 17 und sind inzwischen mit MERGE weitere Programme in den Hauptspeicher eingespielt worden, so führt der Befehl POKE&7865, 1, 0, 1, 17 zur Ausblendung dieser Programme.

Das anvisierte, allein zugängliche Programm kann nun mit dem Befehl CSAVE auf Band überspielt oder mit dem Befehl LLIST aufgelistet werden.

Führt man anschließend dieselbe POKE-Anweisung mit dem Zahlenquadrupel aus, dessen erstes Zahlenpaar die Anfangsadresse des ersten Programms und dessen zweites Zahlenpaar die Endadresse des letzten Programms beschreibt, so werden alle ursprünglich eingespielten Programme erneut zugänglich.

Noch ein Hinweis: Bei dieser Methode der Programmausblendung unter Verwendung des Programmpointers ist ein Editieren des nicht ausgeblendeten Programms weder möglich noch zulässig, wenn es sich nicht um das letzte der im Hauptspeicher befindliche Programm handelt. Zwar kann man sich mit den Tasten ↑ und ↓ die Programmzeilen - soweit sie in das Display passen - ansehen, jede Lockerung der Zeilen mit dem Cursor oder versuchte Editierung führt jedoch bei nachfolgendem ENTER zur Zerstörung der Folgeprogramme.

Die Verwendung des Programmpointers erlaubt auch die Lösung einer anderen Aufgabe:

Häufig hat man ein einzelnes, abgeschlossenes Programm im Hauptspeicher und möchte mit der Erstellung eines weiteren Programms beginnen, ohne das vorhandene zu löschen. Dann führt man nach dem Notieren seiner Programmadressen a b c d den Befehl NEW STATUS 2 im PRO-Mode aus. Anschließend wird die Anweisung POKE &7865, a, b gegeben. Hierdurch erfolgt ein "Einfrieren" des vorhandenen Programms ähnlich wie nach der Ausführung des MERGE-Befehls: Es verliert seine Editierbarkeit. Dafür kann das neue Programm - wie gewohnt - mit der Zeile 10 begonnen werden.

Dieser Vorgang ist wiederholbar. Die Nacheinanderausführung der genannten Befehle führt jeweils zum Einfrieren auch des letzten im Hauptspeicher befindlichen Programms. Da a b die Anfangsadresse des ersten Programms ist, bleiben alle Programme im Hauptspeicher zugänglich.

Zur Arbeitserleichterung legt man wieder die Befehle NEW STATUS 2@ und POKE &7865, a, b@ auf zwei aufeinanderfolgende und POKE &7865, auf eine weitere RESERVE-Taste.

Die Anfangsadresse a b wird so gewählt, daß sich Maschinenprogramme, die durch eine Neuinitialisierung des Computers nicht gelöscht werden sollen, in dem davor befindlichen Teil des Hauptspeichers unterbringen lassen.

Beim PC-1500 A gibt es für die Speicherung solcher Maschinenprogramme einen zusätzlichen Speicherbereich. Die hexadezimale Anfangsadresse dieses Bereichs lautet &7C01 und die Endadresse &7FFF. Damit beträgt die dazugehörige Kapazität 1023 Bytes.

Maschinenprogramme können sich etwa auf die Erweiterung des BASIC-Befehlssatzes beziehen, wie z.B. ein in Maschinensprache abgefaßtes RENUMBER-Programm. Dieses wird dann mit einem CALL-befehl aufgerufen, der auf die Anfangsadresse des betreffenden Programms im Hauptspeicher bezogen ist.

Das kann beispielsweise so aussehen: Befinden sich keine Programme im Hauptspeicher des mit dem 16 kB-Modul bestückten PC-1500, so weist der Programmpointer auf die Anfangsadresse 1 0. Nun soll ein Maschinen-RENUMBER-Programm vom Umfang 465 Bytes in den obersten Teil des Hauptspeichers geschrieben werden. Die dezimale Anfangsadresse dieses Programms lautet also 1 0. Sie beschreibt die Dezimalzahl 256 oder die Hexadezimalzahl &100.

Die Einspielung dieses Maschinenprogramms erfolgt mit dem Befehl CLOAD M &100. Gemäß seinem Umfang lautet die Endadresse dieses Programms 2 209. Sie entspricht der Dezimalzahl 2*256 + 209 = 721 oder der Hexadezimalzahl &2D1.

Vorausgesetzt, daß keine weiteren Maschinenprogramme im obersten Teil des Hauptspeichers untergebracht werden sollen, ist demnach die Anfangsadresse des ersten BASIC-Programms im Hauptspeicher durch 2 210 gegeben. Die POKE-Anweisung dazu lautet entsprechend: POKE &7865, 2, 210. Das Zahlenpaar 2 210 beschreibt die Dezimalzahl 722 bzw. die Hexadezimalzahl &2D2.

Beachtet werden muß, daß bei einer Neuinitialisierung des Computers nur die Programme im BASIC-Teil des Hauptspeichers gelöscht werden sollen. Deswegen muß der alte Löschbefehl modifiziert werden. Er lautet in dem angeführten Beispiel NEW 722 bzw. NEW &2D2. Die Initialisierung mit NEW 256 bzw. NEW &100 würde auch das Maschinen-RENUMBER-Programm löschen.

Interessant ist, daß die Zugriffsmöglichkeit auf das genannte Maschinenprogramm erhalten bleibt, obwohl es versteckt ist. Sein Aufruf erfolgt durch den Befehl CALL &100.

Wieder legt man zweckmäßig die Befehle NEW &2D2 zur Neuinitialisierung und CALL &100 zum Aufruf des RENUMBER-Programms auf zwei RESERVE-Tasten.

Neben den genannten RESERVE-Tastenbelegungen werden hinsichtlich der Verwendung des Druckers häufig auch die Anweisungen LF 1, LF -1 sowie LPRINT" gebraucht. Deswegen stellt - bezogen auf das angeführte Beispiel - die folgende Belegung der RESERVE-Tasten eine Arbeitserleichterung dar:

```
Ebene I:                      Ebene II:

F1: RUN"                      F1: LF 1@
F2: PRINT                     F2: LF -1@
    PEEK &7865;               F3: LPRINT"
    PEEK &7866;               F4: NEW &2D2@
    PEEK &7867;               F6: CALL &100@
    PEEK &7868@
F3: POKE &7865,
F4: NEW STATUS 2@
F5: POKE &7865,2,
    210@
F6: CALL &E33F@
```

Das letzte Programm in der Programmsammlung hat diesen Inhalt. Sein Einspielen im RESERVE-Modus bewirkt die entsprechenden

Tastenbelegungen. Andere Computer-Modul-Konfigurationen erfordern eine entsprechende Abwandlung des abgebildeten Belegungsschemas.

Nicht zu vermeiden ist, daß nur das letzte im Hauptspeicher befindliche Programm nicht eingefroren ist und damit editiert werden kann.

Soll ein eingefrorenes Programm ohne Verwendung des Kassettenrecorders im SHARP-BASIC überarbeitet werden, so bleibt nur die Möglichkeit, jede seiner Zeilen mit dem Cursor zu "lockern" und anschließend mit ENTER in den frei zugänglichen Teil des Hauptspeichers zu duplizieren. Soweit editiert werden soll, kann dies nach dem Lockern der betreffenden Zeile und vor dem Betätigen der ENTER-Taste geschehen.

Wie aus der Beschreibung des BASIC 84 hervorgeht, sind die aufgeführten Programmierarbeitshilfen im Programmpaket PC-WORK von HOLTKÖTTER nicht nur berücksichtigt, sie werden vielmehr durch die neuen BASIC-Instruktionen in mehrfacher Hinsicht übertroffen.

Die in diesem Zusammenhang wesentlichen Verbesserungen gegenüber dem SHARP-BASIC sollen an dieser Stelle noch einmal genannt werden:

- Jedes Programm im Hauptspeicher kann zum aktiven Programm-Modul erklärt und sodann editiert werden. Soweit dies geschieht, ändern sich zwar seine Programmadressen, dies ist jedoch im BASIC 84 unwesentlich, da eine differenzierte QSAVE-Instruktion ein gezieltes Überspielen eines Einzelprogramms ermöglicht.

- Die Zeitdauer, in der Programme vom Computer auf das Band und umgekehrt übertragen werden, ist auf $\frac{1}{15}$ ihres ursprünglichen Wertes reduziert. Dies erleichtert insbesondere den Umgang mit längeren Programmen.

- Im Hauptspeicher können einzelne Programme, die nicht mehr benötigt werden, gezielt gelöscht werden. Damit läßt sich wertvoller Speicherplatz für andere Aufgaben zurückgewinnen.

2.4 Programmdokumentationen

Zu jedem Programm gehören eine Reihe von Informationen, die in einer Programmdokumentation zusammengefaßt werden. Eine ausführliche Programmdokumentation läßt sich aus folgenden Teilen zusamenstellen:

- einem Listing,
- einer Bandaufzeichnung,
- einer generellen Information darüber, wozu das Programm dient,
- der Angabe der Formeln, die dem Programm zugrunde liegen sowie
- einer ausführlichen Anweisung zum Gebrauch des Programms und - soweit vorhanden - auch seiner Unterprogrammversion.

2.4.1 Listings

Listings werden unter Verwendung des Druckers CE-150 erstellt. Im Kopf eines Listings sollten sich Angaben darüber finden, wer der Autor des Programms ist, auf welchem Computer das Programm lauffähig ist, wie der Programmname lautet und unter welchem Blocknamen das Programm auf Band abgelegt ist. Dazu kommen Angaben darüber, welche Labels - also alphanumerischen Marken - das Programm verwendet. Diese werden unter dem Stichwort Inhalt aufgeführt. Außerdem ist es nützlich, den Programmumfang in Form der benötigten Bytes (STATUS 1) anzugeben.

Soweit Programme eine Programmiersprachenvariante - wie etwa das BASIC 84 - verwenden, ist es zweckmäßig, dies in Zusätzen zum Programm- und Blocknamen auszudrücken.

Um Platz im Hauptspeicher zu sparen, kann nicht für jeden BASIC-Befehl grundsätzlich eine eigene Programmzeile vorgesehen werden, vielmehr füllt man die Zeilen so weit wie möglich auf.

Es ist üblich, ein Programm mit der Zeile 10 zu beginnen und als Zeilenabstand ebenfalls 10 zu wählen. Damit ist hinreichend berücksichtigt, später das Programm durch ein Hinzufügen neuer Zeilen verändern zu können.

Da im Listing des Druckers CE-150 die ersten drei Spalten für die Nummern der Programmzeilen vorgesehen sind, ergibt sich nur für Zeilennummern bis 990 ein formschöner Ausdruck. Sobald ein Programm mehr Zeilen benötigt, wählt man zweckmäßiger eine geringere Zeilennummerndifferenz als 10 - etwa 5 - und beginnt entsprechend auch mit der Zeile 5.

Auf das bedauerliche Fehlen einer RENUMBER-Anweisung zur Umnumerierung von Zeilen unter Berücksichtigung von Befehlen, die sich auf Zeilennummern beziehen, wurde schon hingewiesen. Leider hat hier auch das BASIC 84 keine Verbesserung gebracht.

2.4.2 Bandaufzeichnungen

Für die Anfertigung von Bandaufzeichnungen wird neben dem CE-150 der Kassettenrecorder CE-152 oder ein gleichwertiges Fremdfabrikat benötigt.

Wegen der im SHARP-BASIC geringen Geschwindigkeit bei der Übertragung von Programmen vom Computer zum Band und umgekehrt erweist sich die Verwendung von Kurzbändern als zeitsparend. Auf ihnen wird jeweils lediglich nur ein Programm(block) aufgezeichnet, ggf. in doppelter Ausfertigung, um bei einer etwa durch einen Bandknick verdorbenen Aufzeichung eine zweite griffbereit zur Hand zu haben.

Im BASIC 84 fallen die Bandaufzeichnungen so kurz aus, daß man die Programme besser nach Sachgebieten ordnet und dafür jeweils ein Band verwendet. Als Bandmaterial hat sich in diesem Zusammenhang das spezielle Computerband TDK PC 15 gut bewährt. Auch hier ist es ratsam, von einem Programm jeweils zwei Aufzeichnungen nacheinander aufzuspielen. Zweckmäßig wird diesen Aufzeichnungen der gesprochene Programmname vorangestellt.

Alle in der Programmsammlung aufgeführten Programme passen in der SHARP-BASIC-Version auf C 15 - Datenkassetten. Das längste dieser Programme ist der Programmblock SPHÄRIK mit einem Umfang von 6549 Bytes.

Nach der Aufzeichnung eines Programms mit CSAVE (Blockname) muß unbedingt mit der Anweisung CLOAD ? (Blockname) die Korrektheit der Bandaufnahme geprüft werden. Auch im BASIC 84, wo die entsprechenden Instruktionen QSAVE P (Blockname) und QVERIVY (Blockname) heißen, darf auf diese Kontrolle nicht verzichtet werden.

Das spätere Einspielen des Programms in den Computer erfolgt mit CLOAD bzw. MERGE. Diesen Anweisungen entsprechen die Instruktionen QLOAD bzw. QLOAD P im BASIC 84. Der Blockname muß in allen Fällen hier nicht unbedingt hinzugefügt werden.

Für den schnellen Zugriff auf die Kassette ist im SHARP-BASIC neben ihrer ausführlichen Beschriftung ein Zurückspulen zum Bandanfang nach jedem Gebrauch ratsam.

Die Verwendung von Kurzbändern ist zwar kostenaufwendiger, hat aber den Vorteil, daß eine umständliche Suche nach dem benötigten Programm auf einem langen Band mit vielen Programmen entfällt.

Lange Bänder haben bestenfalls als Archiv für Bandkopien eine Bedeutung: Mit dem Wachsen der Programmsammlung sollte in größeren Zeitabständen das vorhandene Programmmaterial archiviert werden, um nach dem Verlust oder der versehentlichen Zerstörung einer Bandaufnahme auf eine Kopie zurückgreifen zu können.

2.4.3 Generelle Programminformationen

Aus den generellen Informationen zu einem Programm muß für den Benutzer ersichtlich sein, wozu das Programm dient. Ohne auf lokale Details einzugehen, wird hier global geschildert, welchem mathematischen Sachgebiet das Programm zugeordnet ist und welche Aufgaben oder Probleme mit ihm gelöst werden können.

Unter Umständen sind hier auch in großen Zügen die Verfahren zu schildern, die zur Lösung der Aufgaben oder Probleme vom Programm verwendet werden.

Außerdem muß der Benutzer darüber informiert werden, ob für den geordneten Programmablauf neben dem zentralen Computer auch Peripheriegeräte benötigt werden, wie z.B. der Plotter CE-150 für das Graphikprogramm GRAPHEN IM KOORDINATENSYSTEM. An dieser Stelle ist auch darauf hinzuweisen, wenn Programme nur unter Verwendung von Zusatzsoftware - wie PC-WORK und PC-BASIC'84 - lauffähig sind.

2.4.4 Formelsammlungen

Zur Vervollständigung der Programmdokumentation kann derselben eine Aufstellung derjenigen mathematischen Formeln hinzugefügt werden, auf die das Programm zurückgreift.

Diese Formelsammlung ist von Bedeutung, wenn sich das Programm für unberücksichtigte Sonderfälle als nicht lauffähig oder fehlerhaft erweist. Dann läßt sich anhand der Formeln das Programm analysieren und anschließend verbessern.

Da jedoch ein Programm in den seltensten Fällen so konzipiert ist, daß mit ihm nur ein ganz bestimmter Aufgabentyp gelöst werden kann, sagt eine einzelne Formel in der Regel noch nicht, wie in den gleichzeitig berücksichtigten Sonderfällen vom Programm verfahren wird. Nimmt man aber alle diese in den Programmverzweigungen berücksichtigten Sonderfälle in die Formelsammlung auf, so wird diese zunehmend umfangreicher und verliert gleichzeitig an Übersichtlichkeit.

Für den Benutzer eines Programms hat ohnehin die Formelsammlung nur eine untergeordnete Bedeutung. Wie bei der Verwendung der fest installierten Computerfunktionen die ihnen zugrunde liegenden Rechenalgorithmen meistens unbekannt bleiben, so ist auch für den Programmbenutzer das Programm eine Hilfsfunktion höherer Ordnung, deren verwendete Methoden zur Aufgaben- und Problemlösung nicht unbedingt bekannt sein müssen.

Ein konsequenter Ausbau der Zentral-Peripherieprogrammmethode mit dem BASIC 84 wird diesen Trend noch verstärken: Sobald sich zentrale Programme als lauffähig erwiesen haben, ist nur noch ihr Einsatz als Unterprogramm für neue Programme von Bedeutung. Wie sie aufgebaut sind und was für Formeln sie verwenden, ist bestenfalls noch hinsichtlich einer Programmanalyse interessant.

Deswegen wird nicht selten auf die Angabe der Formeln, die ein Programm verwendet, bei dessen Dokumentation verzichtet. Man begnügt sich vielmehr mit einer pauschalen Beschreibung des Verfahrens, das dem Programm zugrunde liegt. Dessen Beschreibung gehört in die generellen Programminformationen.

2.4.5 Gebrauchsanweisungen

Die Bandaufzeichnung und die Gebrauchsanweisung für das Computerprogramm bilden die Kernstücke einer Programmdokumentation.

Wünschenswert wäre, daß ein Programm ohne zusätzliche Informationen benutzt werden kann. Das ist aber nur für sehr einfache Programme realisierbar. Nach häufiger Anwendung komplizierter Programme kommt man allerdings oft ebenfalls ohne Zusatzinformationen aus, da dieselben inzwischen aus dem Gedächtnis abgerufen werden können.

Grundsätzlich ist anzustreben, den Umfang der Zusatzinformationen so gering wie möglich zu halten. Das könnte dadurch geschehen, daß dieselben mit in das Programm aufgenommen werden. Hiermit ist jedoch eine nicht unbeträchtliche Vergrößerung des Programmumfangs verbunden, die aus Platzgründen vermieden werden sollte.

Neben den Zusatzinformationen ist die Benutzerfreundlichkeit eines Programms von Bedeutung. Da für die Benutzer mathematischer Programme das erforderliche Sachwissen vorausgesetzt werden darf, läßt sich der für die Benutzerfreundlichkeit eines Programms notwendige Aufwand in Grenzen halten.

Diese Benutzerfreundlichkeit ist im wesentlichen durch den Umfang von drei verschiedenen Kommunikationsbrücken zwischen dem Programm und seinem Benutzer bestimmt, nämlich

- der Eingabeaufforderungen,
- der Hinweise oder Kommentare und
- der Datenausgaben.

Selbstverständlich wird die Möglichkeit, diese Kommunikationsbrücken alphanumerisch auszugestalten, genutzt. So hätten etwa einzelne Fragezeichen für Eingabeaufforderungen einen zu geringen Informationswert. Aus Platzgründen muß jedoch andererseits der Umfang des erläuternden Textes in Grenzen gehalten werden.

Negativ wirkt sich in diesem Zusammenhang der Umstand aus, daß der ASCII-Code zu wenige von Mathematikern verwendete Symbole berücksichtigt. Deswegen müssen etwa griechische Buchstaben als Wörter ausgeschrieben werden.

Beispielsweise kann als Eingabeaufforderung für einen bestimmten Winkel der Text 'Lambda=' vorgesehen werden und die Ausgabe einer bestimmten Strecke 'd=80' lauten.

Die Benutzerfreundlichkeit des betreffenden Programms wächst jedoch hinsichtlich der genannten Beispiele, wenn bei der Winkeleingabeaufforderung hinzugefügt wird, welcher Winkelmodus vorliegen muß, etwa 'Lambda (DMS)=' . Entsprechend verbessert man den Informationsgehalt bei der Ausgabe der Strecke, indem die Einheit, auf die sich der numerische Teil der Ausgabe bezieht, mit angegeben wird, etwa 'd (km)=80'

Angaben darüber, welche Bedeutungen in den Beispielen der Winkel und die Strecke haben, würden bei einer Aufnahme in das Programm zu einer nicht gerechtfertigten Vergrößerung seines Umfangs führen und gehören deswegen als Begleitinformationen in die Gebrauchsanweisung.

Um während des Programmablaufs zwischen den verschiedenen Kommunikationsbrücken unterscheiden zu können, muß der benutzte Zeichensatz unbedingt einheitlich verwendet werden:

- Eingabeaufforderungen für numerische Größen sollten stets mit einem Gleichheitszeichen - u.U. zusätzlich mit einem nachfolgenden Fragezeichen - abschließen.
  <u>Beispiele:</u> Alpha (DMS)=
  d (km)=
  Beta1 (DEG)= ?
- Eingabeaufforderungen für Strings sollten stets mit einem Doppelpunkt - u.U. zusätzlich auch mit einem nachfolgenden Fragezeichen - abschließen. Soweit es sinnvoll ist, müssen hier - in einer Klammer eingeschlossen und durch Querstriche getrennt - die erlaubten Eingabestrings aufgeführt werden.
  <u>Beispiele:</u> Name:
  1.Zusatz:?
  Kurvengl. (k/pa/po):
- Hinweise oder Kommentare sollten nach Möglichkeit ohne Satzzeichen, niemals jedoch mit einem Gleichheitszeichen oder Doppelpunkt abgeschlossen werden, um Verwechslungen mit Eingabeaufforderungen zu vermeiden.
  <u>Beispiele:</u> Orthodrome
  Loxodrome
  keine Loesung
- Datenausgaben beziehen sich auf Zahlen oder Strings. Bei ihrer Beschriftung wird wie bei den Eingabeaufforderungen verfahren. Eine mögliche Verwechslung mit Hinweisen ist meistens aus logischen Gründen ausgeschlossen.
  <u>Beispiele:</u> d (km)=80
  Name: Klaus
  Alpha2 (DEG)= 88.1234

Zur INPUT-Anweisung des SHARP-BASIC kommt im BASIC 84 noch die INEDIT-Instruktion als weitere Eingabeanweisung. Für sie gelten ebenfalls die genannten Grundsätze hinsichtlich der Gestaltung des Eingabestrings.

Die eigentliche Gebrauchsanweisung des Programms bezieht sich auf die zuletzt genannten Punkte. Sie stellt eine Art Programmablaufplan dar, dessen Stationen im wesentlichen durch die genannten Eingabeaufforderungen, Hinweise und Datenausgaben bestimmt sind.

In dieser Gebrauchsanweisung wird zuerst der Befehl genannt, mit dem das Programm zu starten ist. Mögliche Startbefehle sind RUN, GOTO und DEF. Da sie unterschiedliche Wirkungen haben, werden sie gezielt eingesetzt. Sie sind in der Regel nicht gegeneinander austauschbar! Dort, wo etwa DEF oder GOTO in einem Programmteil als mögliche Startbefehle vorgesehen sind, würde ein unzulässig verwendetes RUN alle für den Programmablauf wichtigen Variablen mit zwei Zeichen im Namen sowie dimensionierten Felder löschen.

Dem Startbefehl folgt das Programmkürzel, das auch Label genannt wird. Dieses ist in Anführungszeichen einzuschließen, wobei jedoch die abschließenden Anführungszeichen im SHARP-BASIC weggelassen werden dürfen.

Im allgemeinen bewirkt die Auslösung des Startbefehls mit ENTER einen Programmablauf, der zur ersten Dateneingabeaufforderung führt. Möglicherweise liegt davor aber auch noch ein Hinweis.

Am Beispiel RP aus dem Programmblock ANALYTISCHE GEOMETRIE, das die Umrechnung von rechtwinkligen Koordinaten in Polarkoordinaten realisiert, läßt sich dies durch die Symbolik 'RUN "RP→x=' erfassen. Der ENTER-Befehl wurde hier aus graphischen Gründen weggelassen und durch einen Hinweispfeil ersetzt.

Der weitere Programmablauf wird durch ENTER-Befehle bewirkt, die zu neuen Dateneingabeaufforderungen, Hinweisen und Datenausgaben führen können. Zur Verbesserung der Übersichtlichkeit in einer schematischen Darstellung des Programmablaufs wird zweckmäßig dieser häufig auftretende ENTER-Befehl durch das kürzere Symbol ▲ ersetzt.

Um die Eingabeaufforderungen optisch gegen die Ausgabeanweisungen abzusetzen, ordnet man die ersteren untereinander und durch ENTER-Symbole getrennt an. Die Ausgabeanweisungen dagegen führt man untereinander, aber hinter den ENTER-Symbolen auf und verstärkt ihre Bedeutung graphisch durch Pfeile, die von den ENTER-symbolen weg zu ihnen hin weisen.

Soweit akustische Signale im Programmablauf vorgesehen sind, wird dies im Programmablaufplan an den Stellen, wo sie auftreten, vermerkt. Dies kann beispielsweise durch die Zusätze BEEP, BEEP 2 oder B.2 geschehen.

Zuweilen werden in Programmabläufen zur Information während der Programmausführung im Display Folgen von Daten, Zwischenwerte oder bereits berechnete Werte ausgegeben, wie etwa in den Programmen NULLSTELLE, BESTIMMTES INTEGRAL und FLÄCHENSCHWERPUNKT. Auch diese Besonderheiten müssen im Programmablaufplan vermerkt sein.

Zusätzlich können im Programmablaufplan die Abschnitte Eingaben, Hinweise und Ausgaben in abgekürzter Form durch die Vermerke Eing., Hinw. und Ausg. markiert werden.

Der Programmablauf selbst wird mit seinen möglichen Verzweigungen durch Linien gekennzeichnet. Pfeile auf ihnen geben den Durchlaufsinn des Programms an.

Im Beispiel RP führen diese Vereinbarungen zu der folgenden schematischen Darstellung des Programmablaufs:

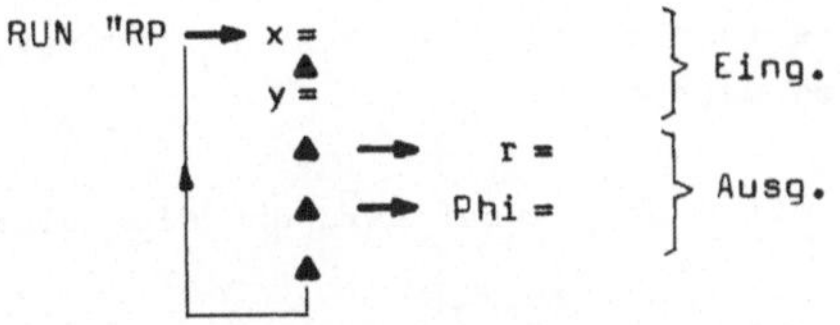

```
RUN "RP ──► x =                  ┐
       │    ▲                     } Eing.
       │    y =                  ┘
       │    ▲  ──►     r =       ┐
       ▲                          } Ausg.
       │    ▲  ──►  Phi =        ┘
       │
       │    ▲
       └────┘
```

Häufig sind - durch Verzweigungen bedingt - mehrere unterschiedliche Programmdurchläufe möglich. Dann gestaltet sich das Schema für den Programmablauf entsprechend aufwendiger.

Eine weitere Besonderheit ergibt sich in diesem Zusammenhang noch dadurch, daß in manchen Programmen Eingabeaufforderungen ignoriert - d.h. ohne vorherige Eingabe mit ENTER abgeschlossen - werden dürfen. Hier muß im Programmablaufschema der Vermerk 'Ignor.' stehen. Außerdem muß ersichtlich sein, wohin nach dem Ignorieren verzweigt wird.

Neben dem Programmablaufplan gehört in die Gebrauchsanweisung eines Programms eine detaillierte Aufstellung aller vom Programm benutzten Variablen.

Dazu kann eine ähnliche Symbolik wie im Programmablaufplan verwendet werden. Wichtige Variablen werden durch quadratische oder rechteckige Einrahmungen hervorgehoben. Davor stehen diejenigen mathematischen Größen oder Strings, mit denen die Variablen beschickt werden. Pfeile, die von den mathematischen Größen oder Strings zu den eingerahmten Variablen weisen, deuten diese Zuordnungen an. Hinter den Variablen sind diejenigen mathematischen Größen oder Strings aufgeführt, die nach dem Programmablauf in den Variablen gespeichert werden.

Grundsätzlich sollten aus diesem Schema alle Eingaben und Ausgaben erkennbar sein. Das kann aber bei differenzierten Programmen sehr aufwendig ausfallen. Deswegen beschränkt man sich hier zweckmäßig auf ausschließlich relevante Daten, etwa hinsichtlich der Ausgabe auf die berechneten Endwerte.

Keine Kompromisse dagegen gibt es bei der Auflistung aller verwendeten Variablen. Soweit sie nicht - wie beschrieben - bereits aufgeführt sind, müssen sie in die Aufzählung der ferner verwendeten Variablen aufgenommen werden.

Im Beispiel RP erhält man mit diesen Vereinbarungen die folgende schematische Darstellung:

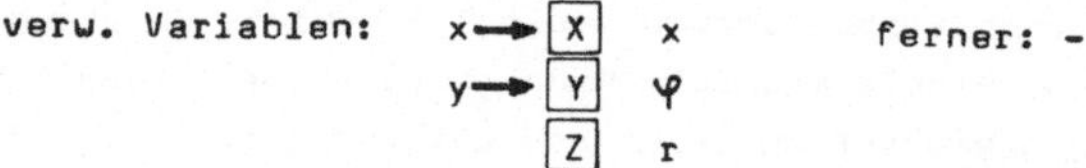

Werden unter den ferner verwendeten Variablen Feldvariablen aufgeführt, so sind damit die gesamten dimensionierten Felder gemeint.

Nicht vergessen werden sollte, in die Gebrauchsanweisung eines Programms Übungsbeispiele aufzunehmen, um den Benutzer mit der Verwendung des Programms vertraut zu machen, bevor er damit seine eigenen Daten verarbeitet.

3 Programmsammlung

Die nachfolgende Programmsammlung ist in drei Teile unterteilt. Im ersten und zweiten Teil finden sich Programme, die Beispiele zu den im Abschnitt Rationelle Programmierung entwickelten Methoden darstellen.

Hinsichtlich der Zentral-Perophericprogrammmethode sind dabei für drei Programme von übergeordneter Bedeutung neben ihren SHARP-BASIC-Versionen auch ihre BASIC 84-Versionen in die Sammlung aufgenommen worden. Um diese von den SHARP-BASIC-Versionen unterscheiden zu können, ist ihren Programmnamen das Symbol # angefügt und ihren Blocknamen dasselbe Symbol vorangestellt worden.

Die Programmdokumentationen aller in der Programmsammlung aufgeführten Programme sind so strukturiert, wie es die Richtlinien des gleichnamigen Abschnitts erfordern.

Der erste Teil der Programmsammlung enthält die nach der Programmblockmethode konzipierten Programmblöcke:

- MATRIZEN
- ANALYTISCHE GEOMETRIE
- SPHÄRIK

Der zweite Teil umfaßt ein System von vorwiegend Analysisprogrammen, das nach der Zentral-Peripherieprogrammmethode aufgebaut ist. Dazu gehören die Programme:

- BESTIMMTES INTEGRAL
- BESTIMMTES INTEGRAL #
- NULLSTELLE
- NULLSTELLE #
- DIFFERENTIALQUOTIENT
- KURVENDISKUSSION
- KLOTOIDE LP-Version
- KLOTOIDE
- FLÄCHENSCHWERPUNKT
- FLÄCHENSCHWERPUNKT #
- KURVENSCHWERPUNKT
- TRÄGER AUF ZWEI STÜTZEN
- GRAPHEN IM KOORDINATENSYSTEM

Der dritte Teil besteht aus Einzelprogrammen zu verschiedenen Sachgebieten. Die Programmnamen dieser Programme lauten:

- QUADRATISCHE UND KUBISCHE GLEICHUNG
- DREIECK
- EXTREMPUNKTCHARAKTER
- FEHLERRECHNUNG
- SCHWERPUNKT ZUSAMMENGESETZTER KURVEN (FLÄCHEN)
- VARIABLENSUCHE
- RESERVE-TASTENBELEGUNGEN

Der Gesamtumfang aller aufgeführten Programme beträgt 33958 Bytes. Dabei ist das Programm RESERVE-TASTENBELEGUNGEN nicht berücksichtigt.

Im Anhang dieses Buches findet sich eine detaillierte Darstellung über den Umfang der einzelnen Programme. Hier sind auch die Blocknamen der Programme sowie die von ihnen verwendeten Labels zusammengestellt.

3.1 Programmblöcke

3.1.1 MATRIZEN

Der Programmblock MATRIZEN besteht aus vier Teilprogrammen, die auf das Lösen linearer Gleichungssysteme ausgerichtet sind.

Dabei nimmt das Determinantenprogramm eine zentrale Stellung ein. Mit ihm lassen sich die Werte n-reihiger Determinanten berechnen.

Die Anzahl der Zeilen bzw. Spalten der Determinante ist grundsätzlich durch 256 beschränkt. In der Realität ist jedoch der Platz im Hauptspeicher ausschlaggebend dafür, ob wirklich dazugehörige Felder dieser Größenordnung erzeugt werden können.

Da das hier vorliegende Determinantenprogramm - im Gegensatz zu der in der SHARP-Programmsammlung abgedruckten Version - ohne Ausnahme für beliebige reelle Elemente der Determinante lauffähig ist, lassen sich auf ihm die übergeordneten Programme aufbauen.

Eine Besonderheit des vorliegenden Determinantenprogramms liegt noch darin, daß die Eingabe von ausschließlich ganzzahligen Elementen auch zu einem ganzzahligen Wert der Determinante führt. Rundungsfehler, die sich bei der Entwicklung der Determinante zu einer Dreieckform einstellen, werden in diesem Fall automatisch korrigiert.

Das Teilprogramm Inverse Matrix benutzt das Determinantenprogramm. Bei Vorgabe der Elemente einer quadratischen Matrix mit einer von 0 verschiedenen dazugehörigen Determinante werden die Elemente der zur gegebenen Matrix inversen Matrix berechnet.

Die Elemente der inversen Matrix werden elementar, also über die Bildung von Adjunkten - das sind die mit Vorzeichen versehenen Unterdeterminanten - gewonnen. Dieses Verfahren ist zwar zeitaufwendig, führt aber im Gegensatz zu Näherungsverfahren zu sehr genauen Ergebnissen.

Soweit eine symmetrische Matrix vorliegt, wird dies vom Programm erkannt und bei der Bildung der inversen Matrix berücksichtigt. Dadurch verkürzen sich bei symmetrischen Matrizen die Bearbeitungszeiten.

Das Teilprogramm Gleichungssystem nimmt im Programmblock die ranghöchste Stellung ein. Es basiert nicht auf der CRAMERschen Regel, sondern benutzt alle anderen Teilprogramme des Programmblocks, speziell das Teilprogramm inverse Matrix.

Die Rechenzeiten für die Lösung linearer Gleichungssysteme steigen mit der Anzahl der vorgegebenen Gleichungen rasch an. Für lineare Gleichungssysteme mit symmetrischer Matrix ergibt sich wieder eine Laufzeitverkürzung.

DE Determinante

Mit diesem Programm läßt sich von einer n-reihigen Determinante $|a_{nn}|$ ihr Wert D berechnen.

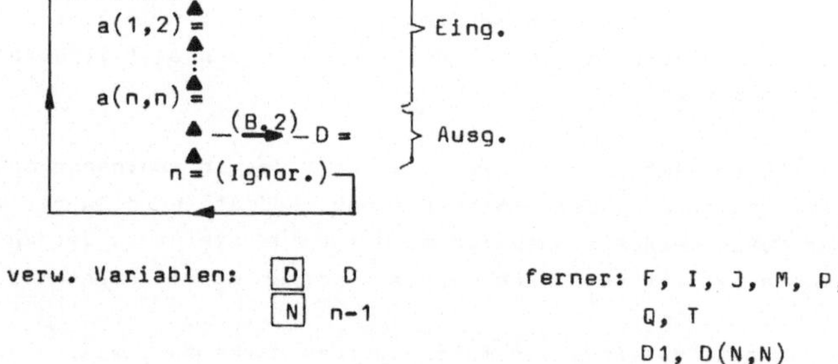

verw. Variablen: [D] D ferner: F, I, J, M, P,
[N] n-1 Q, T
D1, D(N,N)
A$

IM **Inverse Matrix**

Nach der Vorgabe der Zeilenanzahl n sowie der Elemente einer quadratischen Ausgangsmatrix (a_{nn}) mit der dazugehörigen Determinante D werden unter Verwendung von Adjunkten die Elemente der zu (a_{nn}) inversen Matrix (b_{nn}) berechnet. Dazu wird das Determinantenprogramm eingesetzt.

Hat D den Wert 0, so existiert die inverse Matrix nicht. Sobald sich $D < 10^{-9}$ ergibt, wird das Teilprogramm Inverse Matrix mit dem Hinweis 'IM ex. nicht' abgebrochen.

Soweit für alle Elemente oberhalb der Hauptdiagonalen die absolut genommene Differenz aus Element und dazugehörigem Spiegelelement hinsichtlich der Hauptdiagonalen $< 10^{-9}$ ausfällt, wird die Matrix als symmetrisch erkannt.

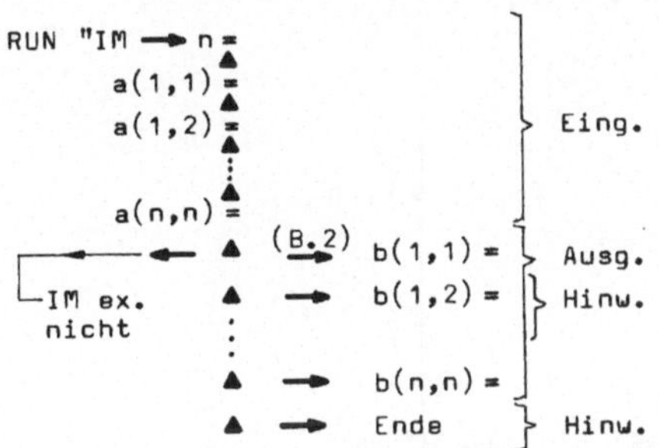

verw. Variablen:

E	D	ferner: D, F, I, J, M,
N	n-1	P, Q, R, T, U,
A(N,N)	(a_{nn})	V
B(N,N)	(b_{nn})	D1, D2, D(N,N)
		A$

MP **Matrizenprodukt**

Mit diesem Programm läßt sich die Produktmatrix (c_{nk})

zweier Matrizen (a_{nm}) und (b_{mk}) bilden.

Da die Anzahl m der Zeilen der zweiten Matrix mit der Anzahl m der Spalten der ersten Matrix übereinstimmen muß, wird bei der zweiten Matrix vor der Eingabe ihrer Elemente nur nach der Anzahl k ihrer Spalten gefragt.

Für eine serielle Verwendung des Programms wurde berücksichtigt, daß nach der Ausgabe der Elemente der Produktmatrix und dem anschließenden Hinweis 'Ende' ein nachfolgendes ENTER einen Rücksprung zur Eingabeaufforderung für die Elemente einer neuen Matrix (b_{mk}) bewirkt. Diese wird dann wieder von links mit der unveränderten Matrix (a_{nm}) multipliziert.

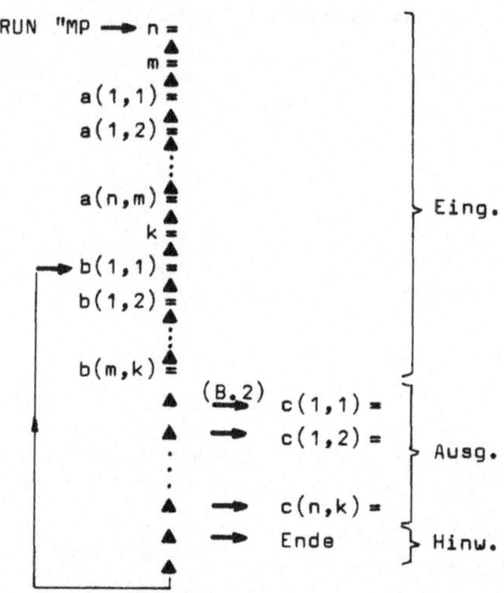

verw. Variablen: [N] n-1 [B(N,M)] (a_{nm}) ferner: B, I, J, K, A$

[M] m-1 [D(N,L)] (c_{nk})

[L] k-1

GS <u>Gleichungssystem</u>

Mit diesem Programm läßt sich zum linearen Gleichungssystem $(a_{nn})*(x_n) = (b_n)$ bei Vorgabe von (a_{nn}) und (b_n) der Lösungsvektor (x_n) berechnen.

Zuerst wird nach der Anzahl n der Gleichungen und dann nach den Elementen der Koeffizientenmatrix (a_{nn}) des Gleichungssystems gefragt. Sobald diese eingegeben sind, wird die dazugehörige inverse Matrix (b_{nn}) berechnet. Erst danach erfolgt die Eingabeaufforderung für den Spaltenvektor (b_n) der absoluten Glieder.

Für den Lösungsvektor (x_n) des Gleichungssystems gilt:
$(x_n) = (b_{nn})*(b_n)$.

Da die inverse Matrix nach ihrer Berechnung erhalten bleibt, kann sie nach einem vollständigen Programmdurchlauf auf einen neuen Spaltenvektor (b_n) angewendet werden.

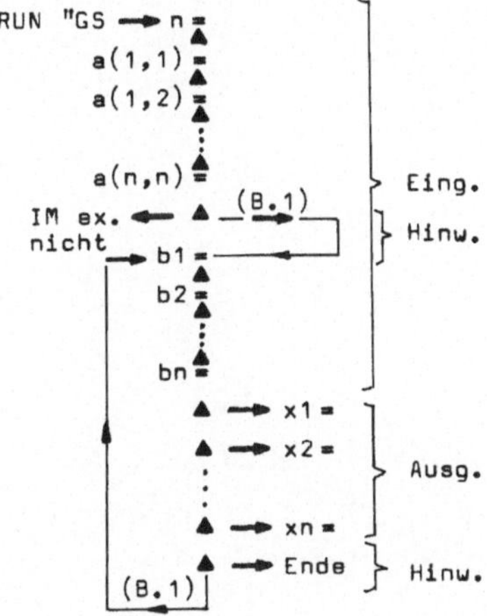

verw. Variablen:	E	D	ferner: B, D, F, I, J, K,
	N	n-1	M, P, Q, R, T, U,
	A(N,N)	(a_{nn})	V
	B(N,N)	(b_{nn})	D1, D2, D(N,N)
	D(N)	(x_n)	A$

```
Prof. L.Marsolek
TFH Berlin

PC-1500 SHARP

Programmname:
MATRIZEN

Blockname:
MATRIZEN

Inhalt:
DE*IM*MP*GS

STATUS 1 =  1743

 10:"DE":D1=1:
    GOSUB 280:
    GOSUB 320:BEEP
    2:PRINT "D=";D
    :GOTO 10
 20:"IM":GOSUB 150
    :BEEP 2:FOR I=
    0TO N:FOR J=0
    TO N:GOSUB 420
    :PRINT "b";A$;
    B(I,J):NEXT J:
    NEXT I:GOSUB 1
    00:END
 30:"MP":INPUT "n=
    ";N:INPUT "m="
    ;M:N=N-1:M=M-1
    :DIM B(N,M)
 40:WAIT 0:FOR I=0
    TO N:FOR J=0TO
    M:GOSUB 420:
    PRINT "a";A$;
 50:INPUT "";B(I,J
    ):CLS :NEXT J:
    NEXT I:INPUT "
    k=";L:L=L-1:
    DIM D(N,L)
 60:FOR I=0TO M:
    FOR J=0TO L:
    GOSUB 420:
    PRINT "b";A$;
 70:INPUT "";B:CLS
    :FOR K=0TO N:D
    (K,J)=D(K,J)+B
    (K,I)*B:NEXT K
    :NEXT J:NEXT I
 80:BEEP 2:FOR I=0
    TO N:FOR J=0TO
    L:GOSUB 420:
    WAIT :PRINT "c
    ";A$;D(I,J):
    NEXT J:NEXT I:
    GOSUB 100
 90:FOR I=0TO N:
    FOR K=0TO L:D(
    I,K)=0:NEXT K:
    NEXT I:WAIT 0:
    GOTO 60
100:PRINT "Ende":
    RETURN
110:"GS":GOSUB 150
120:BEEP 1:WAIT 0:
    FOR I=0TO N:D(
    I)=0:NEXT I:
    FOR I=0TO N:
    GOSUB 430:
    PRINT "b";A$;
130:INPUT "";B:CLS
    :FOR K=0TO N:D
    (K)=D(K)+B(K,I
    )*B:NEXT K:
    NEXT I
140:WAIT :FOR I=0
    TO N:GOSUB 430
    :PRINT "x";A$;
    D(I):NEXT I:
    GOSUB 100:GOTO
    120
150:GOSUB 280:DIM
    A(N,N),B(N,N):
    FOR I=0TO N:
    FOR J=0TO N:A(
    I,J)=D(I,J):
    NEXT J:NEXT I:
    GOSUB 320
160:IF ABS D<1E-9
    PRINT "IM ex.
    nicht"
170:IF N=0LET B(0,
    0)=1/D:RETURN
180:IF N=1LET B(0,
    0)=A(1,1)/D:B(
    1,1)=A(0,0)/D:
    B(0,1)=-A(0,1)
    /D:B(1,0)=-A(1
    ,0)/D:RETURN
190:E=D:IF D2LET R
    =0:FOR U=RTO N
    :R=R+1:FOR V=R
    -1TO N:GOTO 21
    0
200:FOR U=0TO N:
    FOR V=0TO N
210:FOR I=0TO N:
    FOR J=0TO N
220:IF I<UAND J<V
    LET D(I,J)=A(I
    ,J)
230:IF I<UAND J>V
    LET D(I,J-1)=A
    (I,J)
240:IF I>UAND J<V
    LET D(I-1,J)=A
    (I,J)
250:IF I>UAND J>V
    LET D(I-1,J-1)
    =A(I,J)
260:NEXT J:NEXT I:
    N=N-1:GOSUB 32
    0:N=N+1:B(V,U)
    =(-1)^(U+V)*D/
    E:IF D2LET B(U
    ,V)=B(V,U)
270:NEXT V:NEXT U:
    RETURN
280:INPUT "n=";N:N
    =N-1:DIM D(N,N
    )
290:WAIT 0:FOR I=0
    TO N:FOR J=0TO
    N:GOSUB 420:
    PRINT "a";A$;:
    INPUT "";D(I,J
    ):CLS :NEXT J:
    NEXT I:WAIT :
    IF D1RETURN
300:FOR I=0TO N:
    FOR J=ITO N:IF
    ABS (D(I,J)-D(
    J,I))<1E-9NEXT
    J:NEXT I:D2=1
310:RETURN
320:F=0:FOR I=0TO
    N:FOR J=0TO N:
    F=F+ABS D(I,J)
    -INT ABS D(I,J
    ):IF F<>0LET I
    =N:J=N
330:NEXT J:NEXT I
340:IF N=0LET D=D(
    0,0):RETURN
350:T=0:FOR M=NTO
    1STEP -1:P=D(M
    ,M)
360:IF P=0GOTO 400
370:T=0:FOR I=0TO
    M-1:Q=D(I,M)/P
    :FOR J=0TO M:D
    (I,J)=D(I,J)-Q
    *D(M,J):NEXT J
    :NEXT I:NEXT M
380:D=D(0,0):FOR I
    =1TO N:D=D*D(I
    ,I):NEXT I:IF
    F>0RETURN
390:D=SGN D*INT ((
    ABS D*10)+.5)/
    10:RETURN
```

(Fortsetzung)

(Fortsetzung)

```
400:T=T+1:IF M-T<0
    LET D=0:RETURN
410:FOR K=0TO M:D(
    K,M)=D(K,M)+D(
    K,M-T):NEXT K:
    P=D(M,M):GOTO
    360
420:A$="("+STR$ (I
    +1)+","+STR$ (
    J+1)+")=":
    RETURN
430:A$=STR$ (I+1)+
    "=":RETURN
```

DE

$$\begin{vmatrix} 82 & 25 & -6 & 33 & -4 & 11 \\ 13 & -2 & 45 & 33 & -9 & 17 \\ -9 & 10 & 25 & 36 & 14 & 18 \\ 10 & 22 & -9 & -7 & -3 & 44 \\ -1 & 16 & -8 & -4 & 55 & 12 \\ 11 & 12 & -7 & -9 & 10 & 40 \end{vmatrix} = D$$

D= 2064394716

MP

$$\begin{pmatrix} 7 & -6 & 3 \\ -4 & 0 & -6 \\ -8 & 3 & 2 \\ 6 & 0 & 1 \end{pmatrix} = (a_{43})$$

$$\begin{pmatrix} 5 & -6 & 3 & 2 & 0 \\ 5 & 1 & -3 & 6 & -8 \\ -7 & 3 & 4 & -5 & 1 \end{pmatrix} = (b_{35})$$

c(1, 1)=-16
c(1, 2)=-39
c(1, 3)= 51
c(1, 4)=-37
c(1, 5)= 51
c(2, 1)= 22
c(2, 2)= 6
c(2, 3)=-36
c(2, 4)= 22
c(2, 5)= -6
c(3, 1)=-39
c(3, 2)= 57
c(3, 3)=-25
c(3, 4)= -8
c(3, 5)=-22
c(4, 1)= 23
c(4, 2)=-33
c(4, 3)= 22
c(4, 4)= 7
c(4, 5)= 1

(c_{45})

IM

$$\begin{pmatrix} 1 & 0 & -1 & -3 \\ 2 & -1 & 0 & 3 \\ -2 & 3 & 1 & 2 \\ 4 & 0 & -2 & -3 \end{pmatrix} = (a_{44})$$

b(1, 1)=-19
b(1, 2)= -9
b(1, 3)= -3
b(1, 4)= 8
b(2, 1)= -2
b(2, 2)= -1
b(2, 3)= 0
b(2, 4)= 1
b(3, 1)=-56
b(3, 2)=-27
b(3, 3)= -9
b(3, 4)= 23
b(4, 1)= 12
b(4, 2)= 6
b(4, 3)= 2
b(4, 4)= -5

(b_{44})

GS

$3x_1 - 7x_2 + 8x_3 - 5x_4 = -6$

$5x_1 - 9x_2 + 3x_3 - 4x_4 = 11$

$-x_1 - 3x_2 + 9x_3 - 5x_4 = -6$

$7x_1 + 3x_2 - 5x_3 + 7x_4 = 14$

x1= 28.38775511
x2= 32.16326531
x3=-15.10204082
x4=-50.95918369

Fehler bei den Proben in den Gleichungen

1.GL.: 5E-08
2.Gl.: 6E-08
3.Gl.: 5E-08
4.GL.:-3E-08

MP

$$\begin{pmatrix} 1 & 0 & -1 & -3 \\ 2 & -1 & 0 & 3 \\ -2 & 3 & 1 & 2 \\ 4 & 0 & -2 & -3 \end{pmatrix} = (a_{44})$$

$$\begin{pmatrix} -19 & -9 & -3 & 8 \\ -2 & -1 & 0 & 1 \\ -56 & -27 & -9 & 23 \\ 12 & 6 & 2 & -5 \end{pmatrix} = (b_{44})$$

c(1, 1)= 1
c(1, 2)= 0
c(1, 3)= 0
c(1, 4)= 0
c(2, 1)= 0
c(2, 2)= 1
c(2, 3)= 0
c(2, 4)= 0
c(3, 1)= 0
c(3, 2)= 0
c(3, 3)= 1
c(3, 4)= 0
c(4, 1)= 0
c(4, 2)= 0
c(4, 3)= 0
c(4, 4)= 1

(c_{44}) Einheitsmatrix

MP

$$\begin{pmatrix} 12 & 35 & 13 \\ 15 & 23 & 17 \\ 45 & 32 & 16 \end{pmatrix} = (a_{33}) = (b_{33})$$

c(1, 1)= 1245
c(1, 2)= 1641
c(1, 3)= 959
c(2, 1)= 1290
c(2, 2)= 1598
c(2, 3)= 858
c(3, 1)= 1740
c(3, 2)= 2823
c(3, 3)= 1385

(c_{33})

3.1.2 ANALYTISCHE GEOMETRIE

Der Programmblock besteht aus 15 Teilprogrammen zum Thema Analytische Geometrie der Ebene. Besondere Bedeutung kommt der Verwendung von Polarkoordinaten zu. Die Teilprogramme verwenden einander intensiv als Unterprogramme, teilweise in mehreren Ebenen. Gleichzeitig ist jedes Teilprogramm als Hauptprogramm zugänglich.

Da zusätzlich viele Eingabeaufforderungen und Ausgabeanweisungen mehrfach verwendet werden, benötigt der Programmblock verhältnismäßig wenig Speicherraum.

Reicht der vorhandene Platz im Hauptspeicher dennoch nicht aus, so lassen sich überflüssige Teilprogramme leicht entfernen. Andererseits kann man den Programmblock durch das Hinzufügen neuer Teilprogramme erweitern.

Der Winkelmodus kann beliebig gewählt werden.

RP **Umwandlung von rechtwinkligen Koordinaten in Polarkoordinaten**

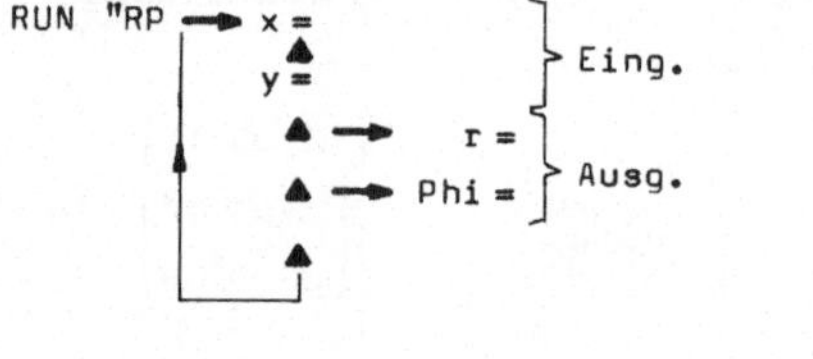

y P r φ x

$-180° < \varphi \leq 180°$

verw. Variablen: x → X x; y → Y φ; Z r

ferner: -

PR <u>Umwandlung von Polarkoordinaten in rechtwinklige Koordinaten</u>

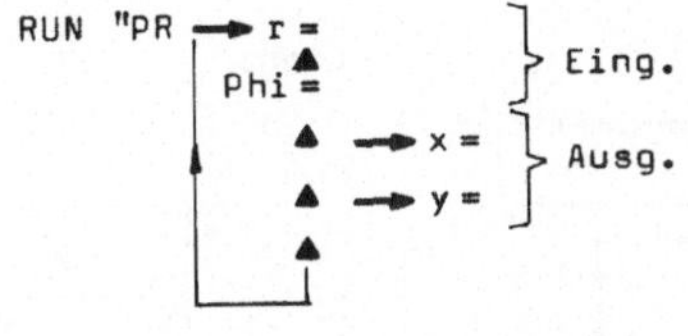

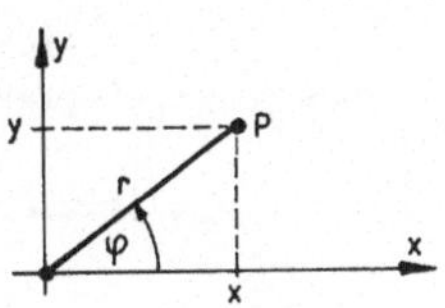

verw. Variablen:

	X	x
φ →	Y	y
r →	Z	r

ferner: -

PO <u>Polarkoordinaten eines Punktes bezogen auf einen neuen Ursprung</u>

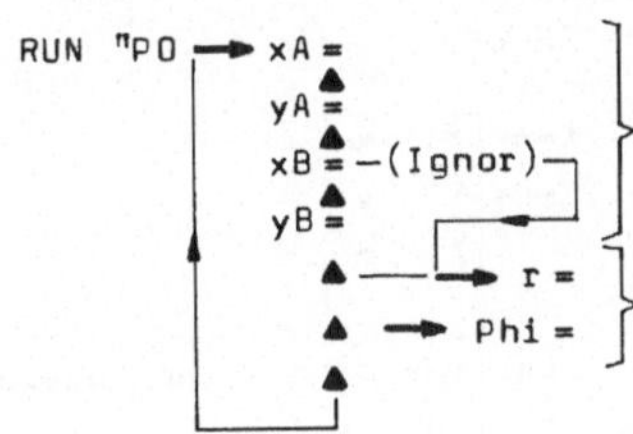

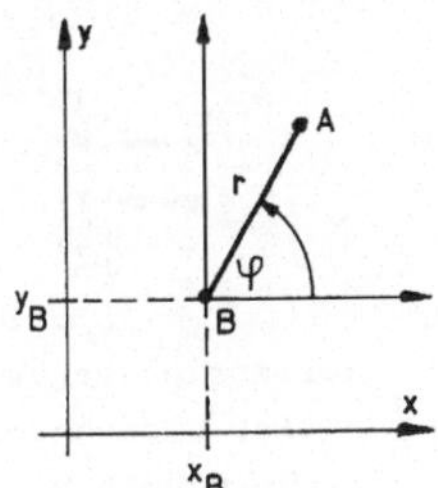

verw. Variablen:

x_B →	V	x_B
y_B →	W	y_B
x_A →	X	x_A-x_B
y_A →	Y	φ
	Z	r

ferner: -

Bei serieller Verwendung des Programms darf vom zweiten Durchgang an die Eingabeaufforderung für x_B ignoriert werden. Soweit dies geschieht, ist - wie beim ersten Durchgang - der neue Ursprung durch den Punkt B gegeben.

KT **Koordinatentransformation**

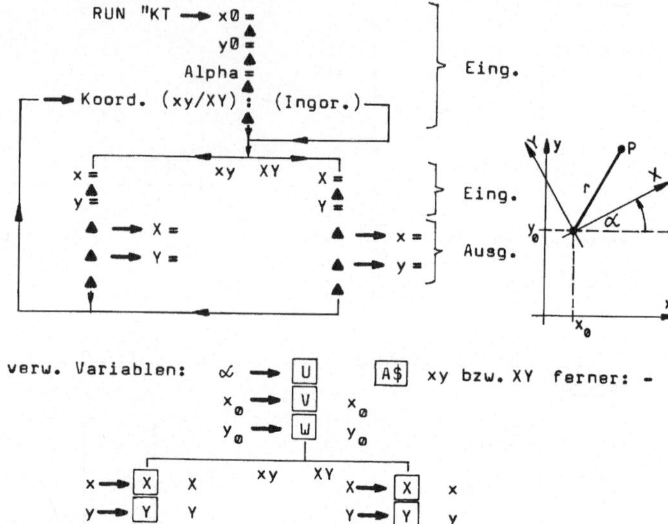

Bei serieller Verwendung des Programms darf - wenn gleichartige Umrechnungen durchgeführt werden sollen - nach dem 1. Durchgang die Frage, was für Koordinaten vorliegen, ignoriert werden.

GR **Gerade**

Aus vorgegebenen Daten werden die Geradenkenndaten Steigungswinkel α sowie y-Achsenabschnitt b bzw. x-Achsenabschnitt a berechnet.

Gefragt wird nach den Größen A, B, C, x_1, y_1, x_2, y_2, a, b und m aus den Geradengleichungen

$$Ax + By + C = 0 , \quad \frac{y_2 - y_1}{x_2 - x_1} = \frac{y - y_1}{x - x_1} = m \quad \text{und} \quad \frac{x}{a} + \frac{y}{b} = 1 \quad .$$

Eingabeaufforderungen zu nicht bekannten Größen sind zu ignorieren. Erlaubte Eingaben sind: A, B, C oder x_1, y_1, x_2, y_2 oder x_1, y_1, m oder m, b oder m, a oder b, a. Der Steigungswinkel α wird im Intervall $-90^o < \alpha \leq 90^o$ ausgegeben. Neben α wird für $\alpha = 90^o$ der y-Achsenabschnitt b und für $\alpha = 90^o$ der x-Achsenabschnitt a berechnet.

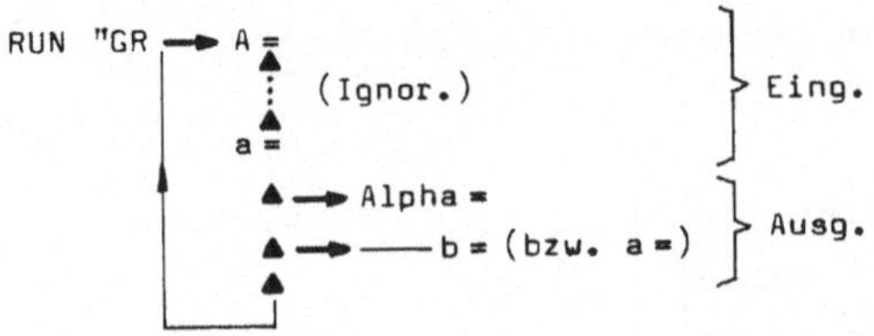

```
RUN "GR ──► A =
      │      ▲
      │      ⋮   (Ignor.)        } Eing.
      │      ▲
      │    a =
      │      ▲──► Alpha =
      │      ▲──► ── b = (bzw. a =)  } Ausg.
      │      ▲
      └──────┘
```

verw. Variablen: ferner: Z, GR, G1

J=1 K=0 L=0	J=0 K=0 L=0	J=1 K=1 L=0	J=0 K=1 L=1	J=0 K=0 L=1	J=0 K=1 L=0			bzw.
	B →					R	0	a
	C →					S	b	0
	A →					T	α	90°
x_1 →		x_1 →		a →	a →	V		
y_1 →		y_1 →	b →			W		
x_2 →						X		
y_2 →		m →	m →	b →	m →	Y		

LF <u>Lotfußpunkt</u>

Nach der Festlegung einer Geraden durch ihre Kenndaten lassen sich bei Vorgabe eines Punktes $P(x_P/y_P)$ mit diesem Programm die Koordinaten des Lotfußpunktes $L(x_L/y_L)$ sowie der orientierte Abstand d, den P von der Geraden hat, berechnen. Nach der Ausgabe dieser Daten bewirkt ENTER einen Rücksprung zur Eingabeaufforderung für die Koordinaten von P. Damit lassen sich von einem neuen Punkt die genannten Größen hinsichtlich derselben Geraden berechnen.

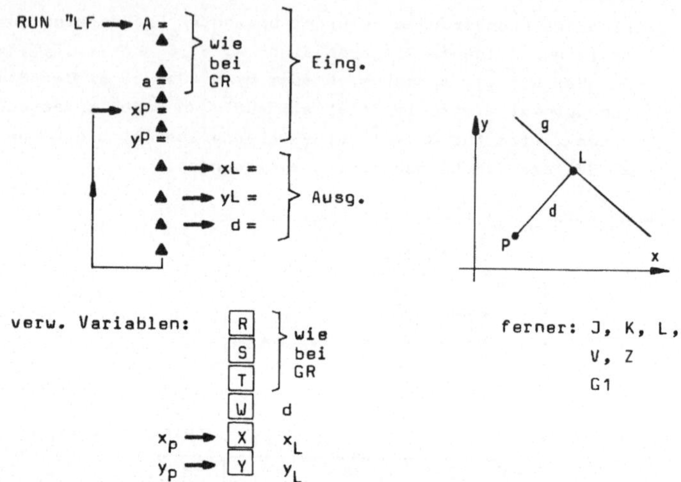

VE **Vorwärtseinschnitt mit und ohne Hilfspunkt**

Bei Vorgabe zweier Punkte A und B, die eine Bezugsstrecke festlegen, sowie zweier orientierter Meßwinkel α und β werden gemäß der beigefügten Abbildung die Koordinaten eines Punktes P berechnet. Da in diesem Fall ohne Hilfspunkt C gearbeitet wird, ist die Aufforderung zur Eingabe der Koordinaten von C zu ignorieren. Die Vorzeichen der Meßwinkel ergeben sich aus dem mathematischen Drehsinn, in dem die Strecke Winkelscheitelpunkt - P gegen die Bezugsstrecke gedreht werden muß, um den betreffenden Winkel zu erzeugen. Dabei ist in der Mathematik definitiv festgelegt, daß eine Drehung im Uhrzeigersinn negative Drehwinkel und eine Drehung entgegengesetzt zum Uhrzeigersinn positive

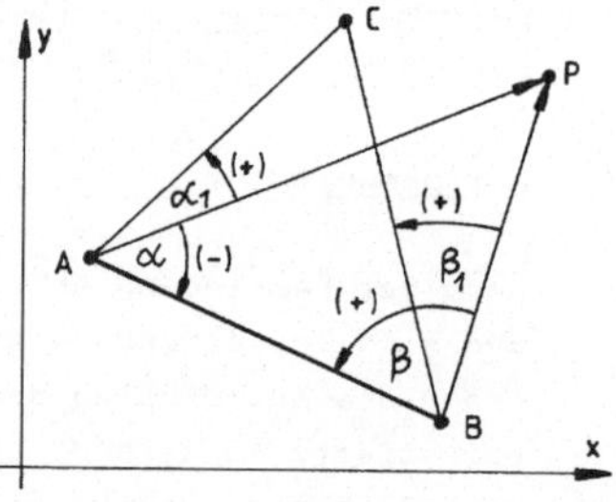

Drehwinkel erzeugt.

Bei Verwendung eines Hilfspunktes C wird nach Eingabe von dessen Koordinaten nach den orientierten Meßwinkeln α_1 und β_1 gefragt. Ihre Orientierungen ergeben sich aus dem mathematischen Drehsinn, in dem die Strecke Winkelscheitelpunkt - P gegen die Strecke Winkelscheitelpunkt - C gedreht werden muß, um den betreffenden Winkel zu erzeugen.

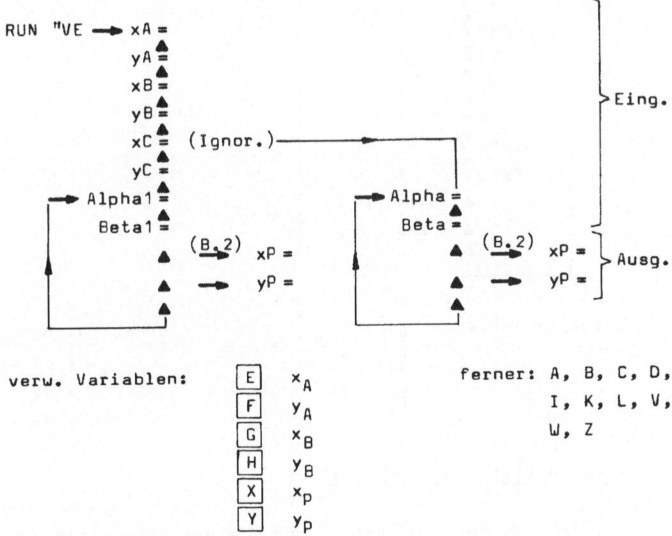

verw. Variablen:

E	x_A
F	y_A
G	x_B
H	y_B
X	x_P
Y	y_P

ferner: A, B, C, D, I, K, L, V, W, Z

RE **Rückwärtseinschnitt**

Bei Vorgabe dreier Punkte A, B und C sowie der orientierten Meßwinkel α und β werden gemäß der beigefügten Skizze die Koordinaten eines Punktes P berechnet. Die Vorzeichen der Meßwinkel α und β

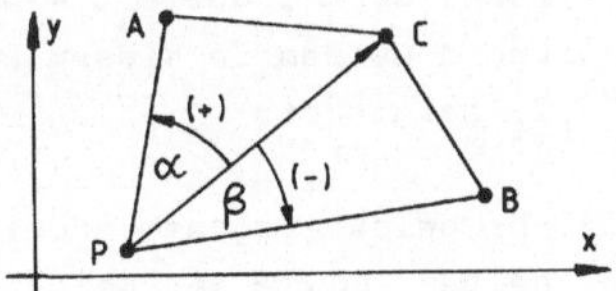

ergeben sich aus dem mathematischen Drehsinn, in dem die Strecke $\overline{PC}$ gegen die Strecke $\overline{PA}$ bzw. $\overline{PB}$ gedreht werden muß, um den betreffenden Winkel zu erzeugen.

Die mathematische Definition des Drehsinnvorzeichens findet sich beim Vorwärtseinschnitt.

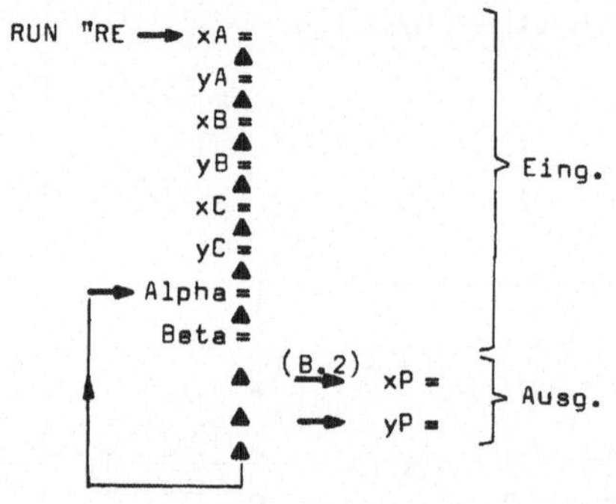

verw. Variablen:			ferner: A, B, C, D,
	T	x_C	E, K, L, M,
	U	y_C	P, Q, R, S,
	X	x_P	V, W, Z
	Y	y_P	

TP Teilpunkt(e) einer Strecke

Bei Vorgabe der Endpunkte A und B einer Strecke AB sowie des Teilverhältnisses λ werden die Koordinaten des Teilpunktes T berechnet. Soll dieselbe Strecke in n Teile unterteilt werden, so wird - sobald man die Eingabeaufforderung für λ ignoriert - nach n gefragt. Nach der Eingabe von n werden in diesem Fall die Koordinaten der Teilpunkte T_i berechnet.

Für beide Programmdurchläufe bleiben die Streckendaten erhalten, so daß ein ENTER nach der vollständigen Datenausgabe einen Rücksprung zur Eingabeaufforderung für ein neues

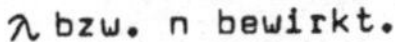
λ bzw. n bewirkt.

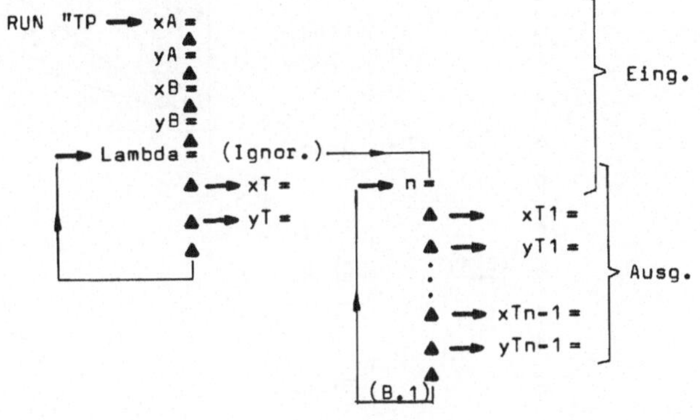

verw. Variablen:

A	x_T (x_{Tn-1})
B	y_T (x_{Tn-1})
V	x_B
W	y_B
X	x_A
Y	y_A

ferner: I, L, N
A$

FI **Flächeninhalt eines n-Ecks**

Mit diesem Teilprogramm wird aus den Koordinaten von n Punkten ($2 \angle n \angle 1000$) der Flächeninhalt A_n des dazugehörigen n-Ecks berechnet. Je nachdem, ob das Dreieck $P_1P_iP_{i+1}$ ($1 \angle i \angle n$) positiv oder negativ orientiert ist, hat der Flächeninhalt der dazugehörigen Teilfläche ein positives oder negatives Vorzeichen.

Ab Eingabe der ersten drei Punkte werden die Zwischenwerte für die Flächeninhalte angezeigt. Der erste ausgegebene Wert ist deswegen der Dreieckflächeninhalt A_3 des Dreiecks $P_1P_2P_3$.

Jede Ausgabe ist vom Tonsignal BEEP 1 begleitet.

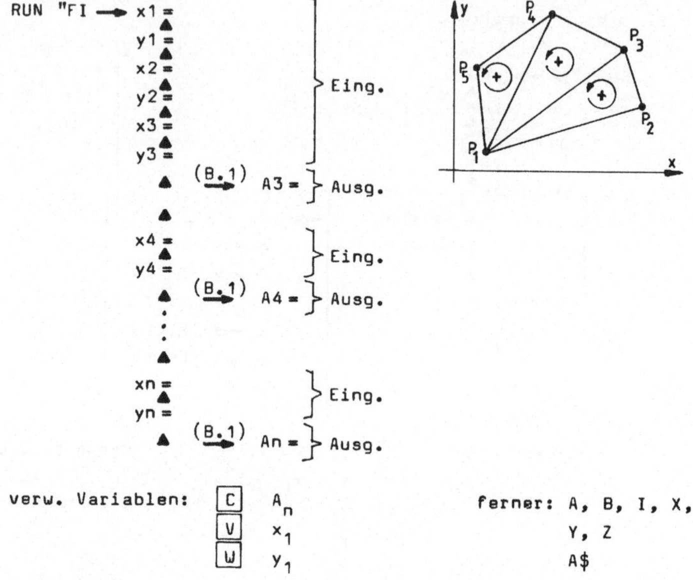

MS **Mittelsenkrechte**

Sind die Endpunkte P_1 und P_2 einer Strecke $\overline{P_1P_2}$ bekannt, so werden von der dazugehörigen Mittelsenkrechten ihr Steigungswinkel α sowie ihr y-Achsenabschnitt b berechnet. Für $\alpha = 90^0$ erfolgt die Berechnung des x-Achsenabschnitts a .

```
RUN "MS ──► x1 =              ┐
            ▲                 │
            y1 =              │
            ▲                 ├ Eing.
            x2 =              │
            ▲                 │
            y2 =              ┘
            ▲ ──► Alpha =              ┐
            ▲ ──►───── b =  (bzw. a = ) ├ Ausg.
            ▲
```

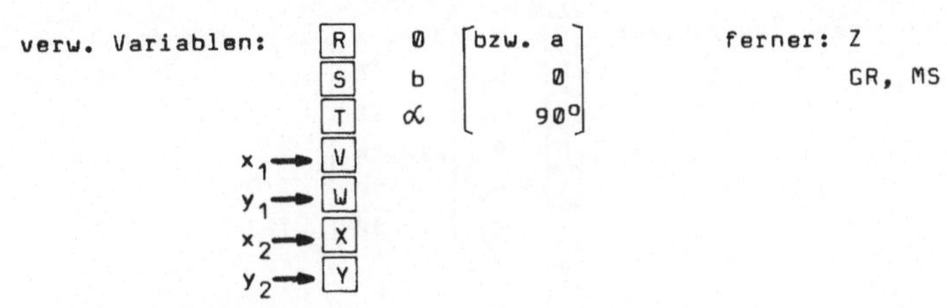

G-G <u>Schnitt zweier Geraden</u>

Bei vorgegebenen Geradendaten werden von zwei Geraden ihr Schnittpunkt S sowie ihr Schnittwinkel $\varphi(\leq 90^\circ)$ berechnet. Parallele Geraden werden als solche erkannt. Hier erfolgt anstelle der Schnittpunktkoordinaten die Berechnung ihres Abstandes d. Identische Geraden werden ebenfalls erkannt. In diesem Fall erfolgt nach einem entsprechenden Hinweis keine Datenausgabe.

Die Kenndaten der ersten Geraden bleiben erhalten. Deswegen bewirkt ein ENTER nach vollendeten Datenausgaben einen Rücksprung zum Hinweis '2.Gerade' . Nun kann eine weitere Gerade mit der ersten Geraden geschnitten werden.

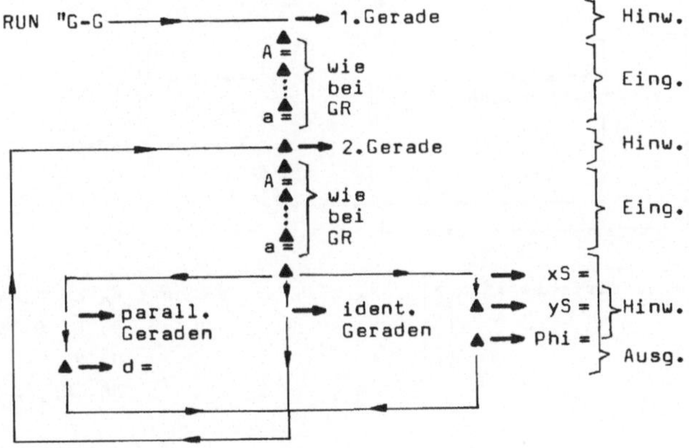

verw. Variablen:

O	0	bzw. a_1	
P	b_1	0	
Q	α_1	90°	
R	0	bzw. a_2	
S	b_2	0	
T	α_2	90°	
V	d		
X	x_S		
Y	y_S		
Z	φ		

ferner: J, K, L, W
GG, G1

KR <u>Kreis</u>

Bei Vorgabe der Koeffizienten A, B, C und D aus der allgemeinen Kreisgleichung $Ax^2 + Ay^2 + Bx + Cy + D = 0$ oder dreier Kreispunkte P_1, P_2 und P_3 werden von dem dazugehörigen Kreis dessen Mittelpunkt M sowie sein Radius r berechnet. Im zweiten Fall ist die Eingabeaufforderung für die Koordinaten von A zu ignorieren.

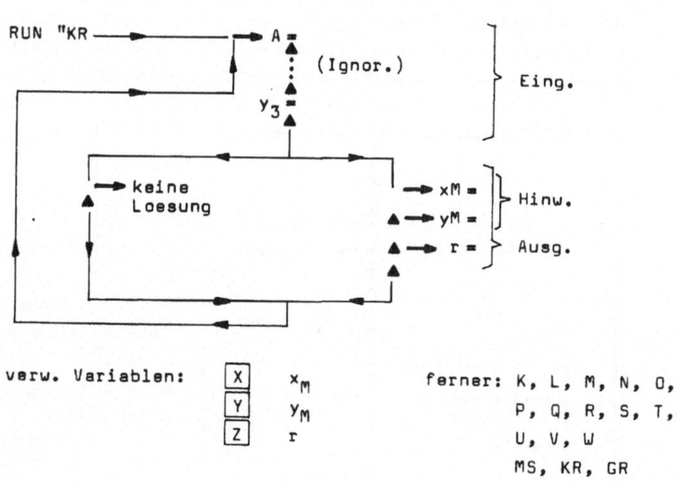

verw. Variablen:

X	x_M
Y	y_M
Z	r

ferner: K, L, M, N, O,
P, Q, R, S, T,
U, V, W
MS, KR, GR

K-G Schnitt von Kreis und Gerade

Bei Vorgabe eines Kreises und einer Geraden werden die Schnittpunkte P_1 und P_2 berechnet, in denen die Gerade den Kreis schneidet. Zuerst werden die Kreisdaten und danach die Geradendaten abgefragt. Der Kreisdatenabfrage gemäß dem Teilprogramm KR sind die Eingabeaufforderungen für die Koordinaten des Kreismittelpunktes M sowie des Kreisradius r vorangestellt, die ignoriert werden dürfen.

Da die Kenndaten des Kreises erhalten bleiben, führt ein ENTER nach vollendeter Datenausgabe zu einem Rücksprung zum Hinweis 'Gerade'. Nun kann eine neue Gerade mit dem Kreis geschnitten werden.

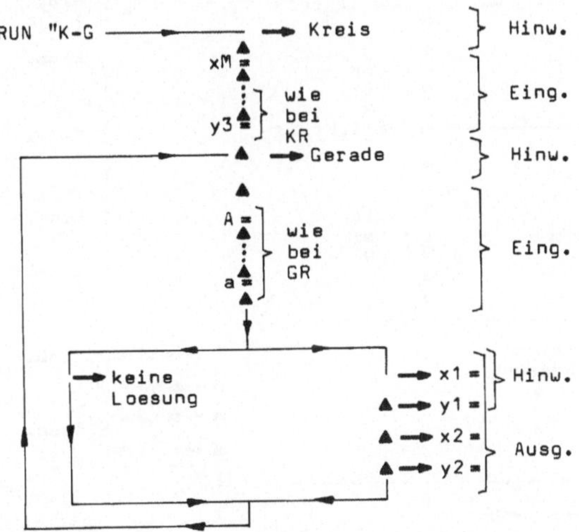

verw. Variablen:

R	x_1
S	y_1
T	x_2
U	y_2

ferner: J, K, L, M, N, O, P, Q, V, W, X, Y, Z
KR, G1, MS

K-K <u>Schnitt zweier Kreise</u>

Bei Vorgabe zweier Kreise werden deren Schnittpunkte P_1 und P_2 berechnet. Bei beiden Kreisen wird zuerst nach den Koordinaten des Kreismittelpunktes M sowie nach dem Radius r gefragt. Danach erfolgt jeweils die Abfrage der Kreisdaten wie im Teilprogramm KR. Eingabeaufforderungen zu nicht bekannten Größen sind zu ignorieren.

Da die Kenndaten des ersten Kreises erhalten bleiben, führt ein ENTER nach vollendeter Datenausgabe zu einem Rücksprung zum Hinweis '2.Kreis'. Nun kann der erste Kreis mit einem weiteren Kreis geschnitten werden.

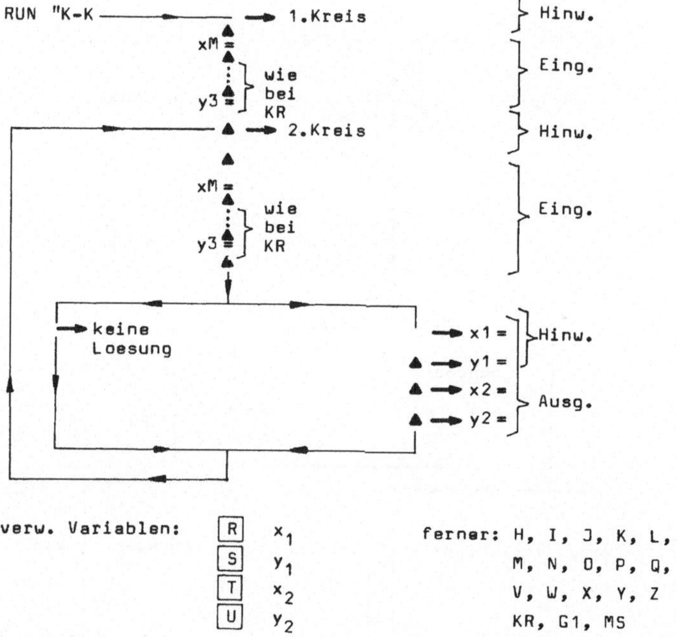

verw. Variablen:

R	x_1	ferner: H, I, J, K, L,
S	y_1	M, N, O, P, Q,
T	x_2	V, W, X, Y, Z
U	y_2	KR, G1, MS

```
Prof. L.Marsolek
TFH Berlin

PC-1500 SHARP

Programmname:
ANALYTISCHE
GEOMETRIE

Blockname:
AN.GEOM.

Inhalt:
RP*PR*PO*KT*GR*LF*
VE*RE*TP*FI*MS*
G-G*KR*K-G*K-K

STATUS 1 =  3539

  5:"RP":GOSUB 160
    :GOSUB 240:
    GOSUB 205:GOTO
    5
 10:"PR":GOSUB 195
    :GOSUB 250:
    GOSUB 170:GOTO
    10
 15:"PO":GOSUB 210
    :GOSUB 235:
    GOSUB 205:GOTO
    15
 20:"KT":INPUT "x0
    =";V,"y0=";W,"
    Alpha=";U
 25:INPUT "Koord.
    (xy/XY): ";A$
 30:IF A$="xy"
    GOSUB 160:
    GOSUB 235:Y=Y-
    U:GOSUB 250:
    GOSUB 185:GOTO
    25
 35:IF A$="XY"
    GOSUB 175:
    GOSUB 240:Y=Y+
    U:GOSUB 250:X=
    X+V:Y=Y+W:
    GOSUB 170
 40:GOTO 25
 45:"GR":J=0:K=0:L
    =0:INPUT "A=";
    T,"B=";R,"C=";
    S:GOSUB 90:
    GOTO 120
 50:INPUT "x1=";V,
    "y1=";W:J=1:
    INPUT "x2=";X,
    "y2=";Y:GOSUB
    75:GOTO 120
 55:INPUT "m=";Y:K
    =1:IF JGOSUB 8
    5:GOTO 120
 60:INPUT "b=";W:L
    =1:IF KGOSUB 1
    05:GOTO 120
 65:INPUT "a=";V:
    IF LLET Y=W:
    GOSUB 110:GOTO
    120
 70:GOSUB 115:GOTO
    120
 75:GOSUB 235:IF X
    =0LET T=ABS Y:
    S=0:R=V:RETURN
 80:Y=TAN Y
 85:T=ATN Y:S=W-V*
    Y:R=0:RETURN
 90:IF R=0GOTO 100
 95:R=-R:S=S/R:T=
    ATN (T/R):R=0:
    RETURN
100:R=-S/T:S=0:T=
    ASN 1:RETURN
105:V=0:GOTO 85
110:X=0:W=0:GOTO 7
    5
115:W=0:GOTO 85
120:IF G1RETURN
125:PRINT "Alpha="
    ;T:IF COS T
    PRINT "b=";S:
    GOTO 135
130:PRINT "a=";R
135:IF GRRETURN
140:GOTO 45
145:"LF":G1=1:
    GOSUB 45
150:INPUT "xP=";X,
    "yP=";Y:GOSUB
    155:PRINT "xL=
    ";X:PRINT "yL=
    ";Y:PRINT "d="
    ;W:GOTO 150
155:V=R:W=S:GOSUB
    235:Y=Y-T:
    GOSUB 250:W=Y:
    Z=X:Y=T:GOSUB
    250:X=X+R:Y=Y+
    S:RETURN
160:INPUT "x=";X,"
    y=";Y
165:RETURN
170:PRINT "x=";X:
    PRINT "y=";Y:
    RETURN
175:INPUT "X=";X,"
    Y=";Y
180:RETURN
185:PRINT "X=";X:
    PRINT "Y=";Y:
    RETURN
190:PRINT "keine L
    oesung":RETURN
195:INPUT "r=";Z,"
    Phi=";Y
200:RETURN
205:PRINT "r=";Z:
    PRINT "Phi=";Y
    :RETURN
210:INPUT "xA=";X,
    "yA=";Y
215:INPUT "xB=";V,
    "yB=";W
220:RETURN
225:INPUT "x1=";V,
    "y1=";W
230:INPUT "x2=";X,
    "y2=";Y:RETURN
235:X=X-V:Y=Y-W
240:Z=√(X*X+Y*Y):
    IF Z=0LET Y=0:
    RETURN
245:Y=ACS (X/Z)*(
    SGN Y+(Y=0)):
    RETURN
250:X=Z*COS Y:Y=Z*
    SIN Y:RETURN
255:"VE":I=0:GOSUB
    210:E=X:F=Y:G=
    V:H=W:GOSUB 23
    5:A=Y:B=Y:D=Y:
    C=Z
260:INPUT "xC=";K,
    "yC=";L:X=K:Y=
    L:GOSUB 235:B=
    B-Y:V=E:W=F:X=
    K:Y=L:GOSUB 23
    5:A=A-Y:GOTO 2
    90
265:GOSUB 280
270:Y=D-L:Z=C*SIN
    K/SIN (K-L):
    GOSUB 250:X=X+
    G:Y=Y+H:GOSUB
    285:IF IGOTO 2
    90
275:GOTO 265
280:INPUT "Alpha="
    ;K,"Beta=";L:
    RETURN
285:BEEP 2:PRINT "
    xP=";X:PRINT "
    yP=";Y:RETURN
```

(Fortsetzung)

(Fortsetzung)

```
290:INPUT "Alphal=
    ";K,"Betal=";L
    :I=1:K=A+K-4*
    ATN 1:L=B+L:
    GOTO 270
295:"RE":INPUT "xA
    =";X,"yA=";Y,"
    xB=";T,"yB=";U
    ,"xC=";V,"yC="
    ;W
300:GOSUB 235:P=Y:
    R=Z/2:X=T:Y=U:
    GOSUB 235:Q=Y:
    S=Z/2:T=V:U=W
305:GOSUB 280:Y=K:
    Z=R/SIN K:M=P:
    GOSUB 325:A=X+
    T:B=Y+U
310:Y=L:Z=S/SIN L:
    M=Q:GOSUB 325:
    C=X+T:D=Y+U:E=
    Z
315:X=A:Y=B:V=C:W=
    D:GOSUB 235:K=
    2*Y:X=T:Y=U:
    GOSUB 235
320:Y=K-Y:Z=E:
    GOSUB 250:X=X+
    C:Y=Y+D:GOSUB
    285:GOTO 305
325:GOSUB 250:Z=X:
    X=Y:Y=Z:GOSUB
    240:Y=Y+M:
    GOSUB 250:
    RETURN
330:"TP":GOSUB 210
335:INPUT "Lambda=
    ";L:GOSUB 350:
    PRINT "xT=";A:
    PRINT "yT=";B:
    GOTO 335
340:INPUT "n=";N:
    FOR I=1TO N-1:
    GOSUB 370:L=I/
    (N-I):GOSUB 35
    0:PRINT "xT"+A
    $;A:PRINT "yT"
    +A$;B:NEXT I
345:BEEP 1:GOTO 34
    0
350:A=(X+L*V)/(1+L
    ):B=(Y+L*W)/(1
    +L):RETURN
355:"FI":GOSUB 225
    :GOSUB 235:A=Y
    :B=Z:C=0
360:FOR I=3TO 999:
    WAIT 0:GOSUB 3
    70:PRINT "x"+A
    $;:INPUT "";X:
    CLS :PRINT "y"
    +A$;:INPUT "";
    Y:CLS
365:GOSUB 235:Y=Y-
    A:A=A+Y:GOSUB
    250:C=C+B*Y/2:
    B=Z:WAIT :BEEP
    1:PRINT "A"+A$
    ;C:NEXT I:
    PRINT "Ende":
    END
370:A$=STR$ I+"=":
    RETURN
375:"MS":IF MS=0
    GOSUB 225
380:S=X:T=Y:X=T-W:
    Y=V-S:V=(V+S)/
    2:W=(W+T)/2:
    GOSUB 240:IF
    COS Y=0LET R=V
    :S=0:T=ABS Y:
    GOTO 390
385:Y=TAN Y:GOSUB
    85
390:IF MS=0LET GR=
    1:GOSUB 120:
    GOTO 375
395:RETURN
400:"G-G":IF GG
    GOTO 415
405:PRINT "1.Gerad
    e":G1=1:GOSUB
    45:O=R:P=S:Q=T
410:PRINT "2.Gerad
    e":GOSUB 45
415:V=O:W=P:X=R:Y=
    S:GOSUB 235:W=
    SIN (Q-T)
420:IF W=0AND COS
    Q=0LET V=ABS (
    O-R):GOTO 445
425:IF W=0LET V=Z*
    COS Q:GOTO 445
430:Z=(Z*SIN (Y-Q)
    )/W:Y=T:GOSUB
    250:X=X+R:Y=Y+
    S:Z=ABS ASN W:
    IF GG=0PRINT "
    xS=";X:GOTO 44
    0
435:RETURN
440:PRINT "yS=";Y:
    PRINT "Phi=";Z
    :GOTO 410
445:IF GGGOSUB 190
    :RETURN
450:IF V=0PRINT "i
    dent.Geraden":
    GOTO 410
455:PRINT "parall.
    Geraden":PRINT
    "d=";V:GOTO 41
    0
460:"KR":IF KR
    INPUT "xM=";X,
    "yM=";Y,"r=";Z
    :RETURN
465:INPUT "A=";U,"
    B=";V,"C=";W,"
    D=";Z:GOTO 490
470:GOSUB 225:K=X:
    L=Y:INPUT "x3=
    ";M,"y3=";N:MS
    =1:GOSUB 375:O
    =R:P=S:Q=T:V=K
    :W=L:X=M:Y=N
475:GOSUB 375:GG=1
    :GOSUB 400:IF
    W=0AND KR=0
    GOTO 460
480:IF W=0RETURN
485:Z=(X-K)^2+(Y-L
    )^2:GOTO 500
490:X=-U/2/U:Y=-W/
    2/U:Z=X*X+Y*Y-
    Z/U:IF Z<0AND
    KRGOSUB 190:
    RETURN
495:IF Z<0GOSUB 19
    0:GOTO 460
500:Z=√Z
505:IF KRRETURN
510:PRINT "xM=";X:
    PRINT "yM=";Y:
    PRINT "r=";Z:
    GOTO 460
515:"K-G":PRINT "K
    reis":KR=1:
    GOSUB 460:O=X:
    P=Y:Q=Z
520:PRINT "Gerade"
    :G1=1:GOSUB 45
    :X=O:Y=P:GOSUB
    155:M=X:N=Y:W=
    Q*Q-W*W:IF W<0
    GOSUB 190:GOTO
    520
525:Y=T:Z=√W:GOSUB
    250:R=M-X:S=N-
    Y:T=M+X:U=N+Y:
    GOSUB 530:GOTO
    520
```

(Fortsetzung)

(Fortsetzung)

```
530:PRINT "x1=";R:
    PRINT "y1=";S:
    PRINT "x2=";T:
    PRINT "y2=";U:
    RETURN
535:"K-K":PRINT "1
    .Kreis":KR=1:
    GOSUB 460:H=X:
    I=Y:J=Z
540:PRINT "2.Kreis
    ":GOSUB 460:R=
    Z:V=H:W=I:
    GOSUB 235:V=(J
    *J+Z*Z-R*R)/2/
    Z/J:IF ABS V>1
    GOSUB 190:GOTO
    540
545:V=ACS V:W=Y:Y=
    W+V:Z=J:GOSUB
    250:R=H+X:S=I+
    Y:Y=W-V:GOSUB
    250:T=H+X:U=I+
    Y:GOSUB 530:
    GOTO 540
```

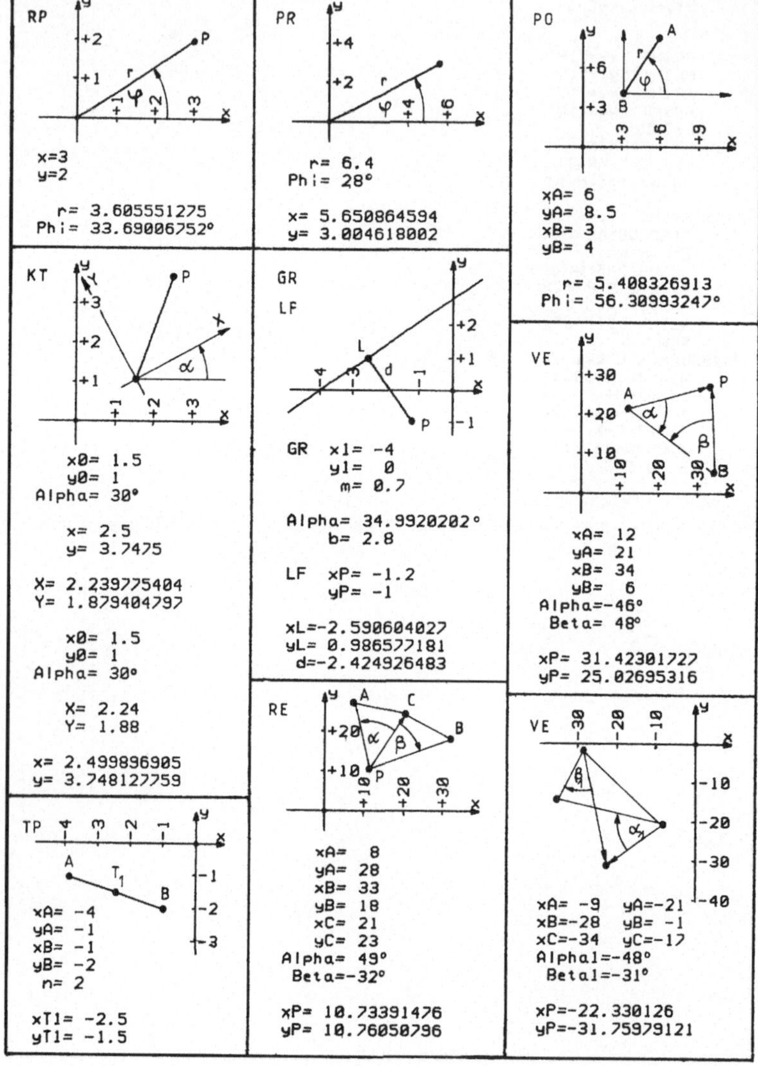
RP
x=3
y=2
r= 3.605551275
Phi= 33.69006752°
PR
r= 6.4
Phi= 28°
x= 5.650864594
y= 3.004618002
PO
xA= 6
yA= 8.5
xB= 3
yB= 4
r= 5.408326913
Phi= 56.30993247°
KT
x0= 1.5
y0= 1
Alpha= 30°
x= 2.5
y= 3.7475
X= 2.239775404
Y= 1.879404797
x0= 1.5
y0= 1
Alpha= 30°
X= 2.24
Y= 1.88
x= 2.499896905
y= 3.748127759
GR
LF
GR x1= -4
y1= 0
m= 0.7
Alpha= 34.9920202°
b= 2.8
LF xP= -1.2
yP= -1
xL=-2.590604027
yL= 0.986577181
d=-2.424926483
VE
xA= 12
yA= 21
xB= 34
yB= 6
Alpha=-46°
Beta= 48°
xP= 31.42301727
yP= 25.02695316
TP
xA= -4
yA= -1
xB= -1
yB= -2
n= 2
xT1= -2.5
yT1= -1.5
RE
xA= 8
yA= 28
xB= 33
yB= 18
xC= 21
yC= 23
Alpha= 49°
Beta=-32°
xP= 10.73391476
yP= 10.76050796
VE
xA= -9 yA=-21
xB=-28 yB= -1
xC=-34 yC=-17
Alpha1=-48°
Beta1=-31°
xP=-22.330126
yP=-31.75979121

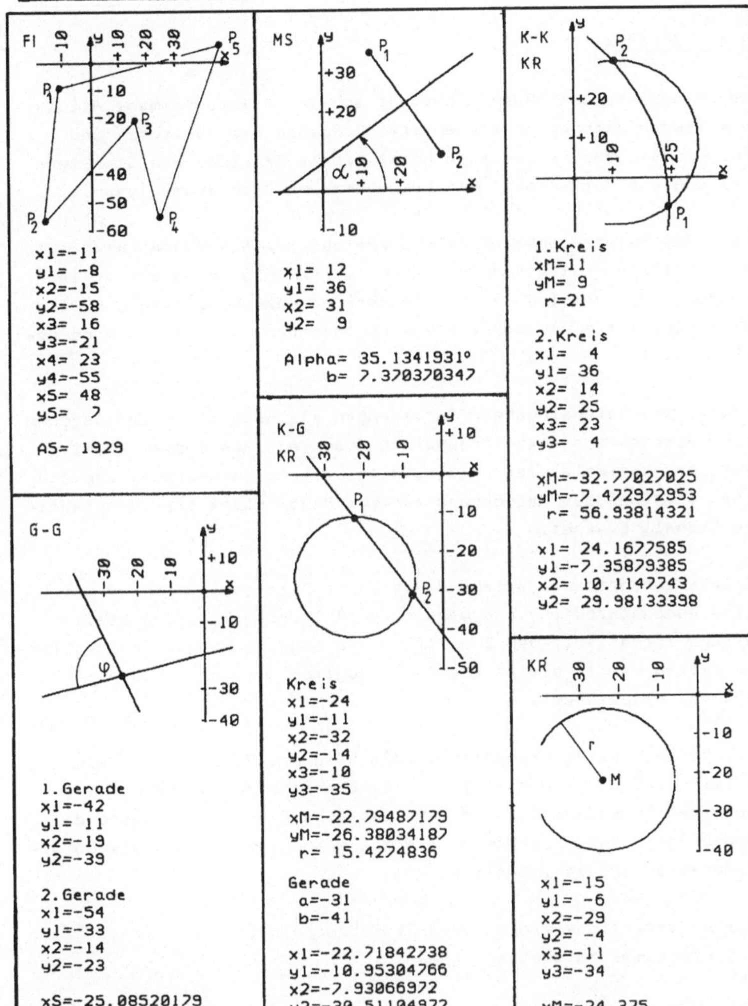
FI
x1=-11
y1= -8
x2=-15
y2=-58
x3= 16
y3=-21
x4= 23
y4=-55
x5= 48
y5= 7
AS= 1929
MS
x1= 12
y1= 36
x2= 31
y2= 9
Alpha= 35.1341931°
b= 7.370370347
K-K
KR
1.Kreis
xM=11
yM= 9
r=21
2.Kreis
x1= 4
y1= 36
x2= 14
y2= 25
x3= 23
y3= 4
xM=-32.77027025
yM=-7.472972953
r= 56.93814321
x1= 24.1677585
y1=-7.35879385
x2= 10.1147743
y2= 29.98133398
G-G
1.Gerade
x1=-42
y1= 11
x2=-19
y2=-39
2.Gerade
x1=-54
y1=-33
x2=-14
y2=-23
xS=-25.08520179
yS=-25.77130044
Phi= 79.33381326°
K-G
KR
Kreis
x1=-24
y1=-11
x2=-32
y2=-14
x3=-10
y3=-35
xM=-22.79487179
yM=-26.38034187
r= 15.4274836
Gerade
a=-31
b=-41
x1=-22.71842738
y1=-10.95304766
x2=-7.93066972
y2=-30.51104972
KR
x1=-15
y1= -6
x2=-29
y2= -4
x3=-11
y3=-34
xM=-24.375
yM=-21.625
r= 18.22172467

3.1.3 SPHÄRIK

Der Programmblock SPHÄRIK besteht aus 15 Teilprogrammen. Mit ihnen lassen sich neben elementaren Aufgaben wie Abstands- und Kurswinkelberechnungen auch komplizierte Probleme wie die Eigenpeilung und der Schnitt von Loxodrome und Orthodrome lösen.

Weil die zuletzt genannten Probleme auf transzendente, nicht elementar lösbare Gleichungen führen, wurden sie früher unter Verwendung von Tabellen gelöst. Im vorliegenden Programmblock wird eleganter mit einer schnell konvergierenden Näherungsmethode gearbeitet.

Sowohl die Dateneingabeaufforderungen als auch die Datenausgaben sind besonders benutzerfreundlich ausgelegt, weil sie Hinweise auf ihre dezimale oder sexagesimale Gestalt enthalten. Desgleichen wird bei der Berechnung von Abständen stets die dazugehörige Einheit genannt.

Alle Rechenergebnisse laufen vor ihrer Anzeige im Display durch eine Rundungsroutine und werden gemäß ihrer Verwendung realistisch formatiert. Der Zugriff zu den ungerundeten und nicht formatierten Werten bleibt ebenfalls möglich. Winkel werden stets dezimal gespeichert.

Der Umfang des Programmblocks läßt sich grundsätzlich dadurch verringern, daß sequentiell vom Blockende ausgehend Programme abgetrennt werden. Entsprechend ist eine Erweiterung durch das Hinzufügen neuer Programme, die die schon vorhandenen als Unterprogramme benutzen, möglich.

Der erforderliche Winkelmodus DEGREE wird beim Start eines jeden Teilprogramms automatisch gewählt.

Soweit in den Teilprogrammen für die Berechnung von Ergebnissen der mittlere Erdradius r und die Seemeile als nautische Längeneinheit eine Rolle spielen, werden folgende Werte verwendet:

r = 6371,2 km ; 1 sm = 1,852 km .

Hinsichtlich der Datenausgaben erfolgt die Anzeige aller Winkel im Display dezimal, auf 4 Stellen nach dem Komma gerundet und stets mit einem Vorzeichen versehen. Der gleichen Rundung und Formatierung - jedoch in sexagesimaler Darstellung - unterliegen die Ausgaben der geographischen Ortskoordinaten.

Auf dezimale oder sexagesimale Darstellungen von Größen wird durch die Zusätze '(DEG)' und '(DMS)' hingewiesen. Die Ausgabe der sphärischen Abstände erfolgt analog mit den Zusätzen '(km)' bzw. '(sm)', jedoch auf 3 Stellen nach dem Komma gerundet. Eingabeaufforderungen sind mit entsprechenden Hinweisen versehen.

DI <u>Distanz</u>

Das Distanzprogramm nimmt eine zentrale Stellung unter den Sphärikprogrammen ein. Es wird von allen anderen Programmen des Programmblocks als Unterprogramm benutzt.

Sind die geographischen Koordinaten zweier Punkte $A(\lambda_A/\varphi_A)$ und $B(\lambda_B/\varphi_B)$ auf der Erdkugeloberfläche bekannt, so lassen sich mit diesem Programm der sphärische Abstand d von A und B in km und sm sowie die Kurswinkel α und β der durch A und B verlaufenden Orthodrome in A und B berechnen. Auch die Ausgabe von α und β als Dreieckwinkel ist möglich. Außerdem lassen sich entsprechend die Länge des Loxodromenabschnitts zwischen A und B der durch A und B verlaufenden Loxodrome sowie ihr Kurswinkel α berechnen.

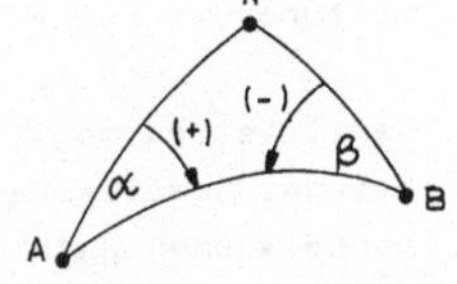

Die ermittelten Kurswinkel sind orientiert, d.h. mit einem Vorzeichen versehen. Sie sind auf das Kurswinkelintervall $[-90^\circ ; +90^\circ]$ bezogen. Positive Kurswinkel beschreiben die Winkelabweichung von der Nordrichtung nach Osten und negative nach Westen.

Hinsichtlich der den Berechnungen zugrunde liegenden Formeln kann zwischen 4 verschiedenen Verfahren gewählt werden:

- NEPER ⟶ N
- Seitenkosinussatz ⟶ C
- Approximation ⟶ A
- Loxodrome ⟶ L

Das Verfahren nach NEPER verwendet als Formeln die gleichnamigen NEPERschen Analogien. Für dicht benachbarte Punkte - die etwa Orte in derselben Stadt beschreiben - führt die Verwendung des Kosinussatzes für Abstandsberechnungen zu ungenauen Ergebnissen. Hier kann neben den NEPERschen Analogien das Approximationsverfahren benutzt werden. Es beruht darauf, den verwendeten Kugeloberflächenabschnitt näherungsweise als Ebene anzusehen.

Die Sonderfälle, daß die Punkte A und B auf demselben Meridian oder Breitenkreis liegen, werden vom Programm berücksichtigt. Sogar die Pole können als Punkte eingegeben werden.

Nur bei Anwendung der Verfahren N und L haben α und β bei der Datenausgabe die Bedeutung von orientierten Kurswinkeln. Die Verfahren C und A führen zu gewöhnlichen Dreieckwinkeln, die stets positiv und kleiner als 180° sind.

Nach der Ausgabe von α bei Anwendung des Verfahrens L und von β bei Anwendung der Verfahren N, C und A führt ein ENTER zur erneuten Eingabeaufforderung für λ_A unter Beibehaltung der zuvor verwendeten Methode.

Damit ist es möglich, serielle Berechnungen - wie sie etwa bei der numerischen Erfassung von Orthodromen- und Loxodromenpolygonen anfallen - schnell durchzuführen.

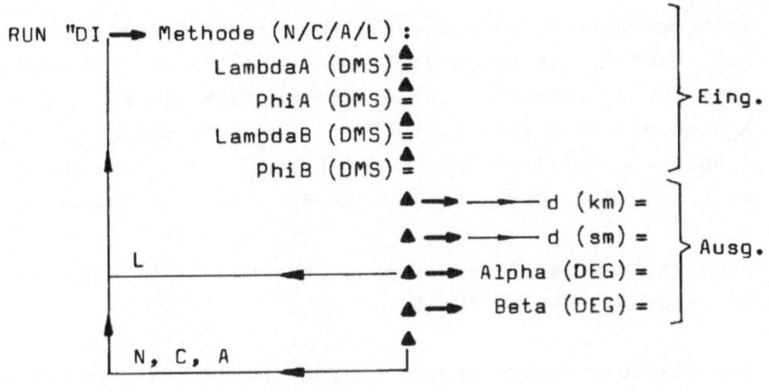

verw. Variablen:

λ_A →	A	λ_A	ferner: I, J, K, N, Z
φ_A →	B	φ_A	DI, AR
λ_B →	C	α	A$ bis L$
φ_B →	D	β	
	E	d (DEG)	
	F	d (km)	
	G	d (sm)	

OD **Orthodrome**

Das Orthodromenprogramm nimmt ebenfalls eine zentrale Stellung unter den Sphärikprogrammen ein.

Es dient dazu, die Schüsselwerte einer durch einen Punkt A unter dem Kurswinkel α_A verlaufenden oder durch zwei Punkte A und B festgelegten Orthodrome zu ermitteln. Diese Schlüsselwerte sind durch die geographischen Koordinaten λ_P und φ_P des nordpolnächsten Punktes P der Orthodrome gegeben.

Neben λ_P und φ_P werden die Koordinaten λ_Q und φ_Q des südpolnächsten Punktes Q sowie der Abstand p des nordpolnächsten Punktes der Orthodrome vom Nordpol berechnet und ausgegeben.

Nach dem Aufruf des Programms wird zuerst nach α_A und danach nach λ_A und φ_A gefragt. Nur wenn die Eingabeaufforderung für α_A ignoriert wurde, werden auch die Koordinaten λ_B und φ_B von B abgefragt. In diesem Fall berechnet das Programm zusätzlich die Kurswinkel α_A und α_B der Orthodrome in A und B. Diese werden jedoch nicht ausgegeben.

Nach vollendeter Datenausgabe führt ein ENTER zur erneuten Eingabeaufforderung für α_A.

Für die Subprogrammversion bewirkt OD = 1 die Unterdrückung aller Eingabeaufforderungen und Datenausgaben, OD = 2 jedoch führt nur zur Unterdrückung der Datenausgaben.

Die Steuerung des Programmablaufs für die beiden unterschiedlichen Eingabemöglichkeiten erfolgt durch J = 1 und J = 2.

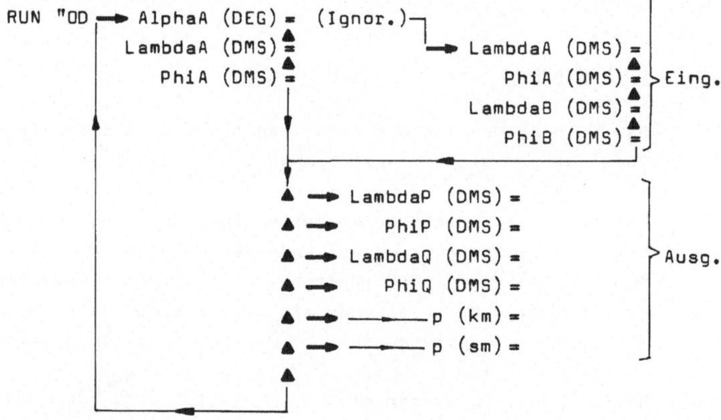

Aus dem nachfolgend abgebildeten Schema ist ersichtlich, in welchen Variablen für die genannten beiden Eingabefälle die relevanten Daten gespeichert sind.

verw. Variablen: J=1	J=2		J=2	J=1	ferner: K, N,
$\lambda_A \rightarrow$	$\lambda_A \rightarrow$	A	λ_A	λ_A	Z
$\varphi_A \rightarrow$	$\varphi_A \rightarrow$	B	φ_A	φ_A	OD,
$\alpha_A \rightarrow$	$\lambda_B \rightarrow$	C	α_A	α_A	DI,
	$\varphi_B \rightarrow$	D	α_B		AR
		E	p (DEG)	p (DEG)	A$,
		F	p (km)	p (km)	:
		G	p (sm)	p (sm)	L$
		P	λ_P (DEG)	λ_P (DEG)	
		Q	φ_P (DEG)	φ_P (DEG)	
		R	λ_Q (DEG)	λ_Q (DEG)	
		S	φ_Q (DEG)	φ_Q (DEG)	

O-M Schnitt von Orthodrome und Meridian

Mit diesem Programm lassen sich bei Vorgabe von λ_Y von einem Schnittpunkt Y einer Orthodrome mit einem Meridian dessen geographische Breite φ_Y sowie der dazugehörige Kurswinkel α_Y berechnen.

Außerdem können bei Vorgabe des Kurswinkels α_Y die Koordinaten der beiden Schnittpunkte $Y_1(\lambda_{Y1}/\varphi_{Y1})$ und $Y_2(\lambda_{Y2}/\varphi_{Y2})$ der zu diesem Kurswinkel gehörigen Meridiane mit der Orthodrome ermittelt werden.

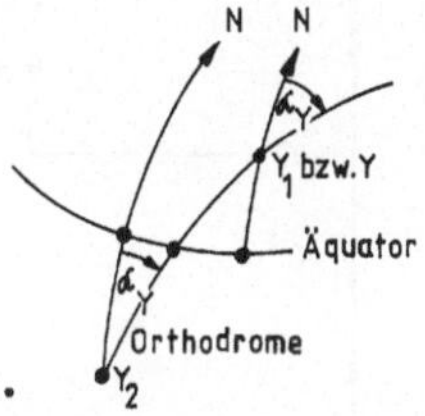

Nach dem Programmaufruf erfolgt ein Hinweis auf die Orthodrome. Hier müssen anschließend gemäß dem Programm OD die abgefragten Orthodromendaten eingegeben werden. Danach wird mit dem Hinweis 'Meridian' die Abfrage der Meridiandaten eingeleitet.

Zuerst wird nach λ_Y gefragt. Nach der Eingabe von λ_Y werden φ_Y und α_Y berechnet und angezeigt. Das Ignorieren der Eingabeaufforderung zu λ_Y führt zur Eingabeaufforderung für

α_Y. Ist α_Y eingegeben worden, so erfolgt die Berechnung der Koordinaten von Y_1 und Y_2. Dabei ist Y_1 derjenige der beiden Punkte, der auf der Nordhalbkugel liegt.

Da zu einer vorgegebenen Orthodrome ein kleinstmöglicher Kurswinkel existiert, kann die Suche nach Y_1 und Y_2 mit dem Hinweis 'keine Loesung' abbrechen.

Nach vollendeter Datenausgabe führt ein ENTER zu einem Rücksprung zum Hinweis auf die Eingabe der Meridiandaten.

Die beiden Lösungspunkte Y_1 und Y_2 liegen stets punktsymmetrisch zum Schnittpunkt der Orthodrome mit dem Äquator.

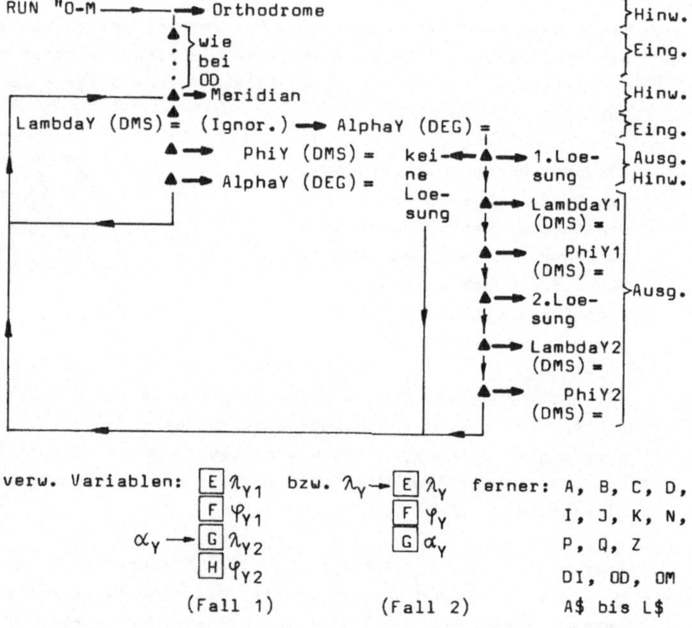

verw. Variablen: [E] λ_{Y1} bzw. $\lambda_Y \rightarrow$ [E] λ_Y ferner: A, B, C, D,

[F] φ_{Y1} [F] φ_Y I, J, K, N,

$\alpha_Y \rightarrow$ [G] λ_{Y2} [G] α_Y P, Q, Z

[H] φ_{Y2} DI, OD, OM

(Fall 1) (Fall 2) A$ bis L$

In der Unterprogrammversion wird der Programmablauf im Fall 1 mit OM=1 und im Fall 2 mit OM=2 gesteuert. Die dazugehörigen Variablenbestückungen lauten:

OM=1	OM=2
$\alpha_Y \rightarrow$ G	$\lambda_Y \rightarrow$ E
$\lambda_P \rightarrow$ P	$\lambda_P \rightarrow$ P
$\varphi_P \rightarrow$ Q	$\varphi_P \rightarrow$ Q

SL Sphärischer Lotfußpunkt

Dieses Programm ermöglicht bei vorgegebenen Orthodromendaten die Ermittlung der Koordinaten λ_L und φ_L des Lotfußpunktes L eines sphärischen Lotes von einem Punkt C auf die Orthodrome.

Außerdem werden der sphärische Abstand e, den C von L hat, sowie die Kurswinkel α_L und α_C der durch L und C verlaufenden Orthodrome berechnet.

Von den zwei im allgemeinen existierenden Lotfußpunkten ist mit L derjenige gemeint, dessen Abstand von C $\angle 90^0$ ist.

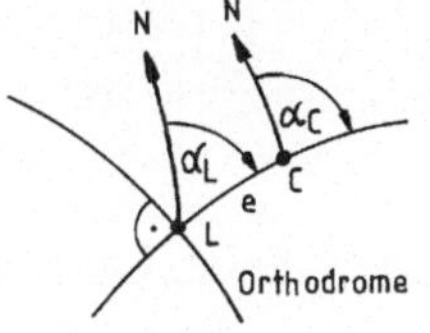

Der Äquator ist als vorgegebene Orthodrome ausgeschlossen, Meridiane sind jedoch zugelassen. Unzulässige Eingaben liegen auch vor, wenn C Pol zur vorgegebenen Orthodrome ist oder bei Meridianen, die durch λ_P und $\varphi_P=90^0$ beschrieben werden, $|\lambda_C-\lambda_P| \leqq 90^0$ gilt. Auf unzulässige Eingaben wird mit dem Hinweis 'unzu. Eingabe' aufmerksam gemacht.

Nach dem Aufruf des Programms wird zuerst nach den Orthodromendaten gefragt, anschließend nach den Koordinaten von C.

Nach abgeschlossener Datenausgabe bewirkt ein ENTER einen Rücksprung zur Eingabeaufforderung für die Koordinaten von

C. Derselbe Rücksprung wird bei einem ENTER nach dem Hinweis 'unzul. Eingabe' ausgeführt.

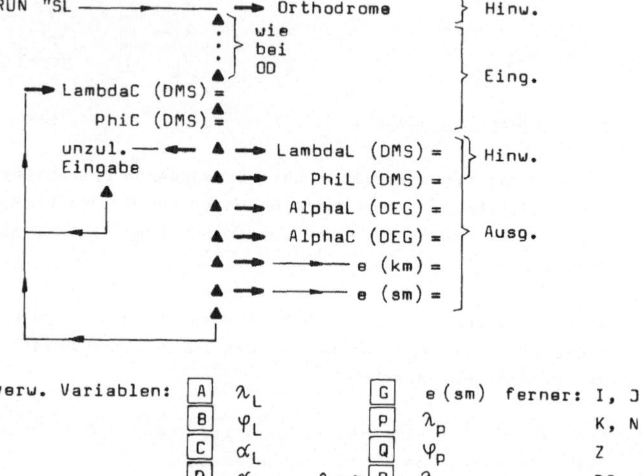

verw. Variablen: A λ_L, B φ_L, C α_L, D α_C, E e (DEG), F e (km), G e (sm), P λ_P, Q φ_P, $\lambda_C \rightarrow$ R λ_C, $\varphi_C \rightarrow$ S φ_C; ferner: I, J, K, N, Z, DI, OD, SL, AR, A$ bis L$

O-B Schnitt von Orthodrome und Breitenkreis

Mit diesem Programm lassen sich die geographischen Längen λ_{X1} und λ_{X2} der Schnittpunkte X_1 und X_2 einer Orthodrome mit einem durch φ_X bestimmten Breitenkreis ermitteln.

Zusätzlich werden die Kurswinkel α_{X1} und α_{X2} der Orthodrome in den Punkten X_1 und X_2 berechnet.

Die Punkte X_1 und X_2 liegen spiegelsymmetrisch zu dem durch den nordpolnächsten

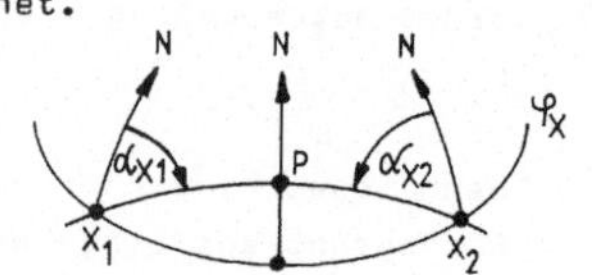

Punkt P der Orthodrome verlaufenden Meridian. Dadurch unterscheiden sich die Kurswinkel α_{X1} und α_{X2} lediglich hinsichtlich ihrer Vorzeichen.

Schneidet die Orthodrome den Breitenkreis nicht, so wird darauf mit dem Hinweis 'keine Loesung' aufmerksam gemacht.

Nach dem Aufruf des Programms wird zuerst nach den Orthodromendaten gefragt. Danach ist nach dem Hinweis 'Breitenkreis' die geographische Breite φ_X einzugeben.

Nach der abgeschlossenen Datenausgabe führt ein ENTER zum Rücksprung zum Hinweis 'Breitenkreis'. Nun kann dieselbe Orthodrome mit einem neuen Breitenkreis geschnitten werden.

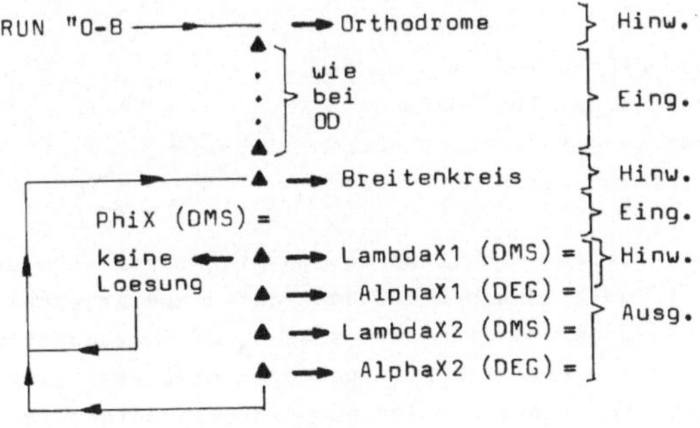

verw. Variablen:

	A	λ_{X1}
	B	α_{X1}
	C	λ_{X2}
	D	α_{X2}
	P	λ_P
	Q	φ_P
φ_X →	S	φ_X

ferner: E, I, J, K, N, Z
OB, DI,
OD
A$ bis
L$

SN Sphärisches n-Eck

Mit diesem Programm läßt sich der Flächeninhalt A_n eines sphärischen n-Ecks bei Vorgabe der Koordinaten seiner n Eckpunkte $P_1, P_2, \ldots, P_n$ berechnen.

Das Programm stellt ein Analogon zum Programm FI (Flächeninhalt) aus dem Programmblock ANALYTISCHE GEOMETRIE dar.

Die Anzahl der Ecken ist unbegrenzt. Deswegen ist das Programm als Endlosprogramm ausgelegt. Während des Programmablaufs werden die Zwischenergebnisse - beginnend beim Flächeninhalt A_3 eines sphärischen Dreiecks - jeweils in km^2 und sm^2 ausgegeben.

Die Reihenfolge der Punkte des sphärischen n-Ecks muß so gewählt werden, daß es bei fortlaufender Indizierung im mathematisch positiven Umlaufsinn durchlaufen wird.

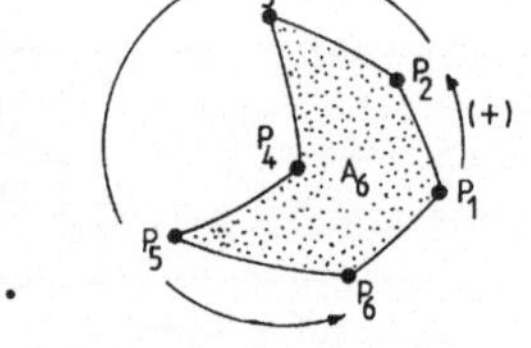

Nach dem Aufruf des Programms werden die Koordinaten der ersten drei Punkte des n-Ecks abgefragt. Ihre Verarbeitung führt zur Ausgabe des Flächeninhalts A_3 des dazugehörigen spärischen Dreiecks. Jede Eingabe der Koordinaten eines weiteren Punktes führt zur Ausgabe des Flächeninhalts des dazugehörigen n-Ecks.

```
RUN "SN ──► LambdaP1 (DMS) =  ┐
                   ▲          │
                   :          ├ Eing.
            PhiP3 (DMS) =     ┘
                   ▲ ──► A3 (km∧2) =  ┐
                                      ├ Ausg.
                   ▲ ──► A3 (sm∧2) =  ┘
        LambdaP4 (DMS) =      ┐
                   ▲          ├ Eing.
            PhiP4 (DMS) =     ┘
                   ▲ ──► A4 (km∧2) =  ┐
                                      ├ Ausg.
                   ▲ ──► A4 (sm∧2) =  ┘
                   :
```

verw. Variablen: [F] A_n (km²) ferner: A, B, C, D, E, H,
[G] A_n (sm²) I, J, K, L, N, P,
Q, R, S, T, Z
DI, AR
A$ bis L$

O-O Schnitt zweier Orthodromen

Bei Vorgabe zweier Orthodromen lassen sich mit diesem Programm ihre beiden Schnittpunkte S_1 und S_2 bestimmen. Neben den Koordinaten dieser beiden Gegenpunkte wird der Schnittwinkel $\varkappa$ der Orthodromen berechnet, jedoch nicht im Display angezeigt. S_1 ist der auf der Südhalbkugel gelegene Schnittpunkt.

Die Abfrage der Orthodromendaten erfolgt nach den Hinweisen '1.Orthodrome' und '2.Orthodrome'. Nach der Ausgabe der Koordinaten der Schnittpunkte führt ein ENTER zu einem Rücksprung zum Hinweis '2.Orthodrome'. Nun kann die erste Orthodrome mit einer weiteren Orthodrome geschnitten werden.

Keine der beiden Orthodromen darf der Äquator sein oder durch die Pole verlaufen.

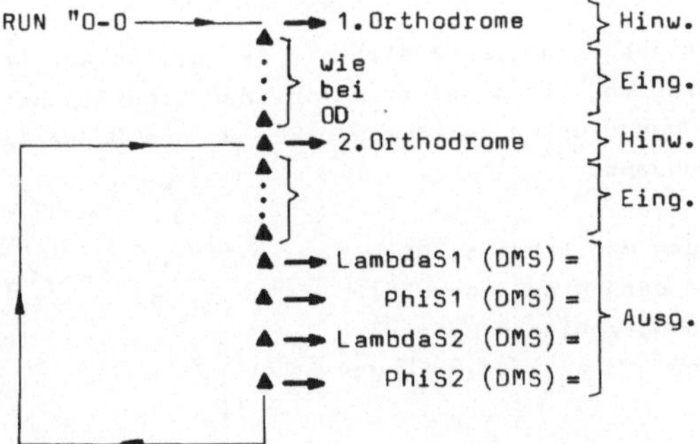

verw. Variablen:

A	λ_{S1}	ferner: E, I, J, K, N, Z
B	φ_{S1}	DI, OR, OO
C	λ_{S2}	A$ bis L$
D	φ_{S2}	
F	$\varkappa$	
G	λ_{P1}	
P	λ_{P2}	
Q	φ_{P2}	
R	φ_{P1}	

Subprogrammversion: OO=1

$\lambda_{P1} \rightarrow$ G
$\lambda_{P2} \rightarrow$ P
$\varphi_{P2} \rightarrow$ Q
$\varphi_{P1} \rightarrow$ R

FP <u>Fremdpeilung</u>

Das Programm Fremdpeilung ist eine spezialisierte Form des Orthodromenschnittprogramms O-O.

Von zwei Stationen in den Punkten $A(\lambda_A/\varphi_A)$ und $B(\lambda_B/\varphi_B)$ werden die Funksignale einer vom Punkt $S_1(\lambda_{S1}/\varphi_{S1})$ aus sendenden Funkquelle erstmalig unter den dazugehörigen Peilwinkeln α_1 und β_1 empfangen.

Unter der Voraussetzung, daß sich die Funkwellen auf Orthodromen ausbreiten, ist S_1 einer der beiden Schnittpunkte der durch A und B unter den Kurswinkeln α_1 und β_1 verlaufenden Orthodrome.

Von den beiden möglichen Schnittpunkten wird derjenige ausgewählt, für dessen geographische Länge λ_{S1} die Bedingung $|(\lambda_A-\lambda_B)/2 - \lambda_{S1}| < 90^0$ erfüllt ist.

Nach dem Aufruf des Programms werden die Ortskoordinaten

von A und B sowie die dazugehörigen Peilwinkel abgefragt. Danach erfolgt die Berechnung und Ausgabe der Schnittpunktkoordinaten von S_1.

Sobald diese Datenausgabe abgeschlossen ist, führt ein nachfolgendes ENTER zur Eingabeaufforderung für neue Peilwinkel α_2 und β_2. Sie beziehen sich auf eine zweite Peilung von A und B aus.

Die Verarbeitung dieser Peilwinkel führt zur Berechnung des dazugehörigen Schnittpunktes $S_2(\lambda_{S2}/\varphi_{S2})$ in der näheren Umgebung von S_1.

Neben der Ausgabe von λ_{S2} und φ_{S2} erfolgt an dieser Stelle erstmalig die zusätzliche Berechnung der Entfernung dieses Schnittpunktes von dem davor berechneten.

Dazu wird angenommen, daß sich die Funkquelle näherungsweise auf einer Loxodromen bewegt. Ebenfalls erstmalig wird an dieser Stelle die Länge des dazugehörigen Loxodromenabschnitts $\widehat{S_1S_2}=s_1$ in km und sm ausgegeben. Außerdem erfolgt die Berechnung und Anzeige des Kurswinkels σ_{S1} der Loxodrome.

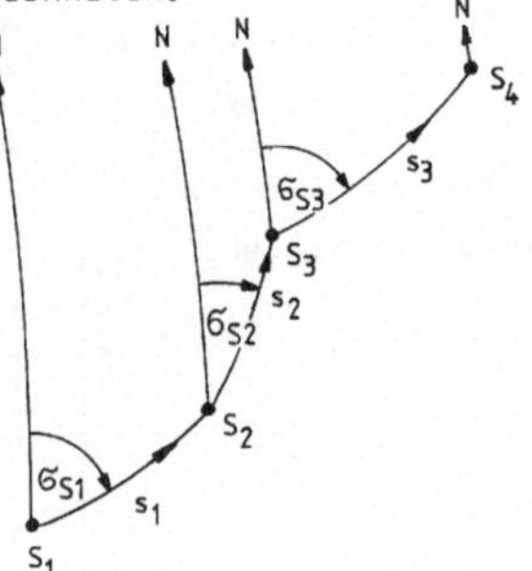

Sobald σ_{S1} ausgegeben ist, führt ein nachfolgendes ENTER zu der Aufforderung, neue Peilwinkel α_3 und β_3 einzugeben usw.

Das vorliegende Programm ist als Endlosprogramm ausgelegt. Damit ist die Möglichkeit gegeben, etwa die Bewegung eines Schiffes oder Flugzeuges durch wiederholte Peilungen mitzuverfolgen.

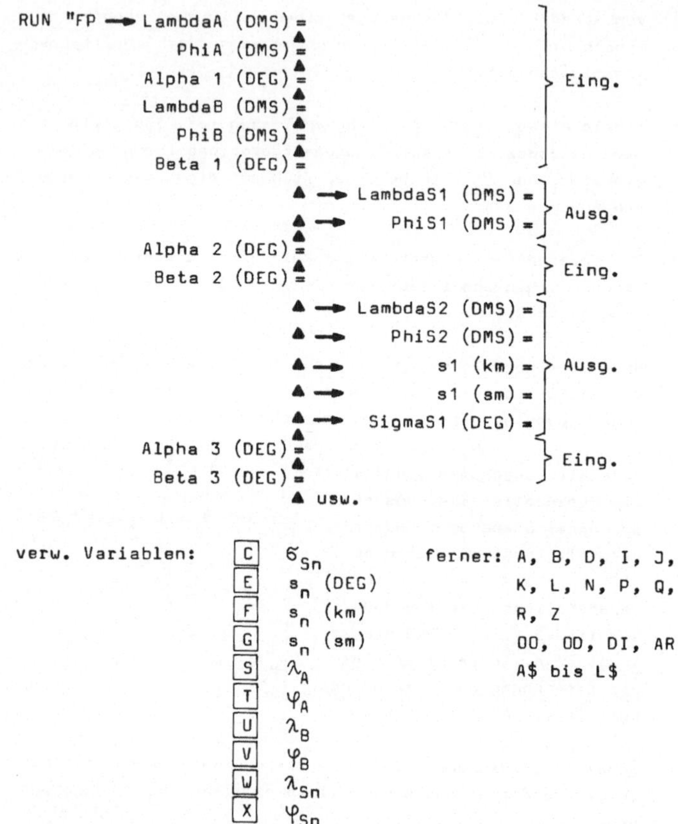

LX **Loxodrome**

Wie mit dem strukturmäßig verwandten Orthodromenprogramm die Schlüsselwerte einer Orthodrome berechnet werden können, so lassen sich mit dem Loxodromenprogramm die Schlüsselwerte der Loxodrome, nämlich ihre Äquatorschnittstelle λ_0 und - soweit noch nicht bekannt - ihr Kurswinkel α ermitteln.

Nach dem Aufruf des Programms wird zuerst nach dem Kurswinkel α gefragt. Diese Eingabeaufforderung kann befolgt oder ignoriert werden.

Wird sie befolgt, so sind anschließend nur die Koordinaten λ_A und φ_A eines Punktes A auf der Loxodrome einzugeben.

Das Ignorieren der Kurswinkeleingabeaufforderung führt neben der Abfrage der Koordinaten von A zur Abfrage der Koordinaten λ_B und φ_B eines weiteren Punktes P auf der Loxodrome.

Ein anschließendes ENTER leitet in beiden Fällen die - soweit erforderliche - Berechnung und Ausgabe von λ_0 und α ein.

Nach erfolgter Datenausgabe bewirkt ENTER einen Rücksprung zum Programmanfang, d.h. zur Eingabeaufforderung für α.

Die Eingabe von $\alpha=0^0$ ist erlaubt, verboten ist jedoch die Eingabe von $\alpha=90^0$ bzw. $\varphi_A=\varphi_B$. Hier wird ggf. das Programm mit dem Hinweis 'unzul. Eingabe' abgebrochen.

Ebenso wird $\varphi_A \neq 90^0$ und $\varphi_B \neq 90^0$ vorausgesetzt.

Der Fall $\varphi_A=\varphi_B$ bzw. $\alpha=90^0$ beschreibt einen Breitenkreis. Soweit hinsichtlich der folgenden Programme eine der Loxodromen ein Breitenkreis ist, muß auf das dafür konzipierte Programm zurückgegriffen werden.

Für die Subprogrammversion bewirkt LX=1 die Unterdrückung der Dateneingabeaufforderungen und Datenausgaben, LX=2 jedoch unterdrückt nur die Datenausgaben.

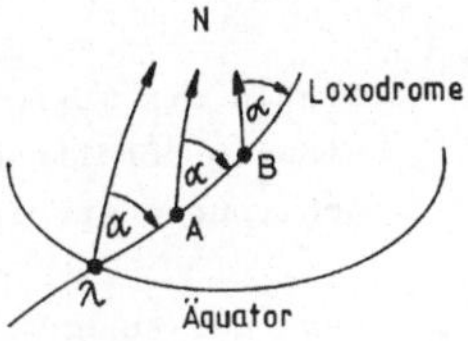

Die Steuerung des Programmablaufs für die beiden unterschiedlichen Eingabemöglichkeiten erfolgt durch J=1 bei vorgegebenem Kurswinkel und J=2 bei nicht vorgegebenem Kurswinkel.

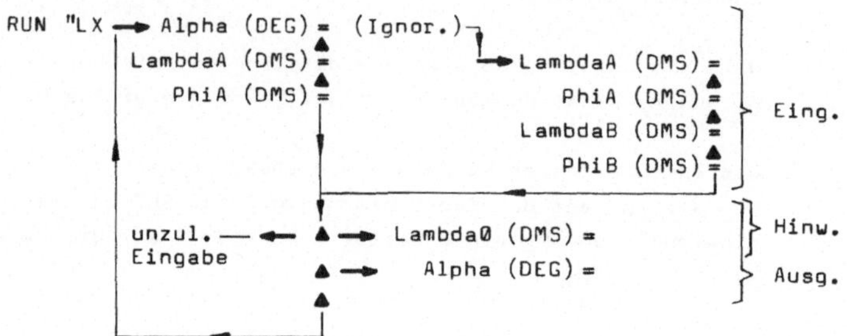

verw. Variablen:

J=2	J=1		J=1	J=2	ferner:
λ_A →	λ_A →	A	λ_A	φ_A	E, I, J,
φ_A →	φ_A →	B	λ_A	φ_A	K, N, Z
λ_B →	α →	C	α	α	LX, DI
φ_B →		D	λ_0	λ_0	A$ bis L$

L-B Schnitt von Loxodrome und Breitenkreis

Mit diesem Programm läßt sich die geographische Länge λ_X des Schnittpunktes X einer Loxodrome mit einem durch φ_X bestimmten Breitenkreis berechnen.

Nach dem Aufruf des Programms macht der Hinweis 'Loxodrome' auf die Eingabe der Loxodromendaten aufmerksam. Diese sind - wie im Loxodromenprogramm beschrieben - einzugeben.

Sobald die Loxodromendaten verarbeitet sind, wird mit dem Hinweis 'Breitenkreis' die Eingabe von φ_X eingeleitet. Anschließend erfolgt die Berechnung und Ausgabe von λ_X.

Nach der Ausgabe von λ_X führt ein ENTER zu einem Rücksprung zum Hinweis 'Breitenkreis'. Nun kann dieselbe Loxodrome mit einem neuen Breitenkreis geschnitten werden.

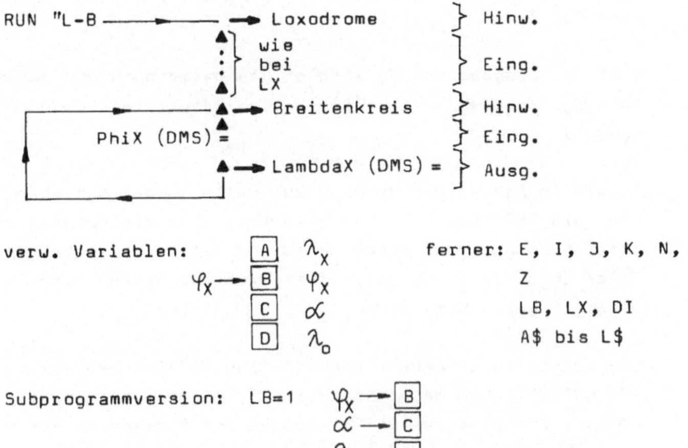

L-M Schnitt von Loxodrome und Meridian

Mit Ausnahme der Meridiane und Breitenkreise wickeln sich alle Loxodromen asymptotisch um die Pole. Dadurch bedingt, existieren zu solchen Loxodromen unendlich viele Schnittpunkte Y_i $(i=0;\pm1;\pm2;...)$ mit einem durch λ_Y bestimmten Meridian.

Je kleiner der Absolutbetrag des Kurswinkels einer Loxodrome ist, desto rascher konvergiert die Folge der Schnittpunkte gegen die Pole.

Mit dem vorliegenden Programm können von einer Loxodrome bei Vorgabe des Meridians λ_Y die geographischen Breiten φ_{Y_i} $(i=0;\pm1;\pm2;...)$ der Schnittpunkte Y_i berechnet werden.

Nach dem Aufruf des Programms wird durch den Hinweis 'Loxodrome' auf die Eingabe der Loxodromendaten aufmerksam gemacht. Sobald diese eingegeben und verarbeitet sind, führt ein ENTER über den Hinweis 'Meridian' zur Eingabeaufforderung für λ_Y.

Nach der Eingabe von λ_Y erfolgt die Berechnung und Ausgabe von φ_{Y0}, φ_{Y1}, φ_{Y2},... . Diese Folge konvergiert gegen $\varphi_N=90^o$.

Sobald im Rahmen der Rundung auf volle Bogensekunden ein Ergebnis 90° bzw. 89°59'60" lautet, wird die Ausgabe weiterer Folgenglieder abgebrochen und mit der Ausgabe der Folge φ_{Y-1}, φ_{Y-2}, φ_{Y-3},... fortgefahren. Diese Folge konvergiert gegen $\varphi_S=-90^o$.

Das zuletzt ausgegebene Ergebnis lautet hier -90° bzw. -89°59'60" . Ein nachfolgendes ENTER führt zum Hinweis 'Ende'. Ein erneutes ENTER bewirkt den Rücksprung zum Hinweis 'Meridian'. Nun kann dieselbe Loxodrome mit einem anderen Meridian geschnitten werden.

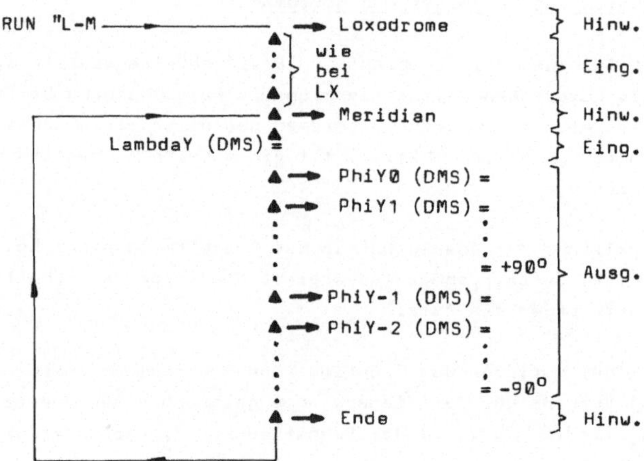

verw. Variablen: $\lambda_Y \rightarrow$ [A] λ_{Yi} ferner: E, F, I, J,
[B] φ_{Yi} K, N, Z
[C] $\tan\alpha$ LX, DI
[D] λ_0 A$ bis L$

L-L Schnitt zweier Loxodromen

Zwei Loxodromen, von denen keine ein Breitenkreis oder Meridian ist, wickeln sich beide asymptotisch um die Pole. Dadurch bedingt, existieren unendlich viele Punkte, in denen sich die beiden Loxodromen schneiden.

Die Pole stellen die Häufungspunkte dieser konvergenten Schnittpunktfolgen dar.

Mit dem vorliegenden Programm können die geographischen Koordinaten λ_{Si} und φ_{Si} (i=0;±1;±2;...) der Schnittpunkte S_i berechnet werden.

Nach dem Aufruf des Programms wird mit dem Hinweis '1.Loxodrome' auf die Eingabe der dazugehörigen Loxodromendaten aufmerksam gemacht.

Nach der Verarbeitung dieser Daten und dem Hinweis '2.Loxodrome' sind deren dazugehörige Daten einzugeben.

Sobald auch die Daten der zweiten Loxodrome verarbeitet sind, beginnt die Berechnung und Ausgabe der Schnittpunktkoordinaten.

Zuerst wird die Folge der Koordinaten λ_{S0}, φ_{S0}, λ_{S1}, φ_{S1}, λ_{S2}, φ_{S2},... der Schnittpunkte derjenigen Schnittpunktfolge ausgegeben, die gegen den Nordpol konvergiert.

Sobald im Rahmen der Rundung auf volle Bogensekunden ein Ergebnis für eine geographische Breite 90° bzw. 89°59'60" lautet, wird die Ausgabe weiterer Folgenglieder abgebrochen und mit der Ausgabe der Folge λ_{S-1}, φ_{S-1}, λ_{S-2}, φ_{S-2},... fortgefahren. Diese Folge besteht aus den Koordinaten der Schnittpunkte derjenigen Schnittpunktfolge, die gegen den Südpol konvergiert.

Das letzte ausgegebene Ergebnis für eine geographische Breite lautet hier -90° bzw. -89°59'60" . Ein nachfolgendes ENTER führt zum Hinweis 'Ende'. Ein weiteres ENTER bewirkt einen Rücksprung zum Hinweis '2.Loxodrome'. Nun kann die erste Loxodrome mit einer neuen zweiten Loxodrome geschnitten werden.

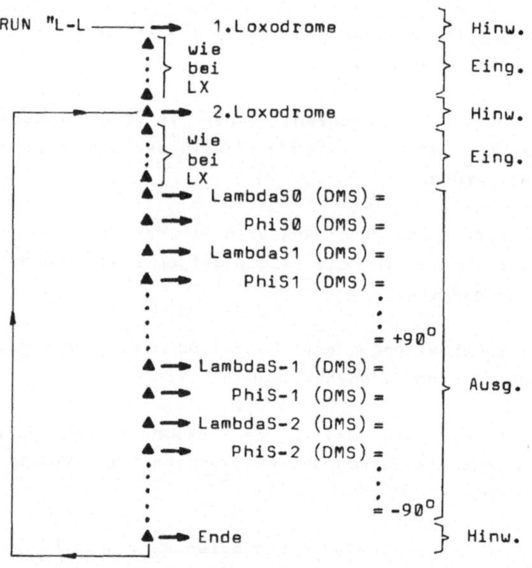

verw. Variablen:

A	λ_{Si}	ferner: C, D, E, F, I,
B	φ_{Si}	J, K, N, Z
G	$\tan\alpha_1$	LX, DI
H	λ_{01}	A$ bis L$

O-L Schnitt von Orthodrome und Loxodrome

Der Schnitt von Orthodrome und Loxodrome führt hinsichtlich der Berechnung der Schnittpunktkoordinaten zu transzendenten Gleichungen, die nicht elementar lösbar sind und im allgemeinen nicht nur eine Lösung besitzen.

Im konkreten Fall ist man meistens nur an einem Punkt aus der Lösungsmenge aller möglichen Schnittpunkte interessiert und kennt zudem mit grober Näherung dessen geographische Koordinaten.

Damit läßt sich zur Problemlösung ein Näherungsverfahren einsetzen, das bei Vorgabe eines Startwertes λ_1 für die geographische Länge des gesuchten Schnittpunktes dessen Koordinaten λ_S und φ_S mit praxisgerechter Genauigkeit berechnet.

Der im Programm fest eingestellte Wert für die Genauigkeit zur Berechnung von φ_S beträgt 10^{-10}. Dies bewirkt, daß die Suche nach φ_S dann mit dem zuletzt berechneten Wert abgebrochen wird, wenn der Absolutbetrag der Differenz zweier aufeinanderfolgenden Werte in der Folge der φ_S - wie sie sich nach dem Näherungsverfahren ergibt - kleiner als 10^{-10} ausfällt. Danach erfolgt unter Verwendung von φ_S die Berechnung von λ_S.

Die genannte Näherungsroutine ist aus dem Schnittprogramm ausgelagert und wird gleichzeitig vom Eigenpeilungsprogramm verwendet.

Nach dem Aufruf des Programms machen die Hinweise 'Orthodrome' und 'Loxodrome' auf die Eingabe der Orthodromen- und Loxodromendaten aufmerksam.

Sobald die eingegebenen Daten verarbeitet sind, hat nach dem Hinweis 'Startwert' die Eingabe desselben zu erfolgen.

Um die Suche nach dem Schnittpunkt mitverfolgen zu können, wird während des Rechenvorgangs die Folge der Verbesserungen für dessen geographische Breite angezeigt. Diese Folge muß theoretisch eine Nullfolge sein. Widersprechen die angezeigten Folgenglieder dieser Forderung, so ist die Suche mit BREAK abzubrechen und ggf. der Startwert zu überprüfen.

Nachdem der gesuchte Schnittpunkt im Rahmen der genannten Genauigkeit gefunden worden ist, werden seine Koordinaten λ_S und φ_S ausgegeben.

Ein ENTER bewirkt nach der Ausgabe von φ_S einen Rücksprung zum Hinweis 'Loxodrome'. Nun kann dieselbe Orthodrome mit einer neuen Loxodrome geschnitten werden.

Die Rechenzeit für einen vollständigen Programmdurchlauf ist unter anderem von der Wahl des Startwerts abhängig.

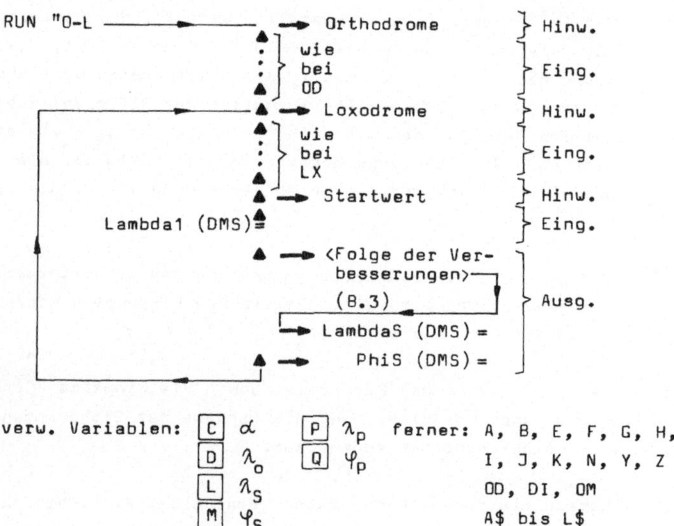

verw. Variablen: C α P λ_p ferner: A, B, E, F, G, H,
D λ_o Q φ_p I, J, K, N, Y, Z
L λ_S OD, DI, OM
M φ_S A$ bis L$

EP **Eigenpeilung**

Die Eigenpeilung stellt den Rückwärtseinschnitt auf der Erdkugel dar. Bei der Fremdpeilung - dem Vorwärtseinschnitt auf der Erdkugel - werden die Funksignale einer Funkquelle in zwei Orten A und B unter den Peilwinkeln α und β empfangen. Diese Peilungen müssen also von zwei fremden Funkstationen vorgenommen werden.

Eine Eigenpeilung dagegen ermöglicht die Bestimmung der geographischen Koordinaten eines Punktes $X_1(\lambda_{X1}/\varphi_{X1})$ ohne Fremdhilfe. Es werden lediglich zwei Funkfeuer in den Punkten $A(\lambda_A/\varphi_A)$ und $B(\lambda_B/\varphi_B)$ benötigt.

Diese Funkfeuer werden von X_1 aus erstmalig unter den Peilwinkeln σ_{A1} und σ_{B1} angepeilt. Setzt man voraus, daß sich die Funksignale auf Orthodromen ausbreiten, so sind die genannten Peilwinkel gleichzeitig die Kurswinkel dieser durch A und B verlaufenden Orthodromen im Punkt X_1.

Aus diesem Ansatz läßt sich ein Gleichungssystem von transzendenten Gleichungen zur Berechnung der geographischen Koordinaten von X_1 gewinnen, dessen Lösung jedoch sehr aufwendig ist.

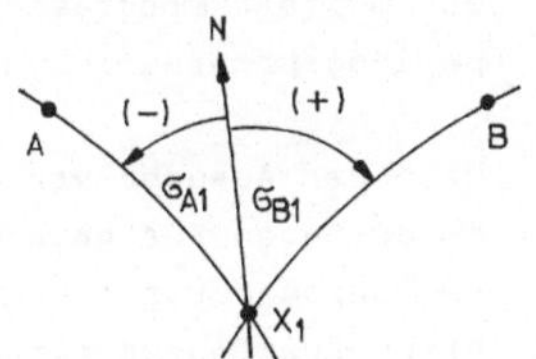

In der Praxis wurden deswegen bisher die gesuchten Ortskoordinaten unter Verwendung von Tabellen oder durch die Anwendung eines graphischen Verfahrens bestimmt.

Da im konkreten Fall die Koordinaten des Punktes X_1 mit grober Näherung bekannt sind, läßt sich bei Vorgabe eines Startwertes λ_1 dasselbe Näherungsverfahren wie beim Schnittprogramm Orthodrome-Loxodrome einsetzen, um zuerst φ_{X1} und danach λ_{X1} mit praxisgerechter Genauigkeit zu berechnen.

Nach dem Aufruf des Programms werden zuerst die geographischen Koordinaten von A und B abgefragt, danach die Peilwinkel σ_{A1} und σ_{B1}. Ihre Verarbeitung führt zu dem Hinweis 'Startwert', der auf die Eingabe des Startwertes λ_1 aufmerksam macht.

Nach erfolgter Eingabe von λ_1 wird φ_{X1} unter Verwendung des genannten Näherungsverfahrens berechnet. Während dieses Vorgangs wird die Folge der Verbesserungen für φ_{X1} ausgegeben. Diese Folge muß theoretisch eine Nullfolge sein.

Sofern die ausgegebenen Folgenglieder dieser Forderung widersprechen, ist die Suche nach X_1 mit BREAK abzubrechen und ggf. der Startwert zu überprüfen.

Nachdem der gesuchte Punkt im Rahmen der Genauigkeit gefunden worden ist, werden dessen Koordinaten λ_{X1} und φ_{X1} ausgegeben.

Der weitere Programmablauf ist so strukturiert wie im Fremdpeilungsprogramm:

Nach der Ausgabe von φ_{X1} führt ein ENTER zu den Eingabeaufforderungen für neue Peilwinkel σ_{A2} und σ_{B2}. Zur Ermittlung des dazugehörigen Punktes X_2 wird als Startwert für das Näherungsverfahren automatisch λ_{X1} verwendet. Dies garantiert eine rasche Berechnung von λ_{X2} und φ_{X2}.

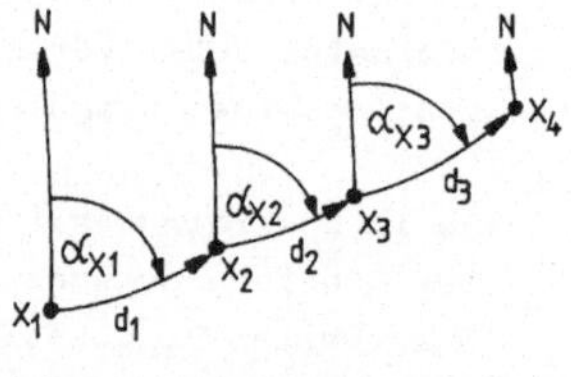

Neben der Ausgabe dieser Punktkoordinaten wird von hier an zusätzlich die Entfernung dieses Punktes von dem davor ermittelten – gemessen über eine durch beide Punkte gelegte Loxodrome – berechnet und angezeigt. Erstmalig ist diese Entfernung durch $\overset{\frown}{X_1X_2}=d_1$ gegeben. Außerdem erfolgt noch die Berechnung und Anzeige des Loxodromenkurswinkels α_{X1}.

Sobald α_{X1} ausgegeben worden ist, führt ein darauffolgendes ENTER zur Eingabeaufforderung für neue Peilwinkel σ_{A3} und σ_{B3} usw.

Das vorliegende Programm ist als Endlosprogramm ausgelegt. Dadurch ist die Möglichkeit gegeben, etwa die Eigenbewegung eines Schiffes oder Flugzeugs durch wiederholte Eigenpeilungen mitzuverfolgen.

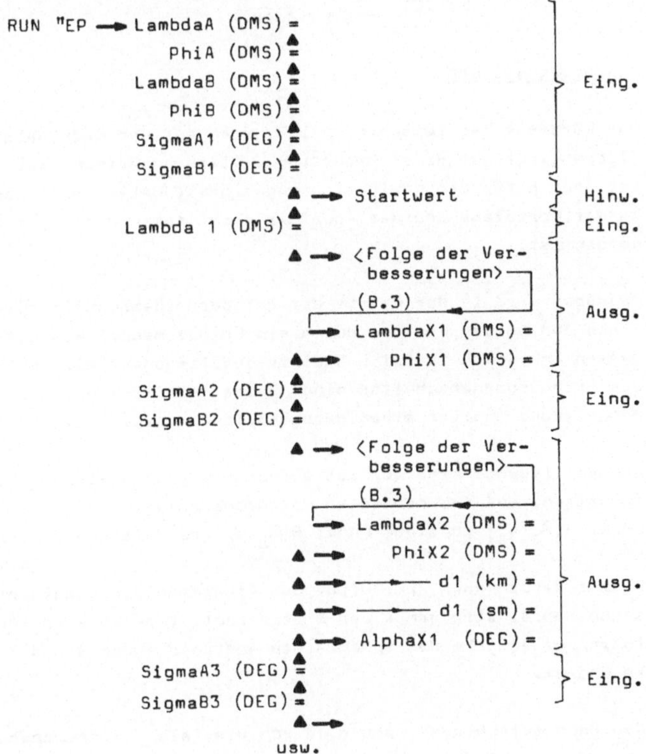

verw. Variablen:

A	λ_{Xi}	ferner: D, H, I, J,
B	φ_{Xi}	K, L, M, N,
C	α_{Xi-1}	O, T, U, V,
E	d_{i-1} (DEG)	W, X, Y, Z
F	d_{i-1} (km)	DI, AR, L1
G	d_{i-1} (sm)	A$ bis L$
P	λ_B	
Q	φ_B	
R	φ_A	
S	cos d $(d=\widehat{AB})$	

LP **Loxodromenpolygon**

Der kürzeste Weg zwischen zwei Punkten auf der Erdkugeloberfläche liegt auf einer Orthodrome. Diese sphärische Kurve ist jedoch für die Navigation ungeeignet, weil - mit Ausnahme der Meridiane und des Äquators - ihr Kurswinkel ortsabhängig ist.

Deswègen wird in der Praxis der Orthodromenabschnitt zwischen den beiden Punkten durch ein Loxodromenpolygon ersetzt, dessen Eckpunkte zugleich äquidistant liegende Teilpunkte des Orthodromenabschnitts sind. Jedes Teilstück des Loxodromenpolygons besitzt einen dazugehörigen Kurswinkel.

Das vorliegende Programm ist auf die Aufgabenstellung zugeschnitten, auf dem genannten Loxodromenpolygon von einem Punkt $A(\lambda_A/\varphi_A)$ zu einem Punkt $B(\lambda_B/\varphi_B)$ zu gelangen.

Zuerst werden nach dem Aufruf des Programms die geographischen Koordinaten von A und B abgefragt. Ihre Verarbeitung führt zur Ausgabe des sphärischen Abstands s von A und B in km und sm.

Nun kann entschieden werden, durch wieviele Loxodromenabschnitte der Orthodromenabschnitt zwischen A und B ersetzt werden soll.

Nach der Abfrage und Verarbeitung der Anzahl k der Loxodromenabschnitte beginnt die Berechnung und Ausgabe von Datenpaketen, die jeweils aus den Koordinaten λ_{Ti} und φ_{Ti} des Teilpunktes T_i am Ende des i-ten Loxodromenabschnitts, dem dazugehörigen Kurswinkel α_{Ti} und der Länge s_i des betreffenden Loxodromenabschnitts in km und sm bestehen.

Der letzte Teilpunkt ist zugleich der Punkt B. Seine Koordinaten werden nicht mehr ausgegeben, wohl aber der dazugehörige Kurswinkel und die Länge des Loxodromenabschnitts. Außerdem enthält dieses letzte Datenpaket eine Angabe darüber, wie groß der Umweg u über das Loxodromenpolygon gegenüber dem sphärischen Abstand von A und B ist.

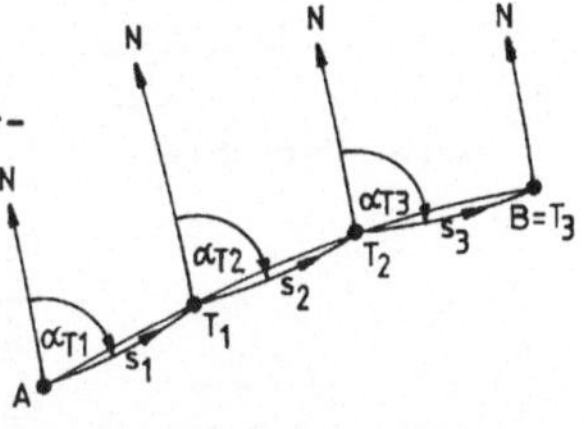

Nach der Ausgabe von u bewirkt ENTER einen Rücksprung zur Eingabeaufforderung für k. Nun kann derselbe Orthodromenabschnitt durch ein neues Loxodromenpolygon ersetzt werden.

```
RUN "LP ──▶ LambdaA (DMS) =  ┐
                ▲            │
            PhiA (DMS) =     │ Eing.
                ▲            │
         LambdaB (DMS) =     │
                ▲            │
            PhiB (DMS) =     ┘
                ▲ ──▶              s (km) =  ┐ Ausg.
                ▲ ──▶              s (sm) =  ┘
                ▲
  ┌────────▶  k =                            } Eing.
  │             ▲ ──▶   LambdaT1 (DMS) =     ┐
  │             ▲ ──▶ ── PhiT1 (DMS) =       │
  │             ▲ ──▶   AlphaT1 (DEG) =      │ Ausg.
  │             ▲ ──▶ ────── s1 (km) =       │ 1.Daten-
  │             ▲ ──▶ ────── s1 (sm) =       ┘ paket
  │             :
  │             ▼
  
      (Fortsetzung)
```

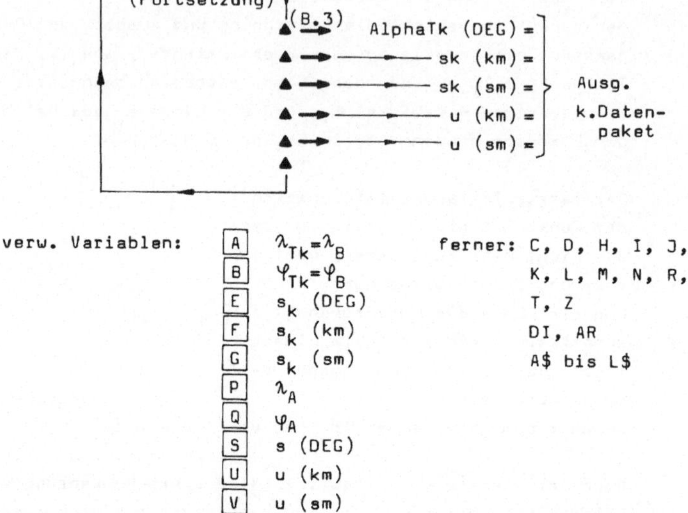

verw. Variablen:

A	$\lambda_{Tk}=\lambda_B$	ferner: C, D, H, I, J,
B	$\varphi_{Tk}=\varphi_B$	K, L, M, N, R,
E	s_k (DEG)	T, Z
F	s_k (km)	DI, AR
G	s_k (sm)	A$ bis L$
P	λ_A	
Q	φ_A	
S	s (DEG)	
U	u (km)	
V	u (sm)	

Der Zugriff auf die ungerundeten Werte erfolgt am besten unmittelbar nach ihrer gerundeten und formatierten Ausgabe. Hierbei ist der Loxodromenkurswinkel in der Variablen C gespeichert.

```
Prof. L.Marsolek
TFH Berlin

PC-1500 SHARP

Programmname:
SPHAERIK

Blockname:
SPHAERIK

Inhalt:
DI*OD*O-M*SL*O-B*
SN*O-O*FP*LX*L-B*
L-M*L-L*O-L*EP*LP

STATUS 1 =  6578

  5:DATA "Alpha","
     Beta"
 10:DATA "Lambda",
     "Phi"
 15:DATA "Sigma"
 20:DATA " (km)=",
     " (sm)="
 25:DATA " (km^2)=
     "," (sm^2)="
 30:B$=" (DMS)=":C
     $=" (DEG)=":D$
     ="":E$="Loesun
     g":F$="Meridia
     n":G$="Orthodr
     ome"
 35:H$="Breitenkre
     is":I$="Loxodr
     ome":J$="#####
     #.###":K$="+##
     ##.####":
     DEGREE :RETURN
 40:PRINT "keine "
     ;E$:RETURN
 45:PRINT "unzul.
     Eingabe":
     RETURN
 50:PRINT "Startwe
     rt":RETURN
 55:Z=6371.2:IF AR
     LET Z=Z*Z
 60:@(I+1)=ABS @(I
     )*π*Z/180:Z=1.
     852:IF ARLET Z
     =Z*Z
 65:@(I+2)=@(I+1)/
     Z:RETURN
 70:N=3:RESTORE 20
     :USING J$:IF A
     RRESTORE 25:
     USING
 75:READ L$:Z=@(I)
     :GOSUB 80:
     PRINT CHR$ (96
     +J);D$;L$;Z:I=
     I+1:RETURN
 80:Z=SGN Z*INT ((
     ABS Z*10^N)+.5
     )/10^N:RETURN
 85:IF COS @(I)=0
     LET @(I)=90:
     RETURN
 90:@(I)=ATN TAN @
     (I):RETURN
 95:@(I)=@(I)/2:IF
     COS @(I)=0LET
     @(I)=180:
     RETURN
100:@(I)=2*ATN TAN
     @(I):RETURN
105:READ L$:WAIT 0
     :PRINT L$;CHR$
     (64+K);D$;B$;:
     INPUT "";@(I):
     CLS :@(I)=DEG
     @(I):I=I+1:
     WAIT :RETURN
110:READ L$:Z=DMS
     @(I):N=4:GOSUB
     80:PRINT USING
     K$;L$;CHR$ (64
     +K);D$;B$;Z:I=
     I+1:RETURN
115:READ L$:WAIT 0
     :PRINT L$;CHR$
     (64+K);D$;C$;:
     INPUT "";@(I):
     CLS :I=I+1:
     WAIT :RETURN
120:READ L$:Z=@(I)
     :N=4:GOSUB 80:
     PRINT USING K$
     ;L$;CHR$ (64+K
     );D$;C$;Z:I=I+
     1:RETURN
125:"DI":IF DIGOTO
     155
130:GOSUB 5:INPUT
     "Methode (N/C/
     A/L): ";A$
135:I=1:FOR J=1TO
     2:K=J:RESTORE
     10:GOSUB 105:
     GOSUB 105:NEXT
     J:GOTO 155
140:IF SGN B<>SGN
     DLET E=180-ABS
     (B-D):GOTO 150
145:E=180-ABS (B+D
     )
150:C=0:D=0:GOTO 2
     20
155:E=C-A:I=5:IF E
     =0LET E=ABS (B
     -D):GOTO 150
160:IF COS E=-1
     GOTO 140
165:GOSUB 95:IF A$
     ="L"GOTO 210
170:IF A$="C"LET E
     =ACS (SIN B*
     SIN D+COS B*
     COS D*COS E):
     GOTO 205
175:IF A$="A"LET F
     =(COS B+COS D)
     *ABS E/2:G=ABS
     (B-D):C=ATN (F
     /G):D=180-C:E=
     √(F*F+G*G):
     GOTO 220
180:IF B=0AND D=0
     LET C=90:D=C:
     GOTO 220
185:E=E/2:IF B=D
     LET C=ATN (1/
     SIN B/TAN E):D
     =-C:E=2*ASN (
     COS B*SIN E):
     GOTO 220
190:N=(B-D)/2:K=(B
     +D)/2:IF B=-D
     LET C=ATN (-
     TAN E/SIN B):D
     =C:E=2*ATN (-
     TAN B/COS C):
     GOTO 200
195:F=ATN (COS N/
     SIN K/TAN E):G
     =ATN (SIN N/
     COS K/TAN E):E
     =2*ATN (TAN N*
     SIN F/SIN G):C
     =G+F:D=G-F
200:I=3:GOSUB 85:I
     =4:GOSUB 85:
     GOTO 220
205:C=ACS ((SIN D-
     COS E*SIN B)/
     SIN E/COS B):D
     =ACS ((SIN B-
     COS E*SIN D)/
     SIN E/COS D):
     GOTO 220
210:IF B=DLET E=
     ABS E*COS D:C=
     90:GOTO 220
```

(Fortsetzung)

(Fortsetzung)

```
215:C=ATN (E/LN (
    TAN (45+D/2)/
    TAN (45+B/2))*
    π/180):E=ABS (
    D-B)/COS C
220:IF DIRETURN
225:I=5:GOSUB 55:I
    =6:J=4:GOSUB 7
    0:GOSUB 75:
    RESTORE 5:I=3:
    K=32:GOSUB 120
    :IF A$<>"L"
    GOSUB 120
230:GOTO 135
235:"OD":DI=1:A$="
    N":ON ODGOTO 2
    60, 245
240:GOSUB 5
245:RESTORE 5:READ
    L$:WAIT 0:
    PRINT L$;"A";C
    $;:INPUT "";C:
    CLS :J=1:GOTO
    255
250:CLS :J=2
255:I=1:FOR N=1TO
    J:K=N:RESTORE
    10:GOSUB 105:
    GOSUB 105:NEXT
    N
260:IF J=2GOSUB 12
    5
265:IF C=0LET P=A:
    Q=90:GOTO 280
270:IF C=90LET P=A
    :Q=B:GOTO 280
275:Q=ACS (SIN ABS
    C*COS B):P=A+
    SGN C*ABS ACS
    (TAN B/TAN Q):
    I=16:GOSUB 95
280:E=90-Q:IF OD
    RETURN
285:I=5:GOSUB 55:R
    =P-180:I=18:
    GOSUB 95:S=-Q
290:RESTORE 10:I=1
    6:K=1:GOSUB 11
    0:GOSUB 110:
    RESTORE 10:K=1
    7:GOSUB 110:
    GOSUB 110:I=6:
    J=16:GOSUB 70:
    GOSUB 75:GOTO
    245
295:"O-M":ON OM
    GOTO 315, 335
300:GOSUB 5:PRINT
    G$:OD=2:GOSUB
    235
305:D$="":PRINT F$
    :RESTORE 10:
    READ L$:WAIT 0
    :PRINT L$;"Y";
    B$;:INPUT "";E
    :E=DEG E:CLS :
    WAIT :GOTO 335
310:CLS :RESTORE 5
    :I=7:K=25:
    GOSUB 115
315:IF ABS G<90-Q
    GOSUB 40:GOTO
    305
320:F=ACS ABS (COS
    Q/SIN G):E=P-
    ATN (1/TAN G/
    SIN F):I=6:
    GOSUB 95:G=2*P
    -180*SGN G-E:
    GOSUB 95:H=-F
325:I=7:GOSUB 95:
    IF OMRETURN
330:I=5:K=25:FOR J
    =1TO 2:D$=STR$
    J:PRINT D$+"."
    +E$:RESTORE 10
    :GOSUB 110:
    GOSUB 110:NEXT
    J:GOTO 305
335:H=P-E:I=8:
    GOSUB 95:F=ATN
    (COS H*TAN Q):
    G=SGN H*ASN (
    COS Q/COS F):
    IF OMRETURN
340:I=6:K=25:L$="P
    hi":GOSUB 110:
    RESTORE 5:I=7:
    GOSUB 120:GOTO
    305
345:"SL":IF SLGOTO
    360
350:GOSUB 5:PRINT
    G$:OD=2:GOSUB
    235
355:RESTORE 10:I=1
    8:K=3:GOSUB 10
    5:GOSUB 105
360:IF Q=90LET A=P
    :E=A-R:I=5:
    GOSUB 95:E=COS
    E:GOTO 390
365:IF Q+ABS S=90
    AND COS (P-R)=
    -1GOSUB 45:
    GOTO 355
370:A=P:B=Q:C=R:D=
    S:GOSUB 125:B=
    ASN (COS E*SIN
    Q/COS (ASN (
    SIN E*COS C)))
    :A=P-SGN (P-R)
    *ACS (TAN B/
    TAN Q)
375:I=1:GOSUB 95:C
    =R:D=S:GOSUB 1
    25:I=5:GOSUB 5
    5:IF SLRETURN
380:RESTORE 10:I=1
    :K=12:GOSUB 11
    0:GOSUB 110:
    RESTORE 5:K=12
    :GOSUB 120:
    RESTORE 5:K=3:
    GOSUB 120:I=6:
    J=5:GOSUB 70:
    GOSUB 75
385:GOTO 355
390:IF E<=0GOSUB 4
    5:GOTO 355
395:B=ATN (TAN S/E
    ):GOTO 375
400:"O-B":IF OB
    GOTO 415
405:GOSUB 5:PRINT
    G$:OD=2:GOSUB
    235
410:D$="":PRINT H$
    :I=19:K=24:
    RESTORE 10:
    READ L$:GOSUB
    105
415:IF Q=90LET A=P
    :B=Q:E=1:GOTO
    430
420:IF ABS S>Q
    GOSUB 40:GOTO
    410
425:E=2:B=ASN (COS
    Q/COS S):D=-B:
    A=P-ACS (TAN S
    /TAN Q):I=1:
    GOSUB 95:C=2*P
    -A:I=3:GOSUB 9
    5
430:IF OBRETURN
435:I=1:K=24:FOR J
    =1TO E:IF E=2
    LET D$=STR$ J
```

(Fortsetzung)

(Fortsetzung)

```
440:RESTORE 10:
    GOSUB 110:
    RESTORE 5:
    GOSUB 120:NEXT
    J:GOTO 410
445:"SN":AR=1:DI=1
    :A$="N":GOSUB
    5:I=1:L=1:
    GOSUB 470:
    GOSUB 470:H=0:
    GOSUB 460:P=A:
    Q=B
450:A=R:B=S:I=3:
    GOSUB 470:
    GOSUB 460:A=R:
    B=S:C=P:D=Q:
    GOSUB 465:E=H:
    I=5:GOSUB 55:I
    =6:J=-31:GOSUB
    70
455:GOSUB 75:H=H-T
    :GOTO 450
460:R=C:S=D
465:GOSUB 125:T=C-
    D:H=H+T:RETURN
470:K=16:RESTORE 1
    0:D$=STR$ L:
    GOSUB 105:
    GOSUB 105:L=L+
    1:RETURN
475:"O-O":IF OO
    GOTO 490
480:GOSUB 5:PRINT
    "1."+G$:OD=2:
    GOSUB 235:G=P:
    R=Q
485:PRINT "2."+G$:
    GOSUB 235
490:F=P-G:I=6:
    GOSUB 95:A=SGN
    F:F=ACS (-COS
    R*COS Q-SIN R*
    SIN Q*COS F):E
    =ACS ((COS R+
    COS F*COS Q)/
    SIN F/-SIN Q)
495:A=P+A*ATN (1/
    COS Q/TAN E):I
    =1:GOSUB 95:B=
    ASN (SIN E*SIN
    Q)
500:C=A+180:I=3:
    GOSUB 95:D=-B:
    IF OORETURN
505:I=1:K=19:FOR J
    =1TO 2:D$=STR$
    J:RESTORE 10:
    GOSUB 110:
    GOSUB 110:NEXT
    J:GOTO 485
510:"FP"GOSUB 5:K=
    1:L=1:GOSUB 55
    5:S=A:T=B:
    GOSUB 550:G=P:
    R=Q:K=2:GOSUB
    555:U=A:V=B:
    GOSUB 550:OO=1
515:GOSUB 475:
    GOSUB 535:W=P:
    X=Q
520:I=3:GOSUB 560:
    F=D:A=S:B=T:
    GOSUB 550:G=P:
    R=Q:A=U:B=V:C=
    F:GOSUB 550:OO
    =1:GOSUB 475
525:GOSUB 535:A=W:
    B=X:W=P:X=Q:C=
    W:D=Q:DI=1:A$=
    "L":CLS :GOSUB
    125:I=5:GOSUB
    55:I=6:J=19
530:D$=STR$ (L-3):
    GOSUB 70:GOSUB
    75:RESTORE 15:
    I=3:K=19:GOSUB
    120:GOTO 520
535:E=(U-S)/2:I=5:
    GOSUB 95:E=E-A
    :GOSUB 95:IF
    ABS E<90LET P=
    A:Q=B:GOTO 545
540:P=C:Q=D
545:I=16:K=19:D$=
    STR$ (L-2):
    RESTORE 10:
    GOSUB 110:
    GOSUB 110:
    RETURN
550:J=1:OD=1:GOSUB
    235:RETURN
555:D$="":RESTORE
    10:I=1:GOSUB 1
    05:GOSUB 105
560:K=32:RESTORE 5
    :IF L=1LET D$=
    STR$ L:GOTO 57
    5
565:IF L=2READ L$
570:D$=STR$ (L-1)
575:GOSUB 115:IF L
    >2GOSUB 115
580:L=L+1:RETURN
585:"LX":DI=1:A$="
    L":ON LXGOTO 6
    10,595
590:GOSUB 5
595:RESTORE 5:READ
    L$:WAIT 0:
    PRINT L$;C$;:
    INPUT "";C:CLS
    :J=1:GOTO 605
600:CLS :J=2
605:I=1:FOR N=1TO
    J:K=N:RESTORE
    10:GOSUB 105:
    GOSUB 105:NEXT
    N
610:IF J=2GOSUB 12
    5
615:IF C=90GOSUB 4
    5:END
620:GOSUB 630:IF L
    XRETURN
625:RESTORE 10:I=4
    :K=-16:GOSUB 1
    10:RESTORE 5:I
    =3:K=32:GOSUB
    120:GOTO 595
630:D=A-TAN C*LN
    TAN (45+B/2)/π
    *180:I=4:GOSUB
    95:RETURN
635:"L-B":IF LB
    GOTO 650
640:GOSUB 5:PRINT
    I$:LX=2:GOSUB
    585
645:PRINT H$:I=2:K
    =24:RESTORE 10
    :READ L$:GOSUB
    105
650:A=D+TAN C*LN
    TAN (45+B/2)/π
    *180:I=1:GOSUB
    95:IF LBRETURN
655:I=1:RESTORE 10
    :GOSUB 110:
    GOTO 645
660:"L-M":GOSUB 5:
    PRINT I$:LX=2:
    GOSUB 585:C=
    TAN C
665:D$="":PRINT F$
    :I=1:K=25:
    RESTORE 10:
    GOSUB 105:F=A-
    D:I=6:GOSUB 95
    :E=0
```

(Fortsetzung)

```
      (Fortsetzung)

670:GOSUB 700:
    RESTORE 10:
    READ L$:I=2:D$
    =STR$ E:GOSUB
    110:GOSUB 685:
    IF E=-1GOTO 67
    0
675:IF E=0GOTO 665
680:GOTO 670
685:IF DEG Z=90LET
    E=-1:RETURN
690:IF DEG Z=-90
    LET E=0:PRINT
    "Ende":RETURN
695:E=E+(E=0)+SGN
    E
700:B=2*(ATN (EXP
    ((360*E*SGN C+
    F)/C*π/180))-4
    5):RETURN
705:"L-L":GOSUB 5:
    PRINT "1."+I$:
    LX=2:GOSUB 585
    :G=TAN C:H=D
710:D$="":PRINT "2
    ."+I$:GOSUB 58
    5:F=H-D:I=6:
    GOSUB 95:E=0:C
    =TAN C-G
715:GOSUB 700:A=H+
    G*180/π*LN TAN
    (45+B/2):I=1:
    GOSUB 95
720:RESTORE 10:I=1
    :D$=STR$ E:K=1
    9:GOSUB 110:
    GOSUB 110:
    GOSUB 685:IF E
    =-1GOTO 715
725:IF E=0GOTO 710
730:GOTO 715
735:"O-L":GOSUB 5:
    PRINT G$:OD=2:
    GOSUB 235
740:PRINT I$:LX=2:
    GOSUB 585:A=D:
    C=-C:GOSUB 50:
    RESTORE 10:I=5
    :K=-15:GOSUB 1
    05
745:OM=2:GOSUB 295
    :J=1:GOSUB 815
    :RESTORE 10:I=
    12:K=19:BEEP 3
    :GOSUB 110:
    GOSUB 110:GOTO
    740
750:L=TAN B/TAN Q:
    IF ABS L>1LET
    L=P:GOTO 760
755:L=P-SGN G*ACS
    L
760:I=12:GOSUB 95:
    RETURN
765:"EP":GOSUB 5:
    RESTORE 10:I=1
    :K=1:GOSUB 105
    :GOSUB 105:
    RESTORE 10:K=2
    :GOSUB 105:
    GOSUB 105:P=C:
    Q=D:DI=1:A$="N
    ":GOSUB 125
770:R=B:S=COS E:L1
    =1
775:D$=STR$ L1:
    RESTORE 15:I=3
    :K=1:GOSUB 115
    :RESTORE 15:K=
    2:GOSUB 115:T=
    COS R/SIN C:U=
    COS Q/SIN D:V=
    COS (C-D)
780:J=0:IF L1=1
    GOSUB 50:
    RESTORE 10:I=6
    :K=32:GOSUB 10
    5
785:GOSUB 815:I=2:
    GOSUB 95:GOSUB
    840
790:C=ACS ((O*SIN
    Q-G*SIN R)/(N*
    O*COS D+L*G*
    COS C)):I=2:K=
    24:RESTORE 10:
    BEEP 3:GOSUB 1
    10:GOSUB 110:
    CLS
795:IF L1=1LET W=B
    :X=C:GOTO 810
800:H=A:A=B:B=C:C=
    W:D=X:DI=1:A$=
    "L":GOSUB 125:
    I=5:GOSUB 55:I
    =6:J=4:D$=STR$
    (L1-1):GOSUB 7
    0:GOSUB 75
805:RESTORE 5:I=3:
    GOSUB 120:W=A:
    X=B:A=H
810:F=W:L1=L1+1:
    GOTO 775
815:USING :M=F+.1:
    F=F-.1:B=F:
    GOSUB 830:H=Y:
    B=M:GOSUB 830
820:E=Y:B=(F*E-M*H
    )/(E-H):GOSUB
    830:WAIT 0:
    PRINT B-M:WAIT
    :IF ABS (B-M)<
    1E-10OR ABS Y<
    1E-10RETURN
825:F=M:H=E:M=B:
    GOTO 820
830:IF JGOSUB 630:
    GOSUB 750:Y=D-
    L:I=25:GOSUB 9
    5:RETURN
835:L=T*SIN (B-A):
    N=U*SIN (P-B):
    GOSUB 840:Y=G*
    O-V*L*N-S:
    RETURN
840:G=√(1-N*N):O=√
    (1-L*L):RETURN
845:"LP":GOSUB 5:
    RESTORE 10:I=1
    :K=1:GOSUB 105
    :GOSUB 105:
    RESTORE 10:K=2
    :GOSUB 105:
    GOSUB 105:P=A:
    Q=B:R=C-A
850:I=18:GOSUB 95:
    DI=1:A$="C":
    GOSUB 125:S=E:
    R=C*SGN R:I=5:
    GOSUB 55:I=6:J
    =19:GOSUB 70:
    GOSUB 75
855:T=-S:INPUT "k=
    ";M:CLS :H=S/M
    :C=P:D=Q:FOR L
    =1TO M:E=L*H:B
    =ASN (COS E*
    SIN Q+SIN E*
    COS Q*COS R)
860:A=P+SGN R*ACS
    ((COS E-SIN Q*
    SIN B)/COS Q/
    COS B):I=1:
    GOSUB 95:A$="L
    ":GOSUB 125:
    RESTORE 10:I=1
    :K=20
865:D$=STR$ L:IF L
    =MBEEP 3:I=3:
    GOTO 875
870:GOSUB 110:
    GOSUB 110

      (Fortsetzung)
```

(Fortsetzung)

```
875:RESTORE 5:
    GOSUB 120:I=5:
    GOSUB 55:I=6:
    GOSUB 70:GOSUB
    75:CLS :T=T+E:
    C=A:D=B:NEXT L
    :I=20:GOSUB 55
    :I=21:D$=""
880:J=21:GOSUB 70:
    GOSUB 75:J=19:
    GOTO 855
```

DI

Methode: N

LambdaA (DMS)=
6.1123
PhiA (DMS)=-8.0825
LambdaB (DMS)=
72.3644
PhiB (DMS)=56.2356

d (km)= 9362.057
d (sm)= 5055.106
Alpha (DEG)=
+30.6522
Beta (DEG)=
+65.7785

DI

Methode: L

LambdaA (DMS)=
6.1123
PhiA (DMS)=-8.0825
LambdaB (DMS)=
72.3644
PhiB (DMS)=56.2356

d (km)= 9489.309
d (sm)= 5123.817
Alpha (DEG)=
+40.8619

OD

AlphaA (DEG)=
-13.8811
LambdaA (DMS)=
-3.1624
PhiA (DMS)=5.2618

LambdaP (DMS)=
-91.5554
PhiP (DMS)=
+76.1057
LambdaQ (DMS)=
+88.0406
PhiQ (DMS)=
-76.1057
p (km)= 1536.470
p (sm)= 829.628

OD

LambdaA (DMS)=
-10.3648
PhiA (DMS)=
-12.1426
LambdaB (DMS)=
55.3658
PhiB (DMS)=
26.3928

LambdaP (DMS)=
+98.0004
PhiP (DMS)=
+34.1210
LambdaQ (DMS)=
-81.5956
PhiQ (DMS)=
-34.1210
p (km)= 6204.572
p (sm)= 3350.201

O-M

Orthodrome

AlphaA (DEG)=
-12.1556
LambdaA (DMS)=
44.2355
PhiA (DMS)=
23.0045

Meridian

AlphaY (DEG)=79

1.Loesung

LambdaY1 (DMS)=
-52.0012
PhiY1 (DMS)=
+78.3646

2.Loesung

LambdaY2 (DMS)=
+150.2538
PhiY2 (DMS)=
-78.3646

O-M

Orthodrome

AlphaA (DEG)=
-12.1556
LambdaA (DMS)=
44.2355
PhiA (DMS)=
23.0045

Meridian

LambdaY (DMS)=105

PhiY (DMS)=
-76.3351
AlphaY (DEG)=
-56.5236

O-M

Orthodrome

AlphaA (DEG)=
-12.1556
LambdaA (DMS)=
44.2355
PhiA (DMS)=
23.0045

Meridian

AlphaY (DEG)=10

keine Loesung

DI

Methode: C

LambdaA (DMS)=55
PhiA (DMS)=-9
LambdaB (DMS)=85
Phi (DMS)=2

d (km)= 3542.272
d (sm)= 1912.674
Alpha (DEG)=
+71.2254
Beta (DEG)=
+110.6576

SL

Orthodrome

AlphaA (DEG)=
78.0018
LambdaA (DMS)=
14.1238
PhiA (DMS)=
-2.0029
LambdaC (DMS)=
10.5541
PhiC (DMS)=
6.2355

LambdaL (DMS)=
+12.4631
PhiL (DMS)=
-2.1844
AlphaL (DEG)=
-11.9441
AlphaC (DEG)=
-12.0101
e (km)= 990.098
e (sm)= 543.610

O-B

Orthodrome

AlphaA (DEG)=
-23.0543
LambdaA (DMS)=
-10.1544
PhiA (DMS)=
22.3354

Breitenkreis

PhiX (DMS)=56

LambdaX1 (DMS)=
-145.5303
AlphaX1 (DEG)=
+40.2925
LambdaX2 (DMS)=
-36.0523
AlphaX2 (DEG)=
-40.2925

O-B

Orthodrome

AlphaA (DEG)=
-23.0543
LambdaA (DMS)=
-10.1544
PhiA (DMS)=
22.3354

Breitenkreis

PhiX (DMS)=80

keine Loesung

SN

LambdaP1 (DMS)=
14.3320
PhiP1 (DMS)=
10.2816
LambdaP2 (DMS)=
17.1138
PhiP2 (DMS)=
12.1125
LambdaP3 (DMS)=
8.1112
PhiP3 (DMS)=
20.1516

A3 (km^2)=
222281.874
A3 (sm^2)=
64807.025

LambdaP4 (DMS)=
-5.1255
PhiP4 (DMS)=
13.1006

A4 (km^2)=
1272696.639
A4 (sm^2)=
371058.968

O-O

1.Orthodrome

AlphaA (DEG)=45
LambbdaA (DMS)=-1
PhiA (DMS)=2

2.Orthodrome

AlphaA (DEG)=-50
LambdaA (DMS)=5
PhiA (DMS)=4

LambdaS1 (DMS)=
2.4953
PhiS1 (DMS)=
5.4826
LambdaS2 (DMS)=
-177.1007
PhiS2 (DMS)=
-5.4826

O-O

1.Orthodrome

AlphaA (DEG)=
33.1410
LambdaA (DMS)=
-18.1115
PhiA (DMS)=
36.1020

2.Orthodrome

AlphaA (DEG)=
-18.0702
LambdaA (DMS)=
33.1012
PhiA (DMS)=
10.0512

LambdaS1 (DMS)=
+7.5259
PhiS1 (DMS)=
+56.0835
LambdaS2 (DMS)=
-172.0701
PhiS2 (DMS)=
-56.0835

FP

LambdaA (DMS)=
9.2836
PhiA (DMS)=
39.2027
Alpha 1 (DEG)=
74.1138
LambdaB (DMS)=
15.2856
PhiB (DMS)=
38.1122
Beta 1 (DEG)=
-54.0922

LambdaS1 (DMS)=
+12.1715
PhiS1 (DMS)=
+39.5514

Alpha 2 (DEG)=
74.2017
Beta 2 (DEG)=
-53.5916

LambdaS2 (DMS)=
+12.2014
PhiS2 (DMS)=
+39.5536
s1 (km)= 4.284
s1 (sm)= 2.313
SigmaS1 (DEG)=
+81.1291

Alpha 3 (DEG)=
74.1532
Beta 3 (DEG)=
-54.2910

LambdaS3 (DMS)=
+12.1619
PhiS3 (DMS)=
+39.5458
s2 (km)= 5.691
s2 (sm)= 3.073
SigmaS2 (DEG)=
+78.1173

LX

Alpha (DEG)=
-11.2314
LambdaA (DMS)=
3.2014
PhiA (DMS)=
-4.1020

Lambda0 (DMS)=
+2.3029
Alpha (DEG)=
-11.2314

LX

LambdaA (DMS)=
3.2014
PhiA (DMS)=
-4.1020
LambdaB (DMS)=
6.1422
PhiB (DMS)=
11.0812

Lambda0 (DMS)=
+4.0730
Alpha (DEG)=
+10.6838

L-B

Loxodrome

LambdaA (DMS)=
3.2014
PhiA (DMS)=
-4.1020
LambdaB (DMS)=
6.1422
PhiB (DMS)=
11.0812

Breitenkreis

PhiX (DMS)=
50.1112

LambdaX (DMS)=
+15.0617

L-M

Loxodrome

Alpha (DEG)=
-70.0028
LambdaA (DMS)=
1.1855
PhiA (DMS)=
2.0834

Meridian

LambdaY (DMS)=
33.1124

PhiY0 (DMS)=
-9.2450
PhiY1 (DMS)=
+76.1952
PhiY2 (DMS)=
+88.3616
PhiY3 (DMS)=
+89.5129
PhiY4 (DMS)=
+89.5908
PhiY5 (DMS)=
+89.5955
PhiY6 (DMS)=
+89.5959
PhiY7 (DMS)=
+89.5960
PhiY-1 (DMS)=
-80.0905
PhiY-2 (DMS)=
-88.5948
PhiY-3 (DMS)=
-89.5353
PhiY-4 (DMS)=
-89.5923
PhiY-5 (DMS)=
-89.5956
PhiY-6 (DMS)=
-89.5960
Ende

LX

Alpha (DEG)=90
LambdaA (DMS)=10
PhiA (DMS)=20

unzul. Eingabe

O-L

Orthodrome

AlphaA (DEG)=
30.2418
LambdaA (DMS)=
2.0815
PhiA (DMS)=
1.1622

Loxodrome

LambdaA (DMS)=
5.0812
PhiA (DMS)=
3.1614
LambdaB (DMS)=
1.4423
PhiB (DMS)=
7.0433

Startwert

Lambda1 (DMS)=3

LambdaS (DMS)=
+4.0152
PhiS (DMS)=
+4.3041

L-L

1.Loxodrome

Alpha (DEG)=
46.2108
LambdaA (DMS)=
-10.1832
PhiA (DMS)=
8.1136

2.Loxodrome

Alpha (DEG)=
-48.3982
LambdaA (DMS)=
56.2245
PhiA (DMS)=
10.5543

↓

LambdaS0 (DMS)=
+23.1538
PhiS0 (DMS)=
+37.2503
LambdaS1 (DMS)=
-163.3755
PhiS1 (DMS)=
+86.5226
LambdaS2 (DMS)=
+9.2832
PhiS2 (DMS)=
+89.4938
LambdaS3 (DMS)=
-177.2501
PhiS3 (DMS)=
+89.5926
LambdaS4 (DMS)=
-4.1832
PhiS4 (DMS)=
+89.5958
LambdaS5 (DMS)=
+168.4728
PhiS5 (DMS)=
+89.5960
LambdaS-1 (DMS)=
-149.5048
PhiS-1 (DMS)=
-77.1432
LambdaS-2 (DMS)=
+37.0245
PhiS-2 (DMS)=
-89.1733
LambdaS-3 (DMS)=
-136.0342
PhiS-3 (DMS)=
-89.5739
LambdaS-4 (DMS)=
+50.4951
PhiS-4 (DMS)=
-89.5952
LambdaS-5 (DMS)=
-122.1638
PhiS-5 (DMS)=
-89.5960

Ende

O-L

Orthodrome

AlphaA (DEG)=-80
LambdaA (DMS)=-10
PhiA (DMS)=20

Loxodrome

Alpha (DEG)=12
LambdaA (DMS)=-30
PhiA (DMS)=40

Startwert

Lambda1 (DMS)=-40

keine Nullfolge

Startwert

Lambda1 (DMS)=-30

LambdaS (DMS)=
-34.2622
PhiS (DMS)=
+22.1439

Startwert

Lambda1 (DMS)=-25

keine Nullfolge

Startwert

Lambda1 (DMS)=-28

LambdaS (DMS)=
-34.2622
PhiS (DMS)=
+22.1439

EP

LambdaA (DMS)=
18.2412
PhiA (DMS)=
58.5618
LambdaB (DMS)=
24.0816
PhiB (DMS)=
60.0836
SigmaA1 (DEG)=
-55.3056
SigmaB1 (DEG)=
33.0378

Startwert

Lambda 1 (DMS)=21

LambdaX1 (DMS)=
+21.1423
PhiX1 (DMS)=
+57.5723

SigmaA2 (DEG)=
-56.0188
SigmaB2 (DEG)=
32.0613

LambdaX2 (DMS)=
+21.2029
PhiX2 (DMS)=
+57.5660
d1 (km)= 6.040
d1 (sm)= 3.261
AlphaX1 (DEG)=
-83.2668

SigmaA3 (DEG)=
-57.3821
SigmaB3 (DEG)=
31.1410

LambdaX3 (DMS)=
+21.2741
PhiX3 (DMS)=
+57.5753
d2 (km)= 7.262
d2 (sm)= 3.921
AlphaX2 (DEG)=
+76.8603

SigmaA4 (DEG)=
-56.5132
SigmaB4 (DEG)=
30.2182

LambdaX4 (DMS)=
+21.3012
PhiX4 (DMS)=
+57.5502
d3 (km)= 5.826
d3 (sm)= 3.146
AlphaX3 (DEG)=
-25.1978

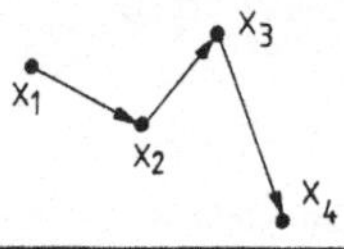

L-L

1.Loxodrome

Alpha (DEG)=10
LambdaA (DMS)=1
PhiA (DMS)=2

2.Loxodrome

Alpha (DEG)=-12
LambdaA (DMS)=20
PhiA (DMS)=12

LambdaS0 (DMS)=
+10.3514
PhiS0 (DMS)=
+49.0010
LambdaS1 (DMS)=
+173.4910
PhiS1 (DMS)=
+89.5960
LambdaS-1 (DMS)=
-152.3839
PhiS-1 (DMS)=
-89.5960

Ende

LP

LambdaA (DMS)=
-72.2018
PhiA (DMS)=
-33.2116
LambdaB (DMS)=
-154.5821
PhiB (DMS)=
20.0836

s (km)= 10574.387
s (sm)= 5709.712

k=4

LambdaT1 (DMS)=
-96.2512
PhiT1 (DMS)=
-22.3313
AlphaT1 (DEG)=
-63.0272
s1 (km)= 2647.967
s1 (sm)= 1429.788

LambdaT2 (DMS)=
-116.3533
PhiT2 (DMS)=
-8.4513
AlphaT2 (DEG)=
-54.5322
s2 (km)= 2644.624
s2 (sm)= 1427.982

LambdaT3 (DMS)=
-135.1613
PhiT3 (DMS)=
+6.0138
AlphaT3 (DEG)=
-51.5574
s3 (km)= 2643.617
s3 (sm)= 1427.439

AlphaT4 (DEG)=
-53.5861
s4 (km)= 2644.291
s4 (sm)= 1427.803
u (km)= 6.111
u (sm)= 3.300

3.2. Ein Programmsystem

Das nachfolgende Programmsystem besteht aus einer Reihe von Zentral- und Peripherieprogrammen, die vorwiegend auf Themen der Analysis zugeschnitten sind.

Um herauszustellen, wie sich die Struktur der Programme hinsichtlich der Verwendung des BASIC 84 verbessert, sind aus dem Programmsystem drei Programme von übergeordneter Bedeutung ausgewählt und ihre dazugehörigen BASIC 84-Versionen hinzugefügt worden. Diese Versionen tragen zu ihrer Kennzeichnung hinter ihrem Namen und vor ihrem Blocknamen das Symbol #.

Nur Programme innerhalb der Gruppe der SHARP-BASIC-Versionen sowie innerhalb der BASIC 84-Versionen können sich nach der Zentral-Peripherieprogrammmethode benutzen.

3.2.1 BESTIMMTES INTEGRAL

BI Dieses Integrationsprogramm dient zur Berechnung von bestimmten Integralen. Es nimmt unter den Analysisprogrammen eine zentrale Stellung ein.

Hinsichtlich der Lösung von bestimmten Integralen hat der am häufigsten auftretende Integraltyp die Struktur

$$I = \int_a^b f(x)\,dx \quad .$$

Bei Vorgabe der Grenzen a und b sowie des Integranden f(x) durch die dazugehörige Kurvengleichung Y = Y(X) läßt sich mit dem Integrationsprogramm die Lösung I des Integrals ermitteln.

Darüberhinaus kann das Programm aber auch zum Zeichnen von Integralgraphen verwendet werden. Solche Integralgraphen sind dadurch gekennzeichnet, daß die Koordinaten ihrer

Punkte gänzlich oder teilweise durch Integrale bestimmt werden.

Liegt die zum Integranden gehörige Kurvengleichung in kartesischer Form (k) vor, so läßt sich das partikuläre Integral

$$y = \int_{a}^{b=x} f(x)\, dx$$

als eine Zuordnungsvorschrift auffassen, die jedem x ein y bzw. jedem x einen Punkt P(x/y) zuordnet.

Bei Vorgabe von a und b sowie der zum Integranden f(x) gehörigen Kurvengleichung Y = Y(X) erfolgt hier durch das Programm die Berechnung von y und die Ausgabe von x und y.

Entsprechend lassen sich die beiden partikulären Integrale

$$x = \int_{t_1}^{t_2=t} x(t)\, dt \quad \text{und} \quad y = \int_{t_1}^{t_2=t} y(t)\, dt \quad ,$$

deren Integranden eine Kurve in Parameterschreibweise (pa) beschreiben, als Zuordnungsvorschriften in Parameterschreibweise auffassen: Jedem t wird ein Punkt P(x/y) zugeordnet.

Bei Vorgabe von t_1 und t_2 sowie der zu den Integranden x(t) und y(t) gehörigen Kurvengleichungen X = X(T) und Y = Y(T) erfolgt hier durch das Programm die Berechnung und Ausgabe von x und y.

Die dritte Möglichkeit, einen Integralgraphen zu erzeugen, ist durch die Verwendung von Polarkoordinaten gegeben. Die Integralgleichung

$$\varrho = \int_{t_1}^{t_2=t} \varrho(t)\, dt \quad ,$$

deren Integrand eine Kurve in Polarkoordinatendarstellung (po) beschreibt, läßt sich als eine Zuordnungsvorschrift auffassen, die jedem Polarwinkel t einen Radiusvektor ϱ

zuordnet.

Geht man mit den Beziehungen $x = \rho \cos t$ und $y = \rho \sin t$ zu kartesischen Koordinaten über, so ist ersichtlich, daß auch hier wieder jedem t ein Punkt P(x/y) zugeordnet wird.

Bei Vorgabe von t_1 und t_2 sowie der zum Integranden $\rho = \rho(t)$ gehörigen Kurvengleichung R = R(T) erfolgt in diesem Fall die Berechnung von ρ und Ausgabe von x und y.

Alle genannten Problemstellungen erfordern die Berechnung von bestimmten Integralen. Wie dies durch das Programm geschieht, wird am Beispiel

$$I = \int_a^b f(x)\,dx$$

geschildert:

Die Aufforderung, dieses Integral zu lösen, läßt sich so interpretieren, daß von der Fläche unter dem Graphen der Funktion f(x) der Flächeninhalt I gesucht ist.

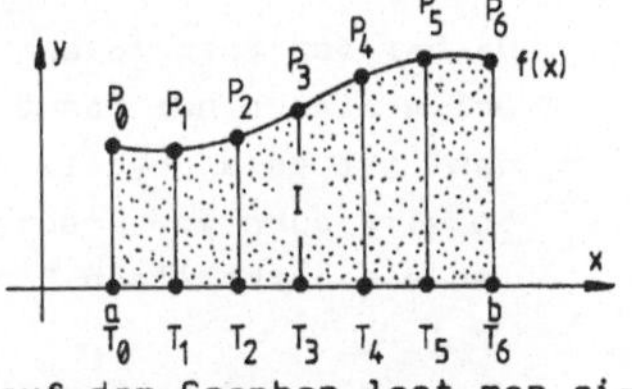

Ein Näherungswert für diesen Flächeninhalt ergibt sich aus der folgenden Überlegung: Man zerlegt das Intervall [a;b] in 6 gleiche Teile. Durch die zu den Teilpunkten T_0 bis T_6 gehörigen Stützpunkte P_0 bis P_6 auf dem Graphen legt man eine Parabel 6. Ordnung. Der Flächeninhalt der Fläche unter dieser Parabel wird berechnet und als Näherungswert für I ausgegeben.

Um ein Maß für die Brauchbarkeit des Näherungswertes zu erhalten, verdoppelt man die Anzahl der Intervalle und approximiert den Graphen durch zwei nebeneinander liegende Parabeln 6. Ordnung. Wieder erhält man einen Näherungswert für den Flächeninhalt.

Fällt der Absolutbetrag der Differenz aus diesem und dem vorhergehenden Näherungswert kleiner als eine vorgegebene Integrationsgenauigkeit I_g aus, so wird der Näherungswert, der sich bei der feineren Intervallunterteilung ergab, als Lösung I für das bestimmte Integral ausgegeben.

Diese mit dem Integrationsprogramm erzielbare gröbste Genauigkeit wird im folgenden als Genauigkeitsstufe S=1 bezeichnet. Die Genauigkeitsstufe wird nach dem Aufruf des Programms neben anderen Daten abgefragt.

Soweit der Absolutbetrag der Differenz der Näherungswerte größer als I_g oder so groß wie I_g ausfällt, erfolgt nach dem Tonsignal BEEP 1 eine automatische Verdopplung der Anzahl der Teilintervalle. Dazu gehört die Genauigkeitsstufe S=2. Dieses Verfahren wird sinngemäß solange fortgesetzt, bis die vorgegebene Integrationsgenauigkeit I_g erreicht ist. Erst dann wird der zuletzt für I berechnete Wert ausgegeben.

Da bei der Verdopplung der Anzahl der Teilintervalle jeweils die vorher benutzten Stützpunkte erneut verwendet werden, ist es sinnvoll, die dazugehörigen Daten zu speichern. So wird auch vom Programm verfahren, wodurch in diesen Fällen eine erhebliche Einsparung an Rechenzeit erzielt wird.

Während des Programmablaufs wird in derjenigen Hauptprogrammversion, in der die Frage nach der Kurvengleichung zu ignorieren ist, die Folge der Zwischenwerte für I mit den dazugehörigen formatierten Verbesserungen angezeigt. In allen anderen Haupt- und Unterprogrammversionen unterbleibt die Ausgabe dieser Folge.

Soweit die Frage nach der Kurvengleichung nicht ignoriert wird, erfolgt in den Hauptprogrammversionen stets die Ausgabe von x und y mit ihren bereits beschriebenen Bedeutungen.

Das Tonsignal BEEP 1 zum Hinweis auf eine automatische Verdopplung der Anzahl der Teilintervalle wird niemals unterdrückt.

Da ein Programmdurchlauf bei Vorgabe einer hohen Integrationsgenauigkeit I_g relativ lange dauern kann, wird auf das Programmende mit dem Tonsignal BEEP 3 aufmerksam gemacht. Dieses Signal entfällt in allen Unterprogrammversionen.

Um die Rechenzeit zu beschränken, schätzt man unter Berücksichtigung von I_g den Wert für die Genauigkeitsstufe S (S = 1;2;3;...). Ein zu klein geschätztes S wird - wie schon erwähnt - unter Verlust von Rechenzeit automatisch korrigiert. Ein zu groß geschätztes S dagegen führt zwar zu verbesserter Genauigkeit, aber auch zu längerer Rechenzeit.

In der Unterprogrammversion bildet vom zweiten Programmdurchlauf an der zuletzt verwendete Wert für S den Vorgabewert. Dieser kann aber auch neu gesetzt werden.

Der Winkelmodus RADIAN wird vom Programm selbständig gewählt. Die Intervallgrenzen müssen ggf. dementsprechend angepaßt werden.

Die Integrandenfunktionen, deren Integrierbarkeit in den Intervallen [a;b] bzw. $[t_1;t_2]$ vorausgesetzt wird, sind aus dem Programm ausgegliedert. Sie werden in einer besonderen Programmzeile an beliebiger Stelle des Hauptspeichers - in der Regel jedoch im frei zugänglichen, d.h. editierbaren Teil - untergebracht.

Die Ausgliederung der Funktionszeile aus dem Integrationsprogramm ist bei einer uneingeschränkten Nutzung des Hauptspeichers im SHARP-BASIC nicht zu umgehen. Sie ist nicht nur umständlich, sondern hat auch längere Programmlaufzeiten zur Folge.

Vorbereitungen für die Fälle: Ignor./k/pa/po

Fall	Einrichtung der Programmzeile
Ignor. / k	... : "f" : Y = Y(X) : RETURN
pa	... : "f" : X = X(T) : Y = Y(T) : RETURN
po	... : "f" : R = R(T) : RETURN

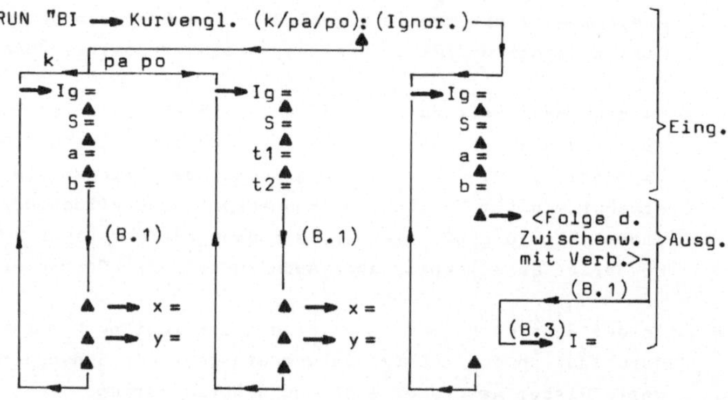

Bemerkung: Das Ignorieren der Eingabeaufforderung zur Kurvengleichung führt zur Nullstringbelegung von [G$].

verw. Variablen:

pa po	"" k		""	k	pa po	ferner:
t_2 →	b →	[B(4)]	b	b	t_2	R, T
t_1 →	a →	[B(5)]	a	a	t_1	BI,
I_g →	I_g →	[B(6)]	I_g	I_g	I_g	B(16)
S →	S →	[B(7)]				D$,
		[X]	b	x=b	x	G$
		[Y]	I	y	y	

Unterprogrammversion: BI=1 ; DIM B(16) ; "" k pa po → [G$]

t_2 b → [B(4)] I_g → [B(6)]

t_1 a → [B(5)] S → [B(7)]

```
Prof. L.Marsolek
TFH Berlin

PC-1500 SHARP

Programmname:
BESTIMMTES
INTEGRAL

Blockname:
BI

Inhalt:
BI

STATUS 1 =  1183

 10:"BI":RADIAN :
    IF BIGOTO 50
 20:DIM B(16):G$="
    ":INPUT "Kurve
    ngl. (k/pa/po)
    : ";G$
 30:WAIT 0:INPUT "
    Ig=";B(6),"S="
    ;B(7):IF G$="k
    "OR G$=""INPUT
    "a=";B(5),"b="
    ;B(4):CLS :
    GOTO 50
 40:INPUT "t1=";B(
    5),"t2=";B(4):
    CLS
 50:D$="":GOSUB 11
    0:IF G$="pa"
    LET B(3)=B(15)
    :D$="*":GOSUB
    110:D$="":X=B(
    15):Y=B(3):
    GOTO 80
 60:IF G$="po"LET
    X=B(15)*COS B(
    4):Y=B(15)*SIN
    B(4):GOTO 80
 70:Y=B(15):X=B(4)
 80:IF BIRETURN
 90:WAIT :BEEP 3:
    IF G$=""PRINT
    "I=";Y:GOTO 30
100:PRINT "x=";X:
    PRINT "y=";Y:
    GOTO 30
110:B(10)=0:B(11)=
    0:B(12)=0:B(13
    )=0:B(0)=2^(B(
    7)-1):B(1)=(B(
    4)-B(5))/6/B(0
    )
120:FOR B(2)=1TO B
    (0):GOSUB 190:
    X=B(9):B(16)=1
    :GOSUB 210:X=B
    (8):GOSUB 210:
    X=B(9)+2*B(1):
    B(16)=2
130:GOSUB 210:X=B(
    8)-2*B(1):
    GOSUB 210:NEXT
    B(2):GOSUB 290
    :B(14)=B(15)
140:B(1)=B(1)/2:B(
    10)=B(10)+2*B(
    13):B(12)=B(12
    )+B(11):B(11)=
    0:B(13)=0
150:FOR B(2)=1TO 2
    *B(0):GOSUB 19
    0:NEXT B(2):
    GOSUB 290:B(16
    )=B(14)-B(15)
160:B(14)=B(15):IF
    ABS B(16)<B(6)
    RETURN
170:BEEP 1:IF G$="
    "AND BI=0PRINT
    B(15);" ";:
    PRINT USING "#
    #.^";B(16):
    USING
180:B(7)=B(7)+1:B(
    0)=2*B(0):GOTO
    140
190:B(8)=B(5)+6*B(
    1)*B(2):B(9)=B
    (8)-6*B(1):X=B
    (9)+B(1):B(16)
    =3:GOSUB 210:X
    =B(8)-B(1)
200:GOSUB 210:X=(B
    (9)+B(8))/2:B(
    16)=4:GOSUB 21
    0:RETURN
210:T=X:GOSUB "f":
    IF G$="po"LET
    Y=R:GOTO 240
220:IF D$=""GOTO 2
    40
230:Y=X
240:ON B(16)GOTO 2
    50,260,270,280
250:B(10)=B(10)+Y:
    RETURN
260:B(12)=B(12)+Y:
    RETURN
270:B(11)=B(11)+Y:
    RETURN
280:B(13)=B(13)+Y:
    RETURN
290:B(15)=(41*B(10
    )+216*B(11)+27
    *B(12)+272*B(1
    3))*B(1)/140:
    RETURN
```

BESTIMMTES INTEGRAL

Beispiele

BI

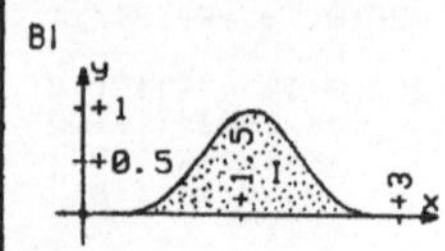

Graph:

```
900:"f":Y=(SIN X)^
    5:RETURN
```

Best. Integral:

```
900:"f":Y=(SIN X)^
    5:RETURN
```

Kurvengl.:(Ignor.)

Ig=1E-6
S=3
a=0
b=π

I= 1.066666668

BI

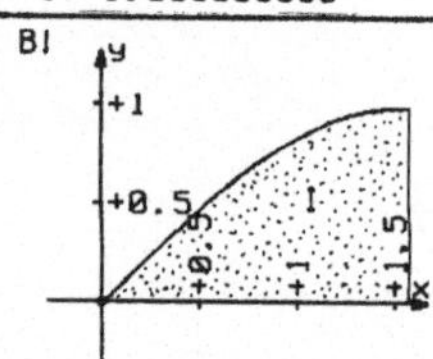

Graph:

```
900:"f":Y=SIN X:
    RETURN
```

Best. Integral:

```
900:"f":Y=SIN X:
    RETURN
```

Kurvengl.:(Ignor.)

Ig=1E-8
S=2
a=0
b=π/2

I= 1

Bemerkung: Uebereinstimmung mit dem wahren Wert

BI

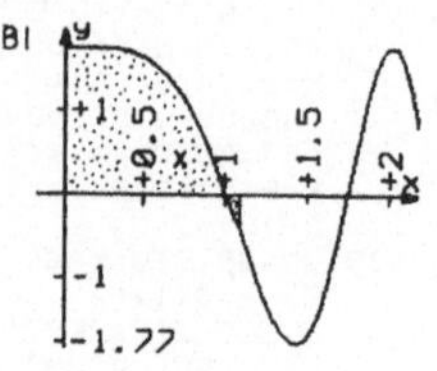

Graph:

```
900:"f":Y=√π*COS (
    π*X*X/2):
    RETURN
```

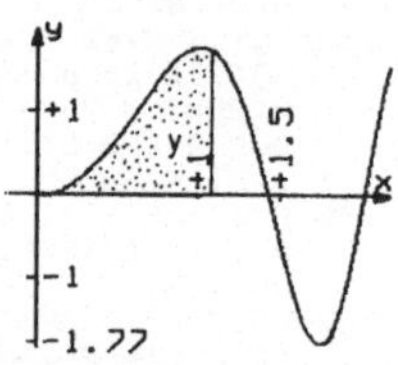

Graph:

```
900:"f":Y=√π*SIN (
    π*X*X/2):
    RETURN
```

Best. Integral:

```
900:"f":X=√π*COS (
    π*T*T/2):Y=√π*
    SIN (π*T*T/2):
    RETURN
```

Kurvengl.: pa

Ig=1E-7
S=3
t1=0
t2=2/√π

x= 1.335193697
y= 9.976237121E-01

Bem.: Es liegt eine Einheitsklotoide vor. Literaturwerte:

x= 1.3351937
y= 0.9976237

BI

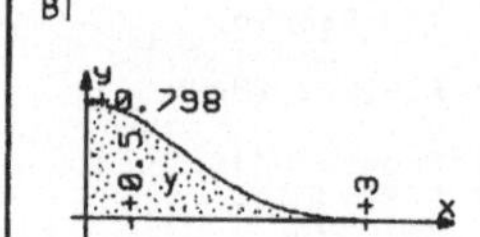

Graph:

```
900:"f":Y=2/√(2*π)
    *EXP (-X*X/2):
    RETURN
```

Best. Integral:

```
900:"f":Y=2/√(2*π)
    *EXP (-X*X/2):
    RETURN
```

Kurvengl.: k

Ig=1E-6
S=2
a=0
b=3

x= 3
y= 9.973002044E-01

Bem.: Es liegt eine Normalverteilung vor. Literaturwerte:
x= 3
y= 0.99730

BI

Best. Integral:

```
900:"f":R=EXP (COS
    T):RETURN
```

Kurvengl.: po

Ig=1E-6
S=2
t1=0
t2=π/2

x=-6.501796209E-10
y= 3.104379017

3.2.2 BESTIMMTES INTEGRAL

#BI Dieser BASIC 84-Version des Integrationsprogramms liegt dasselbe Konzept zugrunde wie seiner SHARP-BASIC-Version. Es weist jedoch gegenüber der letzteren eine Reihe von Vorzügen auf:

Für den Benutzer nicht unmittelbar sichtbar ist die eindeutig verbesserte Programmstruktur. Sie erleichtert eventuelle spätere Programmabänderungen.

Dazu kommt - durch die neuen BASIC-Instruktionen ermöglicht - eine vereinfachte Anwendung des Programms hinsichtlich der Eingabe der Integrandenfunktionen. Diese werden nicht mehr umständlich in eine besondere Programmzeile geschrieben, sondern unmittelbar vom Programm abgefragt. Dies ist eleganter und spart in erheblichem Umfang Rechenzeit, weil das zeitaufwendige Hin- und Herspringen zwischen dem Programm und der Funktionszeile entfällt.

Dazu kommt noch ein weiterer Vorteil: In der Hauptprogrammversion erfolgt nach dem ersten Programmdurchlauf ein Rücksprung zur Eingabeaufforderung für die Integrandenfunktion. Diese steht dann zusammen mit dem Eingabehinweis editierbereit - mit blinkendem Cursor auf dem ersten Zeichen nach dem Gleichheitszeichen - im Display.

Soweit die Integrandenfunktion nicht editiert werden soll, ist sowohl ihre Neueingabe als auch eine Ignorierung der Eingabeaufforderung möglich. Im letzten Fall wird die alte Integrandenfunktion wiederverwendet.

Um im Programmablaufplan die neue - mit der INEDIT-Instruktion realisierte Eingabeform - von der alten abzusetzen, wird hinter dem Gleichheitszeichen durch ein Rechteck auf die Cursorstellung nach der Ersteingabe aufmerksam gemacht, etwa Y(X) = □ .

Die BASIC 84- Version des Integrationsprogramms besteht aus zwei Teilen. Der erste steuert lediglich die Ein- und Ausgabeanweisungen, während der zweite Teil die eigentlichen Berechnungen vornimmt. Dieser Teil ist die Subprogrammversion, die von Peripherieprogrammen als Zentralprogramm benutzt wird.

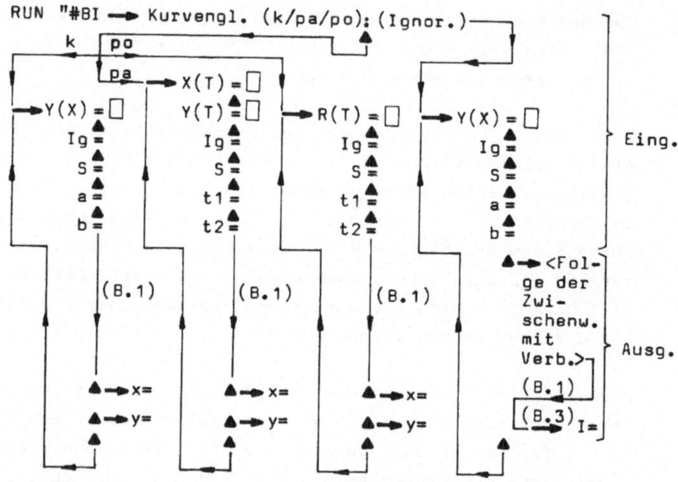

verw. Variablen:

pa	po	"" k		""	k	po	pa
Y(T) →	R(T) →	Y(X) →	F$(Ø)	Y(X)	Y(X)	R(T)	Y(T)
X(T) →			G$(Ø)				X(T)
t_2 →	t_2 →	b →	B4	b	b	t_2	t_2
t_1 →	t_1 →	a →	B5	a	a	t_1	t_1
I_g →	I_g →	I_g →	B6	I_g	I_g	I_g	I_g
S →	S →	S →	B7				
			X	b	x=b	x	x
			Y	I	y	y	y

ferner: T,

G$

lokale Variablen: BØ,...,B9 und CØ,...,C7 sowie BI

Unterprogrammversion: DIM F$(Ø)*n für "" k pa po

DIM G$(Ø)*m zusätzlich für pa

n, m passend zum Platzbedarf der Funktionsanweisungen wählen

"" k pa po → G$

Y(T) R(T) Y(X) → F$(Ø)

X(T) → G$(Ø)

t_2 b → B4

t_1 a → B5

I_g → B6

S → B7

Bemerkung: Als Beispiele dienen die bereits aufgeführten Aufgaben. Nur erfolgt bei Verwendung dieser BASIC 84-Version des Integrationsprogramms die Eingabe der Integrandenfunktionen programmgesteuert.

Bemerkung: Mit BI≠Ø läßt sich die Anzeige der Zwischenwerte mit den dazugehörigen Verbesserungen im Fall G$ = "" unterdrücken. Der lokalen Variablen BI wird ihr Wert w beim Unterprogrammaufruf mit der Instruktion GSB "bi" ; w übergeben.

```
Prof. L.Marsolek
TFH Berlin

PC-1500 SHARP

Programmname:
BESTIMMTES
INTEGRAL #

Blockname:
#BI

Inhalt:
#BI*bi

STATUS 1 =  1135

 10:"#BI":DIM F$(0
    )*80:G$="":
    INPUT "Kurveng
    l. (k/pa/po):
    ";G$
 20:IF G$="pa"DIM
    G$(0)*80
 30:WAIT 0:SELECT
    G$
 40:CASE "pa"PRINT
    "X(T)=";:
    INEDIT G$(0):
    CLS :PRINT "Y(
    T)=";:INEDIT F
    $(0)
 50:CASE "po"PRINT
    "R(T)=";:
    INEDIT F$(0)
 60:CASE ELSE
    PRINT "Y(X)=";
    :INEDIT F$(0)
 70:ENDSELECT
 80:CLS :INPUT "Ig
    =";B6,"S=";B7:
    SELECT G$
 90:CASE "k",""
    INPUT "a=";B5,
    "b=";B4
100:CASE ELSE
    INPUT "t1=";B5
    ,"t2=";B4
110:ENDSELECT
120:CLS :GSB "bi";
    0:WAIT :BEEP 3
    :SELECT G$
130:CASE ""PRINT "
    I=";Y
140:CASE ELSE
    PRINT "x=";X:
    PRINT "y=";Y
150:ENDSELECT
160:GOTO 30
170:"bi":SUB BI:
    RADIAN :PURGE
    C7:GOSUB 230:
    SELECT G$
180:CASE "pa"LET B
    3=C5:C7=1:
    GOSUB 230:
    PURGE C7:X=C5:
    Y=B3
190:CASE "po"LET X
    =C5*COS B4:Y=C
    5*SIN B4
200:CASE ELSE LET
    Y=C5:X=B4
210:ENDSELECT
220:SUBEND
230:PURGE C0,C1,C2
    ,C3:B0=2^(B7-1
    ):B1=(B4-B5)/6
    /B0
240:FOR B2=1TO B0:
    GOSUB 330:X=B9
    :GOSUB 350:C0=
    (FN 370);(C0):
    X=B8:GOSUB 350
    :C0=(FN 370);(
    C0)
250:X=B9+2*B1:
    GOSUB 350:C2=(
    FN 370);(C2):X
    =B8-2*B1:GOSUB
    350:C2=(FN 370
    );(C2):NEXT B2
260:C5=(FN 380):C4
    =C5
270:DO B1=B1/2:C0=
    C0+2*C3:C2=C2+
    C1:PURGE C1,C3
280:FOR B2=1TO 2*B
    0:GOSUB 330:
    NEXT B2:C5=(FN
    380):C6=C4-C5:
    C4=C5
290:WHILE ABS C6>B
    6
300:BEEP 1:IF G$="
    "AND BI=0PRINT
    C5;" ";:PRINT
    USING "##.^";C
    6:USING
310:B7=B7+1:B0=2*B
    0:LOOP
320:RETURN
330:B8=B5+6*B1*B2:
    B9=B8-6*B1:X=B
    9+B1:GOSUB 350
    :C1=(FN 370);(
    C1):X=B8-B1
340:GOSUB 350:C1=(
    FN 370);(C1):X
    =(B9+B8)/2:
    GOSUB 350:C3=(
    FN 370);(C3):
    RETURN
350:T=X:IF C7LET X
    =RESULT G$(0):
    Y=X;RETURN
360:Y=RESULT F$(0)
    :RETURN
370:DEFFN (XX)=XX+
    Y
380:DEFFN =(41*C0+
    216*C1+27*C2+2
    72*C3)*B1/140
```

3.2.3 NULLSTELLE

NU Das Nullstellenprogramm ermöglicht die Berechnung der Nullstellen einer Funktion $y = f(x)$. Dazu müssen die dazugehörige kartesische Darstellung $Y = Y(X)$ der Funktionsgleichung, die Genauigkeit g, mit der die Nullstellen berechnet werden sollen, sowie der Startwert x_1 für die betreffende Nullstelle vorgegeben sein.

Liegt eine Parameterschreibweise $x = x(t)$ und $y = y(t)$ der Kurvengleichungen vor, so müssen entsprechend die dazugehörigen Gleichungen $X = X(T)$ und $Y = Y(T)$, die Genauigkeit g sowie der geschätzte Startwert t_1 vorgegeben sein.

Wie beim Integrationsprogramm wird zuerst nach dem Typ der Kurvengleichung (k/pa) gefragt. Danach sind g und x_1 bzw. t_1 einzugeben.

Die Frage nach dem Typ der Kurvengleichung darf ignoriert werden. Dieses Ignorieren führt zu einem Programmdurchlauf, der auf den am häufigsten auftretenden Fall von Nullstellenberechnungen zugeschnitten ist. Dessen Lösung durch das Programm wird nachfolgend geschildert:

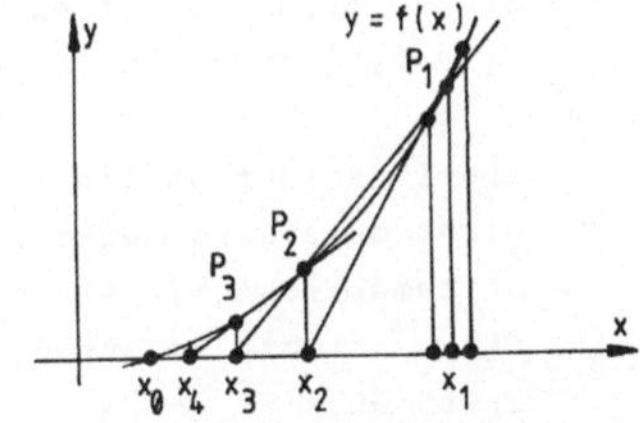

Nach dem Start des Programms wird zuerst der zum Startwert x_1 gehörige Stützpunkt P_1 auf dem Graphen gesplittet, d.h. in zwei benachbarte Kurvenpunkte zerlegt. Die durch diese Kurvenpunkte verlaufende Sekante schneidet die x-Achse an der Stelle x_2. Hierzu gehört ein Kurvenpunkt P_2. Dieser bestimmt zusammen mit P_1 eine neue Sekante, die die x-Achse an der Stelle x_3 schneidet.

Die sinngemäße Fortsetzung des beschriebenen Verfahrens

führt zu einer Folge $\langle x_n \rangle$, die gegen die gesuchte Nullstelle konvergiert.

Solange der Absolutbetrag der Differenz zweier aufeinander folgender Folgenglieder größer als die vorgegebene Genauigkeit g oder so groß wie diese ist, wird im Programmablauf eine Endlosschleife durchlaufen.

Erweist sich der genannte Absolutbetrag jedoch kleiner als g, so wird das zuletzt berechnete Folgenglied der Folge $\langle x_n \rangle$ als Näherungswert für x_0 angesehen und in der Hauptprogrammversion nach dem Tonsignal BEEP 3 ausgegeben.

Während des Programmdurchlaufs erfolgt in der Hauptprogrammversion die Anzeige der Glieder der Folge der Verbesserungen für die x_n. Theoretisch muß diese Folge eine Nullfolge sein.

Diese visuelle Kontrolle ist wichtig: Sobald ersichtlich ist, daß sich keine Nullfolge einstellt, bricht man das Programm mit BREAK ab und überprüft ggf. den Startwert.

Voraussetzung für die Lauffähigkeit des Programms nach dem Start ist die Existenz der Funktionswerte $f(x_1-0,1)$ und $f(x_1+0,1)$ hinsichtlich des Punktsplittings.

Soweit an der Stelle x_i (i=2;3;...) der Funktionswert $f(x_i)$ nicht existiert, wird x_i durch x_{i1} ersetzt, wobei x_{i1} das arithmetische Mittel von x_i und x_{i-1} ist. Existiert auch $f(x_{i1})$ nicht, so erfolgt die Bildung von x_{i2}, wobei x_{i2} das arithmetische Mittel von x_{i1} und x_{i-1} ist. Jetzt wird x_{i1} durch x_{i2} ersetzt usw.

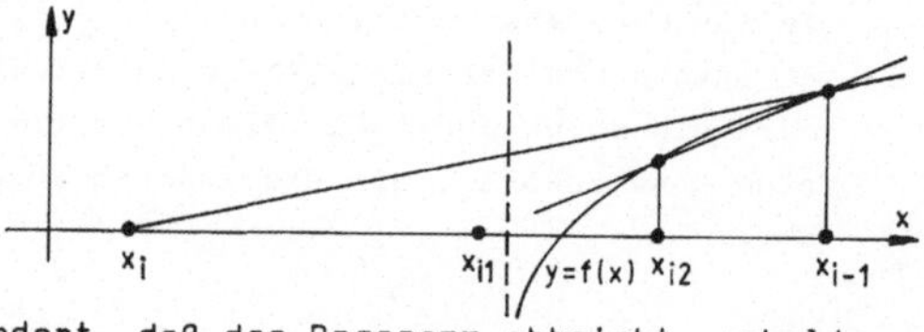

Damit wird verhindert, daß das Programm abbricht, sobald

ein Glied der Folge $\langle x_n \rangle$ außerhalb des Definitionsbereiches von f(x) liegt.

Die anderen möglichen Hauptprogrammdurchläufe unterscheiden sich von dem soeben beschriebenen nur dadurch, daß ihre Ausgaben differenzierter sind. Hier werden die Koordinaten desjenigen Punktes $N(x_N/y_N)$ ausgegeben, dessen x-Koordinate die Nullstelle und dessen y-Koordinate der Funktionswert an der berechneten Nullstelle ist.

Beim Vorliegen einer Parameterdarstellung erfolgt noch zusätzlich die Ausgabe des Parameters t_N, der den Punkt N beschreibt.

In allen Hauptprogrammversionen macht das Tonsignal BEEP 3 auf die Ausgabe der berechneten Werte aufmerksam. Es wird jedoch in allen Unterprogrammversionen unterdrückt.

Nach der Ausgabe der berechneten Werte führt ein ENTER zu einem Rücksprung zur Eingabeaufforderung für den Startwert x_1 bzw. t_1. Damit ist die Möglichkeit gegeben, weitere Nullstellen derselben Funktion mit derselben Genauigkeit bei Vorgabe entsprechender Startwerte zu berechnen.

In der Regel führt die vorgegebene Genauigkeit g, mit der die Nullstellen berechnet werden sollen, zu einer weitaus größeren mathematischen Genauigkeit. In Fällen, wo die Nullstelle zugleich Extrempunktabszisse ist, kann jedoch - verfahrensbedingt - die mathematische Genauigkeit kleiner als die vorgegebene Genauigkeit ausfallen.

Soweit in Funktionsanweisungen neben Winkelfunktionen auch andere Funktionen mit demselben Argument auftreten, muß der Winkelmodus RADIAN gewählt werden.

Das Nullstellenprogramm nimmt - wenn auch nicht in demselben Maß wie das Integrationsprogramm - eine zentrale Stellung im Programmsystem ein.

Über den Rahmen der Analysis hinaus liefert das Nullstellenprogramm die Möglichkeit, komplizierte Gleichungen - wie sie in der Algebra auftreten - bei Vorgabe eines Startwertes zu lösen.

Wie beim Programm BESTIMMTES INTEGRAL werden die Funktionsanweisungen aus dem eigentlichen Nullstellenprogramm ausgegliedert und in einer besonderen Programmzeile untergebracht.

Vorbereitungen für die Fälle: Ignor./k/pa

Fall	Einrichtung der Programmzeile
Ignor. / k	... : "f" : Y = Y(X) : RETURN
pa	... : "f" : X = X(T) : Y = Y(T) : RETURN

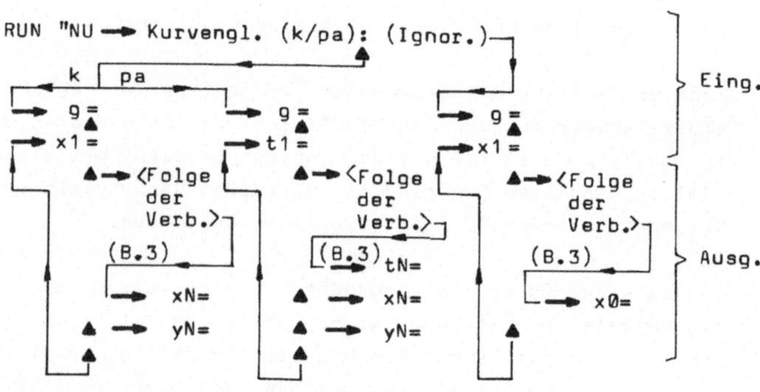

verw. Variablen:	"" k	pa		pa	k	""	ferner:
	g →	g →	N(0)	g	g	g	NU
	x_1 →	t_1 →	N(1)				N(4)
			T	t_N			G$
			X	x_N	x_N	x_0	
			Y	y_N	y_N		

Bemerkung: Das Ignorieren der Eingabeaufforderung zur Kurvengleichung führt zur Nullstringbelegung von G$.

Unterprogrammversion: NU=1 ; DIM N(4)

"" k pa ⟶ G$

g ⟶ N(0)

x_1 t_1 ⟶ N(1)

NULLSTELLE

Listing

```
Prof. L.Marsolek
TFH Berlin

PC-1500 SHARP

Programmname:
NULLSTELLE

Blockname:
NU

Inhalt:
NU*x

STATUS 1 =  530

 10:"NU":IF NUGOTO
    60
 20:DIM N(4):G$=""
    :INPUT "Kurven
    gl. (k/pa): ";
    G$
 30:INPUT "g=";N(0
    )
 40:IF G$="pa"
    INPUT "t1=";N(
    1):CLS :GOTO 6
    0
 50:INPUT "x1=";N(
    1):CLS
 60:N(2)=N(1)+.1:N
    (1)=N(1)-.1:T=
    N(1):X=T:GOSUB
    "f":N(3)=Y:T=N
    (2):X=T:GOSUB
    "f"
 70:"x":N(4)=Y:IF
    G$="pa"LET N(2
    )=T
 80:T=(N(1)*N(4)-N
    (2)*N(3))/(N(4
    )-N(3)):X=T:ON
    ERROR GOTO 120
    :GOSUB "f":ON
    ERROR GOTO 0
 90:IF NU=0WAIT 0:
    PRINT T-N(2)
100:IF ABS (T-N(2)
    )<N(0)GOSUB "f
    ":GOTO 140
110:N(1)=N(2):N(3)
    =N(4):N(2)=X:
    GOTO "x"
120:X=(X+N(2))/2:
    IF G$="pa"LET
    T=(T+N(2))/2
130:GOSUB "f":
    RETURN
140:IF NURETURN
150:WAIT :BEEP 3:
    IF G$=""PRINT
    "x0=";X:GOTO 4
    0
160:IF G$="pa"
    PRINT "tN=";T
170:PRINT "xN=";X:
    PRINT "yN=";Y:
    GOTO 40
```

NULLSTELLE

NU

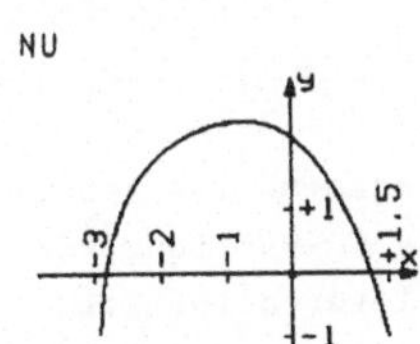

Graph:

```
900:"f":Y=LN (X+3)
    -EXP X+2:
    RETURN
```

Nullstellen:

```
900:"f":Y=LN (X+3)
    -EXP X+2:
    RETURN
```

Kurvengl.:(Ignor.)

g=1E-8

Startw. x1=-2.8

x0=-2.856660548

Startw. x1=1.2

x0= 1.236561572

NU

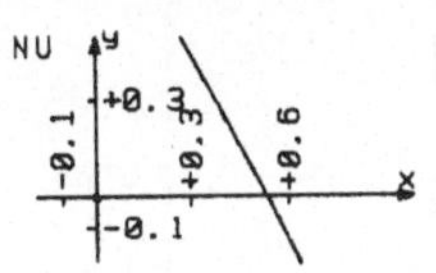

Graph:

```
900:"f":Y=EXP -X-
    TAN X:RETURN
```

Nullstelle:

```
900:"f":Y=EXP -X-
    TAN X:RETURN
```

Kurvengl.: k

g=1E-8

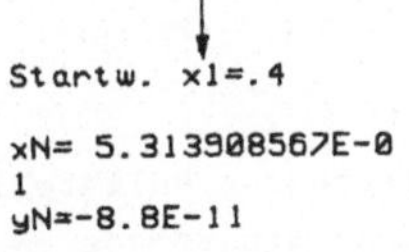

Startw. x1=.4

xN= 5.313908567E-0
1
yN=-8.8E-11

NU

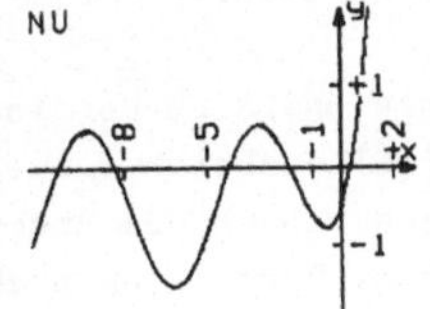

Graph:

```
900:"f":Y=EXP X-
    COS X-.5:
    RETURN
```

Nullstellen:

```
900:"f":Y=EXP X-
    COS X-.5:
    RETURN
```

Kurvengl.:(Ignor.)

g=1E-8

Startw. x1=.5

x0= 0.361436469

Startw. x1=-2

x0=-1.934203128

Startw. x1=-4

x0=-4.205919547

Startw. x1=-8.1

x0=-8.377314818

Startw. x1=-10

x0=-10.47200821

NU

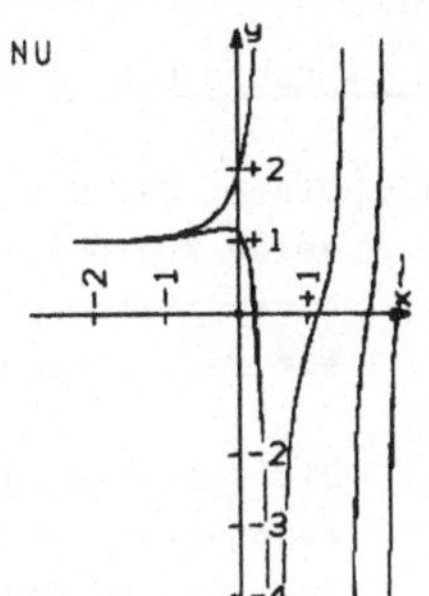

Graph:

```
900:"f":X=LN ABS T
    :Y=EXP T-TAN T
    :RETURN
```

Nullstellen:

```
900:"f":X=LN ABS T
    :Y=EXP T-TAN T
    :RETURN
```

Kurvengl.: pa

g=1E-8

Startw. t1=-9.1

tN=-9.424697255
xN= 2.243333611
yN= 2.606351E-10

Startw. t1=-6.1

tN=-6.281314369
xN= 1.837579253
yN=-4.657E-10

Startw. t1=-2.7

tN=-3.096412305
xN= 1.13024412
yN= 1.038E-10

Startw.: t1=1.2

tN= 1.30632694
xN= 2.672193364E-0
1
yN= 4.6E-09

3.2.4 NULLSTELLE

#NU Dieser BASIC 84-Version des Nullstellenprogramms liegt dasselbe Konzept zugrunde wie seiner SHARP-BASIC-Version. Nur hinsichtlich des Punktsplittings ist die Intervallbreite auf 2*0,01 reduziert worden.

Die Vorteile, die die BASIC 84-Version gegenüber seiner dazugehörigen SHARP-BASIC-Version aufweist, sind bereits ausführlich in der Beschreibung des Programms BESTIMMTES INTEGRAL # genannt worden. Dort wurde auch festgelegt, welche Bedeutung im Programmablaufplan etwa die Eingabeaufforderung Y(X) = □ haben soll.

Die Struktur der BASIC 84-Version des Nullstellenprogramms gleicht ebenfalls der des entsprechenden Integrationsprogramms: Es besteht aus zwei Teilen, von denen der erste lediglich die Ein- und Ausgabeanweisungen steuert, während der zweite Teil die eigentlichen Berechnungen vornimmt. Er stellt die Subprogrammversion dar, die von Peripherieprogrammen als Zentralprogramm benutzt wird.

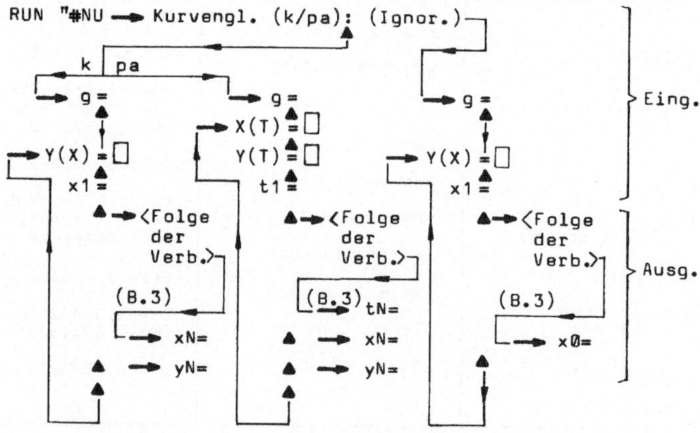

verw. Variablen:

"" k	pa		pa	k	""
Y(X) →	Y(T) →	F$(Ø)	Y(T)	Y(X)	Y(X)
	X(T) →	G$(Ø)	X(T)		
g →	g →	NØ	g	g	g
		T	t_N		
x_1 →	t_1 →	X	x_N	x_N	$x_Ø$
		Y	y_N	x_N	

ferner: G$

lokale Variablen: N1,...,N4 sowie NU

Unterprogrammversion:
- DIM F$(Ø)* n für "" k pa
- DIM G$(Ø)* m zusätzlich für pa
- n, m passend zum Platzbedarf der Funktionsanweisungen wählen
- "" k pa → G$
  - Y(T) Y(X) → F$(Ø)
  - X(T) → G$(Ø)
  - g → NØ
  - x_1 t_1 → X

Bemerkung: Als Beispiele dienen die bereits aufgeführten Aufgaben. Nur erfolgt bei Verwendung dieser BASIC 84-Version des Nullstellenprogramms die Eingabe der Funktionsanweisungen programmgesteuert.

Bemerkung: Mit NU‡Ø läßt sich die Anzeige der Nullfolge unterdrücken. Der lokalen Variablen NU wird ihr Wert w beim Unterprogrammaufruf mit der Instruktion GSB "nu" ; w übergeben.

NULLSTELLE #

Listing

```
Prof. L.Marsolek
TFH Berlin

PC-1500 SHARP

Programmname:
NULLSTELLE #

Blockname:
#NU

Inhalt:
#NU*nu

STATUS 1 =  579

 10:"#NU":DIM F$(0
    )*80:G$="":
    INPUT "Kurveng
    l. (k/pa): ";G
    $
 20:INPUT "g=";N0
 30:IF G$="pa"DIM
    G$(0)*80
 40:WAIT 0:SELECT
    G$
 50:CASE "pa"PRINT
    "X(T)=";:
    INEDIT G$(0):
    CLS :PRINT "Y(
    T)=";:INEDIT F
    $(0):CLS :
    INPUT "t1=";X
 60:CASE "","k"
    PRINT "Y(X)=";
    :INEDIT F$(0):
    CLS :INPUT "x1
    =";X
 70:ENDSELECT
 80:CLS :GSB "nu";
    0:BEEP 3:
    SELECT G$
 90:CASE ""PRINT "
    x0=";X
100:CASE ELSE IF G
    $="pa"PRINT "t
    N=";T
110:PRINT "xN=";X:
    PRINT "yN=";Y
120:ENDSELECT
130;GOTO 40
140:"nu":SUB NU:
    WAIT 0:N2=X+.0
    1:N1=X-.01:T=N
    1:X=T:N3=
    RESULT F$(0):T
    =N2:X=T:Y=
    RESULT F$(0)
150:DO N4=Y:T=(N1*
    N4-N2*N3)/(N4-
    N3):X=T
160:ON ERROR GOTO
    170:Y=RESULT F
    $(0):ON ERROR
    GOTO 0:GOTO 18
    0
170:X=(X+N2)/2:T=X
    :GOTO 160
180:IF NU=0PRINT T
    -N2
190:WHILE ABS (T-N
    2)>N0
200:N1=N2:N3=N4:N2
    =X:LOOP
210:IF G$="pa"LET
    X=RESULT G$(0)
220:WAIT :SUBEND
```

3.2.5 DIFFERENTIALQUOTIENT

DQ Dieses Programm ermöglicht die Berechnung der ersten beiden Ableitungen einer Kurve in ihren Punkten unter Umgehung des eigentlichen Differentationsprozesses.

Neben den genannten Ableitungen werden zusätzlich die Kurvenkrümmung k und der Radius r des zum Kurvenpunkt gehörigen Krümmungskreises sowie dessen Mittelpunktkoordinaten x_M und y_M berechnet.

Soweit sich die aufgeführten Größen nicht berechnen lassen oder nicht existieren, wird in der Datenausgabe darauf hingewiesen.

Die Kurvengleichungen dürfen in kartesischer Form, in Parameterdarstellung oder in Polarkoordinatendarstellung vorliegen. Sie werden in einer besonderen Programmzeile - in der Regel im frei zugänglichen Teil des Hauptspeichers - untergebracht. Dadurch können sie bei Bedarf verändert werden.

Für kartesische Darstellungen muß die Gleichung in der Funktionszeile Y=Y(X) lauten und für Polarkoordinatendarstellungen R=R(T). Dabei hat R die Bedeutung des Radiusvektors und T die Bedeutung des Polarwinkels.

Parameterdarstellungen erfordern die Aufnahme von zwei Gleichungen der Struktur X=X(T) : Y=Y(T) in der Funktionszeile. Dabei hat T die Bedeutung des Parameters.

Beim Vorliegen einer kartesischen Darstellung muß die Kurve in dem betreffenden Punkt mit der Abszisse x im Intervall [x-s;x+s] definiert sein. Für eine Parameter- oder Polarkoordinatendarstellung gilt dieselbe Voraussetzung hinsichtlich des Kurvenpunktes mit dem dazugehörigen Parameter bzw. Polarwinkel t im Intervall [t-s;t+s].

Am Anfang des Programms werden in der Hauptprogrammversion die halbe Intervallbreite s (≥ 0), die Kurvenpunktabszisse x bzw. der dazugehörige Parameter oder Polarwinkel t sowie die Genauigkeit g, mit der die 1. und 2. Ableitung berechnet werden sollen, abgefragt.

Neben der Hauptprogrammversion enthält das vorliegende Programm eine Unterprogrammversion, auf die das Peripherieprogramm GRAPHEN IM KOORDINATENSYSTEM zurückgreift, wenn es zum Zeichnen von Evoluten zu vorgegebenen Kurven eingesetzt wird. Dieselbe Unterprogrammversion wird auch vom Peripherieprogramm KURVENDISKUSSION benutzt.

Strukturell ist das Programm DIFFERENTIALQUOTIENT so aufgebaut, daß im Intervall $[x-s;x+s]$ bzw. $[t-s;t+s]$ durch die 5 Kurvenstützpunkte mit den Abszissen x, $x \pm s$ und $x \pm \frac{s}{2}$ eine Parabel 4. Ordnung gelegt wird. Sie ersetzt im genannten Intervall die gegebene Kurve und liefert für die Ableitungen an der Stelle x bzw. t die Näherungswerte y'_s und y''_s.

Danach erfolgt die Wiederholung dieser Routine für die halbe und viertel Intervallbreite. Dies erbringt die weiteren Näherungswerte $y'_{s/2}$ und $y''_{s/2}$ sowie $y'_{s/4}$ und $y''_{s/4}$.

Die sinngemäße Fortsetzung dieses Verfahrens würde die Glieder der Folgen $\langle y'_{s/2^k} \rangle$ und $\langle y''_{s/2^k} \rangle$ $(k=0;1;2;\ldots)$ erzeugen, die theoretisch gegen die gesuchten Ableitungen y' und y'' an der Stelle x bzw. t konvergieren müßten.

Da sich jedoch mit wachsendem k die Intervallbreite rasch verringert, rücken die Stützpunkte so eng zusammmen, daß die Rechengenauigkeit des Computers bald nicht mehr ausreicht. Dies führt dazu, daß die Folgen $\langle y'_{s/2^{k+1}} - y'_{s/2^k} \rangle$ und $\langle y''_{s/2^{k+1}} - y''_{s/2^k} \rangle$ keine Nullfolgen mehr sind, die sie theoretisch sein müßten.

Aus diesem Grund werden die gesuchten Folgengrenzwerte

durch Extrapolationen aus den Werten y'_s, $y'_{s/2}$ und $y'_{s/4}$ sowie y''_s, $y''_{s/2}$ und $y''_{s/4}$ näherungsweise bestimmt. Dies geschieht unter Verwendung von Parabeln 3. Ordnung in Koordinatensystemen mit den Achsen s und y' sowie s und y'', wobei die Parabeltangenten in den Ordinatenschnittpunkten waagerecht verlaufen.

Als Näherungswerte für die gesuchten Ableitungen y' und y'' werden in diesem Zusammenhang diejenigen Stellen y'_1 und y''_1 angesehen, an denen die genannten Parabeln die Ordinatenachsen schneiden.

In der Hauptprogrammversion erfolgt als erste Ausgabe im Display die Anzeige von y'_1 bei gleichzeitiger Programmfortsetzung.

Um bei der Berechnung der gesuchten Ableitungen eine vorgegebene Genauigkeit g berücksichtigen zu können, wird der beschriebene Vorgang nach schrittweiser Reduzierung der Ausgangsintervallbreite auf jeweils die Hälfte wiederholt. Dies liefert die weiteren Näherungswerte y'_k und y''_k (k=2;3;...).

Nur in der Hauptprogrammversion erfolgt auch die Anzeige der y'_k (k=2;3;...) während des Programmablaufs im Display.

Gleichzeitig werden die Absolutbeträge der Differenzen $y'_{k+1} - y'_k$ und $y''_{k+1} - y''_k$ (k=1;2;...) daraufhin untersucht, ob sie beide kleiner als die vorgegebene Genauigkeit g ausfallen. Sobald dies der Fall ist, werden die zuletzt berechneten Werte als endgültige Näherungswerte für die gesuchten Ableitungen angesehen und in der Hauptprogrammversion nach dem Tonsignal BEEP 3 angezeigt. Hier erfolgt anschließend auch die Ausgabe von k, r, x_M und y_M.

Ab der Berechnung von y'_3 und y''_3 wird kontrolliert, ob die genannten Differenzenfolgen - wie theoretisch gefordert - tatsächlich Nullfolgen sind. Ist dies nicht der Fall, dann wird der Suchvorgang nach den Näherungswerten für die Ableitungen im Rahmen der vorgegebenen Genauigkeit abgebrochen. Darauf macht das Tonsignal BEEP 1 aufmerksam. In der Hauptprogrammversion erfolgt zusätzlich der Hinweis 'Naeherung'. Danach werden die vorletzten berechneten Werte als Ableitungen angesehen und im Display ausgegeben.

Ob die vorgegebene Genauigkeit bei der Berechnung der 1. und 2. Ableitung erreicht wird, ist unter anderem von der Ausgangsintervallbreite 2s abhängig. Soweit es die Kurvenform und der Definitionsbereich zulassen, sollte s nicht zu klein gewählt werden.

Vorbereitungen für die Fälle: k/pa/po

Fall	Einrichtung der Programmzeile
k	... : "f" : Y = Y(X) : RETURN
pa	... : "f" : X = X(T) : Y = Y(T) : RETURN
po	... : "f" : R = R(T) : RETURN

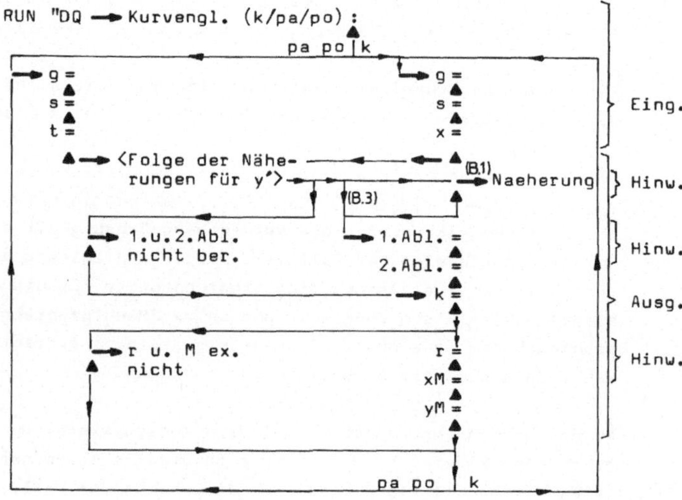

verw. Variablen:

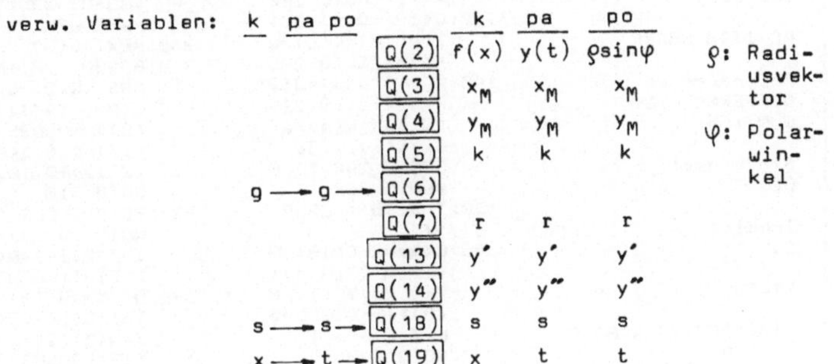

ferner: X, Y, R, T
DQ, D1
Q(21)
D$, E$, F$, G$, H$

Unterprogrammversion: DIM Q(21) ; DQ=1

k pa po → GS
g → Q(6)
s → Q(18)
x t → Q(19)

```
Prof. L.Marsolek
TFH Berlin

PC-1500 SHARP

Programmname:
DIFFERENTIAL-
QUOTIENT

Blockname:
DQ

Inhalt:
DQ

STATUS 1 =  1984

 10:"DQ":IF DQGOTO
     50
 20:DIM Q(21):
     INPUT "Kurveng
     l. (k/pa/po):
     ";G$
 30:INPUT "g=";Q(6
     ),"s=";Q(18):
     IF G$="k"INPUT
     "x=";Q(19):
     GOTO 50
 40:INPUT "t=";Q(1
     9)
 50:CLS :D$="*":E$
     ="":F$="":
     GOSUB 280
 60:IF G$="k"LET Q
     (0)=1+Q(13)^2:
     GOTO 180
 70:IF G$="pa"LET
     Q(20)=Q(13):Q(
     21)=Q(14):D$="
     ":GOSUB 280:Q(
     1)=Q(20)^2+Q(1
     3)^2:GOTO 140
 80:WAIT :Q(0)=Q(1
     3)*SIN Q(19)+Q
     (2)*COS Q(19):
     Q(1)=Q(13)*COS
     Q(19)-Q(2)*SIN
     Q(19)
 90:Q(9)=Q(13)^2+Q
     (2)^2:Q(8)=2*Q
     (13)^2+Q(2)^2-
     Q(2)*Q(14)
100:Q(5)=Q(8)/Q(9)
     ^1.5:GOSUB 260
     :IF F$GOTO 200
110:Q(3)=Q(2)*COS
     Q(19)-Q(9)*Q(0
     )/Q(8):Q(4)=Q(
     2)*SIN Q(19)+Q
     (9)*Q(1)/Q(8)
120:IF Q(1)=0LET E
     $="*":GOTO 200
130:Q(13)=Q(0)/Q(1
     ):Q(14)=Q(8)/Q
     (1)^3:GOTO 200
140:WAIT :Q(0)=Q(2
     0)*Q(14)-Q(21)
     *Q(13):Q(5)=Q(
     0)/Q(1)^1.5:
     GOSUB 260:IF F
     $GOTO 200
150:T=Q(19):GOSUB
     "f"
160:Q(3)=X-Q(13)*Q
     (1)/Q(0):Q(4)=
     Y+Q(20)*Q(1)/Q
     (0):IF Q(20)=0
     LET E$="*":
     GOTO 200
170:Q(13)=Q(13)/Q(
     20):Q(14)=Q(0)
     /Q(20)^3:GOTO
     200
180:WAIT :Q(5)=Q(1
     4)/Q(0)^1.5:
     GOSUB 260:IF F
     $GOTO 200
190:Q(1)=Q(0)/Q(14
     ):Q(3)=Q(19)-Q
     (13)*Q(1):Q(4)
     =Q(2)+Q(1)
200:IF DQRETURN
210:IF H$BEEP 3
220:IF E$PRINT "1.
     u.2.Abl. nicht
      ber.":GOTO 24
     0
230:GOSUB 390:
     PRINT "2.Abl.=
     ";Q(14)
240:PRINT "k=";Q(5
     ):IF F$PRINT "
     r u. M ex. nic
     ht":GOTO 30
250:PRINT "r=";Q(7
     ):PRINT "xM=";
     Q(3):PRINT "yM
     =";Q(4):GOTO 3
     0
260:IF Q(5)=0LET F
     $="*":RETURN
270:Q(7)=1/ABS Q(5
     ):RETURN
280:H$="":Q(17)=Q(
     18):GOSUB 410:
     Q(11)=Q(7):Q(1
     2)=Q(8):Q(17)=
     Q(17)/2:GOSUB
     430:GOSUB 360
290:FOR Q(5)=1TO 2
     :GOSUB 330:IF
     H$RETURN
300:NEXT Q(5)
310:GOSUB 330:IF
     ABS (Q(9)-Q(7)
     )<ABS (Q(11)-Q
     (9))AND ABS (Q
     (10)-Q(8))<ABS
     (Q(12)-Q(10))
     GOTO 310
320:BEEP 1:CLS :
     WAIT :Q(13)=Q(
     15):Q(14)=Q(16
     ):D1=1:RETURN
330:Q(15)=Q(13):Q(
     16)=Q(14):Q(11
     )=Q(9):Q(12)=Q
     (10):GOSUB 360
340:IF ABS (Q(13)-
     Q(15))<Q(6)AND
     ABS (Q(14)-Q(1
     6))<Q(6)LET H$
     ="*":RETURN
350:RETURN
360:Q(9)=Q(7):Q(10
     )=Q(8):Q(17)=Q
     (17)/2:GOSUB 4
     30:Q(13)=(Q(11
     )-12*Q(9)+32*Q
     (7))/21
370:Q(14)=(Q(12)-1
     2*Q(10)+32*Q(8
     ))/21:WAIT 0:
     IF DQRETURN
380:IF G$<>"k"
     RETURN
390:IF D1PRINT "Na
     eherung":D1=0
400:PRINT "1.Abl.=
     ";Q(13):RETURN
410:T=Q(19):GOSUB
     460:Q(2)=Y:T=Q
     (19)+Q(17):
     GOSUB 460:Q(0)
     =Y:T=Q(19)-Q(1
     7):Q(0)=Q(0)+Y
420:Q(1)=Q(0)-2*Y
430:T=Q(19)+Q(17)/
     2:GOSUB 460:Q(
     3)=Y:T=Q(19)-Q
     (17)/2:GOSUB 4
     60:Q(3)=Q(3)+Y
     :Q(4)=Q(3)-2*Y
```

(Fortsetzung)

(Fortsetzung)

```
440:Q(7)=(8*Q(4)-Q
    (1))/6/Q(17):Q
    (8)=(16*Q(3)-3
    0*Q(2)-Q(0))/3
    /Q(17)^2
450:Q(0)=Q(3):Q(1)
    =Q(4):RETURN
460:IF G$="k"LET X
    =T:GOSUB "f":
    RETURN
470:GOSUB "f":IF G
    $="po"LET Y=R:
    RETURN
480:IF D$LET Y=X:
    RETURN
490:RETURN
```

DIFFERENTIALQUOTIENT

Beispiele

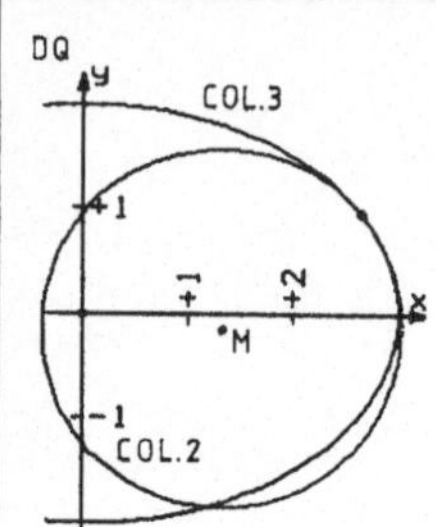

Graphen:

```
900:"f":X=3*COS T:
     Y=2*SIN T:
     COLOR 3:RETURN
900:"f":X=1.3143+1
     .7157*COS T:Y=
     -.1401+1.7157*
     SIN T:COLOR 2:
     RETURN
```

Differential-
quotient:

```
900:"f":X=3*COS T:
     Y=2*SIN T:
     RETURN
```

Kurvengl.: pa

g=1E-4
s=.1
t=π/8

1.Abl.=-1.60947551
1
2.Abl.=-3.96529339
2
k= 5.828529528E-01
r= 1.715698608
xM= 1.314324173
yM=-1.400923454E-0
1

Hinweis: Die exak-
ten Werte lauten:

1.Abl.=-1.60947570
8
2.AbL.=-3.96523110
6

↓

k= 0.5828436433
r= 1.715726012
xM= 1.314300846
yM=-0.1401067279

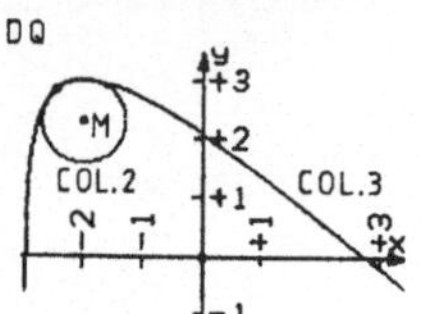

Graphen:

```
900:"f":Y=1-X+LN (
     X+3):COLOR 3:
     RETURN
900:"f":X=-2.0000+
     .07071*COS T:Y
     =2.3068+.7071*
     SIN T:COLOR 2:
     RETURN
```

Differential-
quotient:

```
900:"f":Y=1-X+LN (
     X+3):RETURN
```

Kurvengl.: k

g=1E-4
s=.1
x=-2.5

1.Abl.= 1.00000009
2.Abl.=-3.99995141
5
k=-1.414196194
r= 7.071154655E-01
xM=-1.999993837
yM= 2.306846701

Hinweis: Die exak-
ten Werte lauten:

1.Abl.= 1
2.Abl.=-4
k=-1.414213562
r= 0.7071067814
xM=-2
yM= 2.306852819

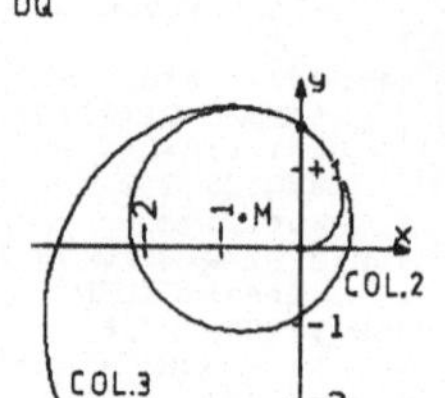

Graphen:

```
900:"f":R=T:COLOR
     3:RETURN
900:"f":X=-.7762+1
     .4453*COS T:Y=
     .3516+1.4453*
     SIN T:COLOR 2:
     RETURN
```

Differential-
quotient:

```
900:"f":R=T:RETURN
```

Kurvengl.: po

g=1E-4
s=.1
t=π/2

1.Abl.=-6.36619772
1E-01
2.Abl.=-1.15264432
3
k= 0.69190875
r= 1.445277285
xM=-7.761562087E-0
1
yM= 3.516130053E-0
1

Hinweis: Die exak-
ten Werte lauten:

1.Abl.=-0.63661977
24
2.Abl.=-1.15264432
3
k= 0.6919087501
r= 1.445277285
xM=-0.7761562086
yM= 0.351613005

3.2.6 KURVENDISKUSSION

Das Programm KURVENDISKUSSION ist ein Peripherieprogramm. Damit es lauffähig wird, muß sich auch das Programm DIFFERENTIALQUOTIENT im Hauptspeicher befinden.

Bei Vorgabe von Startwerten können mit dem vorliegenden Programm von Kurven, deren Gleichungen in kartesischer Darstellung oder in Parameterdarstellung vorliegen, deren Nullstellen, Extrempunkte und Wendepunkte berechnet werden. Für Extrempunkt- und Wendepunktberechnungen dürfen die Gleichungen der Kurven auch in Polarkoordinatendarstellung gegeben sein.

Wegen des differenzierten Einsatzes des Nullstellenprogramms ist dasselbe nicht aus dem vorliegenden Programm ausgegliedert, sondern in ihm in abgewandelter Form enthalten.

Die Gleichungen der Kurven werden in einer besonderen Programmzeile - in der Regel im frei zugänglichen Teil des Hauptspeichers - untergebracht. Sie haben dort für kartesische Darstellungen die Struktur Y = Y(X), für Parameterdarstellungen X = X(T) : Y = Y(T) und für Polarkoordinatendarstellungen R = R(T).

Hierbei hat T für Parameterdarstellungen die Bedeutung des Parameters t und für Polarkoordinatendarstellungen die Bedeutung des Polarwinkels φ. R steht für den Radiusvektor ρ bei Polarkoordinatendarstellungen.

Die Zugänge zu den Programmteilen erfolgen getrennt unter Verwendung der Kürzel N, EX und WP. Dabei ist N das Label des Nullstellenprogramms, EX das Label des Extrempunktprogramms und WP das Label des Wendepunktprogramms.

Das Nullstellenprogrammkürzel verwendet in Abweichung zum Programmkürzel NU des Zentralprogramms NULLSTELLE nur einen Buchstaben, um möglichen Verwechslungen vorzubeugen. Beide genannten Programme leisten jedoch dasselbe.

N Nach dem Aufruf dieses Programmteils mit RUN wird zuerst nach der Darstellungsform (k/pa) der Kurvengleichung gefragt. Diese Eingabeaufforderung darf ignoriert werden. Soweit dies geschieht, wird eine kartesische Darstellung vorausgesetzt, jedoch bei der Datenausgabe der Ordinatenwert an der Nullstelle nicht angezeigt. Auch die Beschriftung der Nullstelle sieht anders aus als in dem Fall, wo die Eingabeaufforderung nicht ignoriert wurde.

Anschließend wird die Genauigkeit g abgefragt, mit der die Berechnung der Nullstelle erfolgen soll. Danach ist für kartesische Darstellungen der Startwert x_1 und für Parameterdarstellungen der Startwert t_1 einzugeben.

Während des Programmablaufs wird die Folge der Verbesserungen angezeigt, die theoretisch eine Nullfolge sein muß. Nähere Einzelheiten dazu finden sich in der Beschreibung zum Programm NULLSTELLE.

Die beschriftete Ausgabe der berechneten Nullstelle x_N - bzw. bei Ignorierung der Eingabeaufforderung für die Kurvengleichung x_0 - erfolgt nach dem Tonsignal BEEP 3 . Um eine Information darüber zu erhalten, wie groß an der berechneten Stelle x_N der Funktionswert y_N - der theoretisch =0 sein müßte - zu erhalten, wird dieser anschließend ausgegeben. Bei Parameterdarstellungen erfolgt vor der Ausgabe von x_N auch noch die Ausgabe des dazugehörigen Parameterwertes t_N.

Nach der Anzeige von y_N bzw. x_0 bewirkt ein nachfolgendes ENTER einen Rücksprung zur Eingabeaufforderung für einen neuen Startwert x_1. Unter Beibehaltung derselben Kurvengleichung und vorgegebenen Genauigkeit g können nun weitere Nullstellen berechnet werden.

EX Der Aufruf dieses Programmteils mit RUN führt zur Eingabeaufforderung des Typs (k/pa/po) der Kurvengleichung. Anschließend sind die Genauigkeit g, mit der die ersten und zweiten Ableitungen berechnet werden sollen, sowie die halbe Intervallbreite s desjenigen Ausgangsintervalls, bei dem die Approximationen der gegebenen Funktion durch Parabeln 4. Ordnung beginnen sollen, einzugeben. Nähere Einzelheiten dazu finden sich in der Beschreibung des Programms DIFFERENTIALQUOTIENT.

Danach wird für kartesische Darstellungen der Startwert x_1 und für Parameterdarstellungen der Startwert t_1 abgefragt.

Soweit während des Programmablaufs das Tonsignal BEEP 1 ertönt, wird damit signalisiert, daß die vorgegebene Genauigkeit g nicht eingehalten werden kann.

Zur Berechnung der Extrempunktkoordinaten wird das im Kurvendiskussionsprogramm eingearbeitete Nullstellenprogramm verwendet.

Das Extrempunktprogramm erkennt nicht nur, daß ein Extrempunkt vorliegt, sondern auch dessen Charakter. Dabei werden für Hoch-, Tief- und Sattelpunkte die Abkürzungen H, T und S verwendet. Als Sattelpunkt wird ein Extrempunkt dann angesehen, wenn in ihm im Rahmen der vorgegebenen Genauigkeit g die zweite Ableitung verschwindet.

Die Anzeige der beschrifteten Extrempunktkoordinaten erfolgt nach dem Tonsignal BEEP 3 . Beim Vorliegen von Parameter- oder Polarkoordinatendarstellungen wird zusätzlich vorher der dazugehörige Parameter bzw. Polarwinkel ausgegeben.

Nach der Ausgabe der Extrempunktkoordinaten bewirkt ein ENTER einen Rücksprung zur Eingabeaufforderung für einen neuen Startwert. Unter Beibehaltung der anderen vorgegebenen Größen können nun weitere Extrempunkte der Kurve berechnet werden.

WP Auch dieser Programmteil wird mit RUN aufgerufen. Die Eingabeaufforderungen zu g, s und x_1 bzw. t_1 haben sinngemäß dieselben Bedeutungen wie bei EX beschrieben. Desgleichen wird wieder das Teilprogramm N verwendet.

Die Ausgabe der Wendepunktkoordinaten erfolgt beschriftet nach dem Tonsignal BEEP 3 . Bei Parameter- und Polarkoordinatendarstellungen wird zusätzlich zuerst der zum Wendepunkt gehörige Parameter bzw. Polarwinkel ausgegeben.

Nach der Ausgabe der Wendepunktkoordinaten bewirkt ein ENTER einen Rücksprung zur Eingabeaufforderung für einen neuen Startwert. Unter Beibehaltung der anderen vorgegebenen Größen können nun weitere Wendepunkte der Kurve berechnet werden.

Vorbereitungen für die Fälle: Ignor./k/pa/po

Fall	Einrichtung der Programmzeile
k / Ignor.	... : "f" : Y = Y(T) : RETURN
pa	... : "f" : X = X(T) : Y = Y(T) : RETURN
po	... : "f" : R = R(T) : RETURN

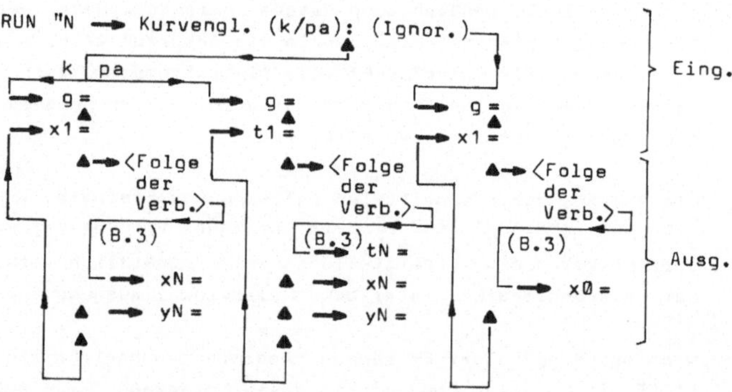

Bemerkung: Das Ignorieren der Eingabeaufforderung zur Kurvengleichung führt zur Belegung von G$ mit dem Nullstring.

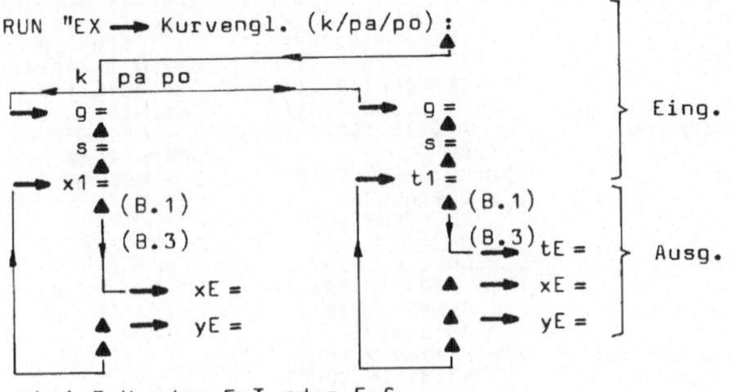

wobei E=H oder E=T oder E=S

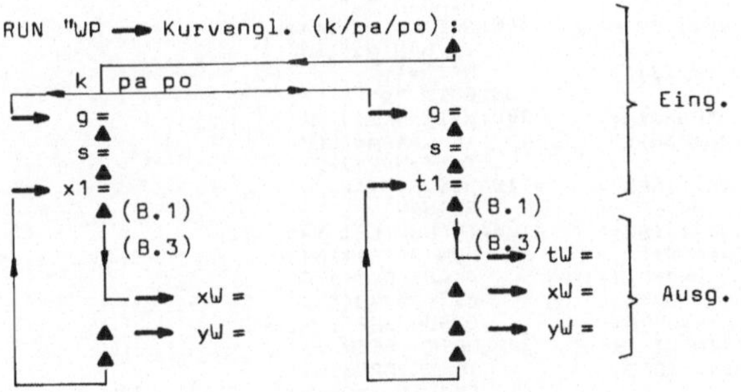

verw. Variablen:

	N	EX	WP	
T	t_N	t_E	t_W	pa po
X	x_N	x_E	x_W	k pa po sowie "" für N
Y	y_N	y_E	y_W	k pa po sowie "" für N

ferner: R

DQ, KD, N(4), Q(21)

A$ bis H$ und J$

KURVENDISKUSSION

Listing

```
Prof. L.Marsolek
TFH Berlin

PC-1500 SHARP

Programmname:
KURVENDISKUSSION

Blockname:
KD

Inhalt:
N*EX*WP*w*y

STATUS 1 =  1091

 10:"N":J$="N=":G$
    ="":INPUT "Kur
    vengl. (k/pa):
     ";G$
 20:GOTO 60
 30:"EX":KD=1:GOTO
    50
 40:"WP":KD=2:J$="
    W="
 50:INPUT "Kurveng
    l. (k/pa/po):
    ";G$
 60:DIM N(4):INPUT
    "g=";N(0):IF K
    DDIM Q(21):DQ=
    1:Q(6)=N(0):
    INPUT "s=";Q(1
    8)
 70:"w":IF G$=""OR
    G$="k"INPUT "x
    1=";N(1):GOTO
    90
 80:INPUT "t1=";N(
    1)
 90:N(2)=N(1)+.1:N
    (1)=N(1)-.1:IF
    KDLET Q(19)=N(
    1):GOSUB "DQ":
    ON KDGOTO 330,
    340
100:T=N(1):X=T:
    GOSUB "f":N(3)
    =Y
110:IF KDLET Q(19)
    =N(2):GOSUB "D
    Q":ON KDGOSUB
    350,360:GOTO "
    y"
120:T=N(2):X=T:
    GOSUB "f":N(4)
    =Y
130:"y":T=(N(1)*N(
    4)-N(2)*N(3))/
    (N(4)-N(3)):X=
    T
140:IF KDLET Q(19)
    =T:GOSUB "DQ":
    T=Q(19):GOTO 1
    60
150:ON ERROR GOTO
    200:GOSUB "f":
    ON ERROR GOTO
    0
160:WAIT 0:PRINT T
    -N(2):IF ABS (
    T-N(2))<N(0)
    GOTO 220
170:N(1)=N(2):N(3)
    =N(4):IF KDLET
    N(2)=Q(19):ON
    KDGOSUB 350,36
    0:GOTO "y"
180:N(2)=X:N(4)=Y:
    IF G$="pa"LET
    N(2)=T
190:GOTO "y"
200:X=(X+N(2))/2:
    IF G$="pa"LET
    T=(T+N(2))/2
210:GOSUB "f":
    RETURN
220:IF KD=1LET Y=
    SGN Q(14)*INT
    ((ABS Q(14)/Q(
    6))+.5)*Q(6):
    GOSUB 300
230:WAIT :BEEP 3:
    IF KD>0AND G$=
    "k"LET X=Q(19)
    :GOSUB "f":
    GOTO 290
240:IF KDLET T=Q(1
    9)
250:GOSUB "f":IF G
    $="po"LET X=R*
    COS T:Y=R*SIN
    T
260:IF G$=""PRINT
    "x0=";X:GOTO "
    w"
270:IF G$="k"GOTO
    290
280:PRINT "t"+J$;T
290:PRINT "x"+J$;X
    :PRINT "y"+J$;
    Y:GOTO "w"
300:IF Y<0LET J$="
    H=":RETURN
310:IF Y>0LET J$="
    T=":RETURN
320:J$="S=":RETURN
330:N(3)=Q(13):
    GOTO 110
340:N(3)=Q(14):
    GOTO 110
350:N(4)=Q(13):
    RETURN
360:N(4)=Q(14):
    RETURN
```

KD

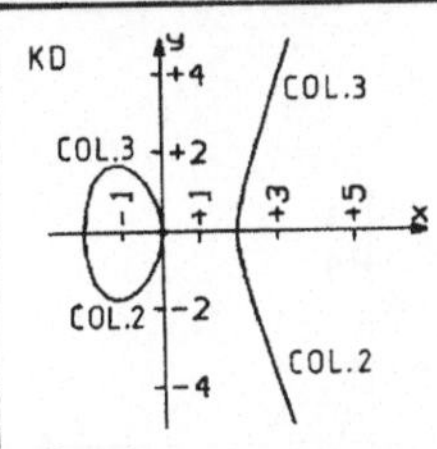

Graph:

```
900:"f":Y=√(X*(X*X
     -4)):COLOR 3:
     RETURN
900:"f":Y=-√(X*(X*
     X-4)):COLOR 2:
     RETURN
```

Kurvendiskussion:

```
900:"f":Y=√(X*(X*X
     -4)):RETURN
```

Nullstellen:

```
 g=1E-8
x1=-1.9
xN=-2
yN= 0

 g=1E-8
x1=-0.2
xN=-4.270678683E-1
0
yN= 4.133124089E-0
5

 g=1E-8
x1= 2.2
xN= 2
yN= 0
```

Extrempunkte:

```
 g=1E-4
 s=0.1
x1=-1.1
xH=-1.154700498
yH= 1.754765351
```

Wendepunkte:

```
 g=1E-4
 s= 0.4
x1= 3
xW= 2.935780452
yW= 3.682363765
```

KD

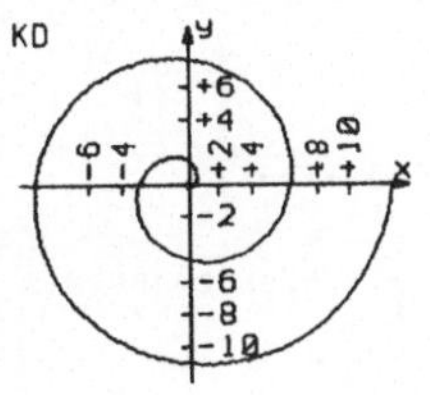

Graph:

```
900:"f":R=T:RETURN
```

Kurvendiskussion:

```
900:"f":R=T:RETURN
```

Extrempunkte:

```
 g=1E-4
 s= 0.2
t1= 0
tT= 0
xT= 0
yT= 0

 g=1E-4
 s= 0.2
t1= 3*π/4
tH= 2.028757838
xH=-8.969556181E-0
1
yH= 1.819705741

 g=1E-4
 s= 0.2
t1= 7*π/4
tT= 4.913180439
xT= 0.97990903
yT=-4.81446989

 g=1E-4
 s= 0.2
t1= 10*π/4
tH= 7.978665712
xH=-9.922370014E-0
1
yH= 7.916727372

 g=1E-4
 s= 0.2
t1= 7*π/2
tT= 11.08553841
xT= 9.959559957E-0
1
yT=-11.04070802
```

KD

y +0.8 +0.5 -1 +1 x -1

Graph:

```
900:"f":X=(T*T-1)/
     (T*T+1):Y=T*X:
     RETURN
```

Kurvendiskussion:

```
900:"f":X=(T*T-1)/
     (T*T+1):Y=T*X:
     RETURN
```

Nullstellen:

```
 g=1E-4
t1=1.1
tN= 1
xN= 0
yN= 0

 g=1E-4
t1=-1.1
tN=-1
xN= 0
yN= 0

 g=1E-4
t1=0.1
tN= 0
xN=-1
yN= 0
```

Extrempunkte:

```
 g=1E-4
 s=0.1
t1=0.5
tT= 4.858682654E-0
1
xT=-6.180339968E-0
1
yT=-0.300283106

 g=1E-4
 s=0.1
t1=-0.48
tH=-4.858682793E-0
1
xH=-6.180339792E-0
1
yH= 0.300283106
```

KD

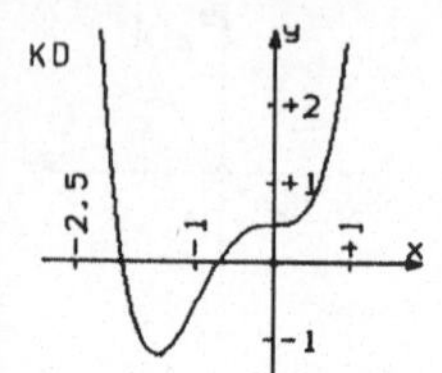

Graph:

900:"f":Y=X^4+2*X^
3+.5:RETURN

Kurvendiskussion:

900:"f":Y=X^4+2*X^
3+.5:RETURN

Nullstellen:

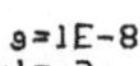
g=1E-8
x1=-2
xN=-1.930504345
yN= 1.7E-09

g=1E-8
x1=-0.8
xN=-7.336147478E-0
1
yN= 4.8E-11

Extrempunkte:

g=1E-4
s= 0.1
x1=-1.4
xT=-1.500000045
yT=-1.1875

g=1E-4
s= 0.1
x1= 0.1
xS= 1.183939854E-0
7
yS= 0.5

Wendepunkte:

g=1E-4
s= 0.1
x1=-0.9
xW=-1.000015621
yW=-0.500031242

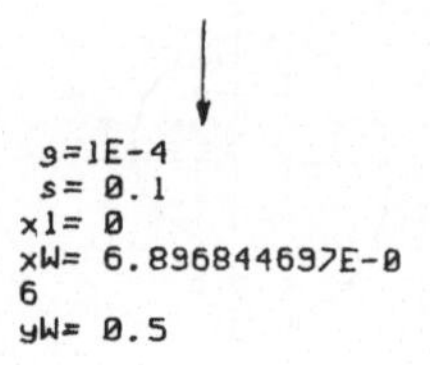
g=1E-4
s= 0.1
x1= 0
xW= 6.896844697E-0
6
yW= 0.5

KD

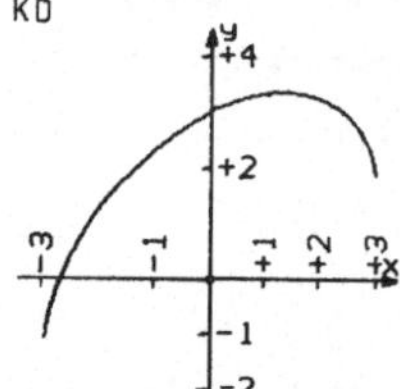

Graph:

900:"f":Y=X/2+√(9-
X*X):RETURN

Kurvendiskussion:

900:"f":Y=X/2+√(9-
X*X):RETURN

Nullstellen:

g=1E-8
x1=-2.5
xN=-2.683281573
yN=-1E-11

Extrempunkte:

g=1E-4
s= 0.2
x1=1.3
xH= 1.341640649
yH= 3.354101966

KD

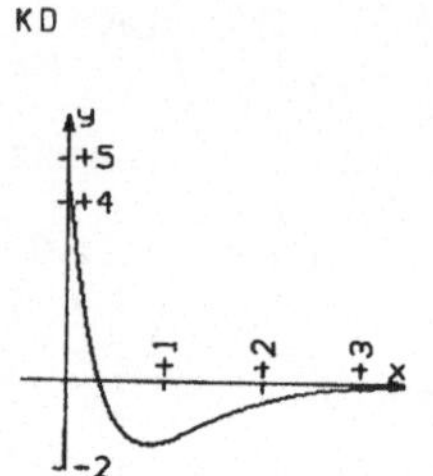

Graph:

900:"f":Y=5*(1-3*X
)*EXP (-2*X):
RETURN

Kurvendiskussion:

900:"f":Y=5*(1-3*X
)*EXP (-2*X):
RETURN

Nullstellen:

g=1E-8
x1= 0.4
xN= 3.333333333E-0
1
yN= 2.567085595E-1
0

Extrempunkte:

g=1E-4
s= 0.2
x1= 0.8
xT= 8.333337231E-0
1
yT=-1.416567021

Wendepunkte:

g=1E-4
s= 0.2
x1= 1.5
xW= 1.333339137
yW=-1.04224572

3.2.7 KLOTOIDE LP-Version

KL (LP) Dieses Peripherieprogramm setzt den Anschluß des PC-1500 (A) an den Drucker CE-150 voraus. Alle eingegebenen Daten werden beschriftet mitprotokolliert, und alle berechneten Daten werden beschriftet und formatiert ausgegeben.

Damit das Klotoidenprogramm lauffähig wird, muß sich auch das Zentralprogramm BESTIMMTES INTEGRAL im Hauptspeicher befinden.

Der vom Klotoidenprogramm verwendete Winkelmodus GRAD und der für das Programm BESTIMMTES INTEGRAL benötigte Winkelmodus RAD werden automatisch eingestellt.

Das Klotoidenprogramm ist ein aufwendiges Analysisprogramm. Es dient zur Planung und Berechnung des Verlaufs einer Schnellstraße, deren Achse aus Klotoidenabschnitten, Kreisbogenstücken und Strecken besteht.

Das als Unterprogramm verwendete Integrationsprogramm sowie eingearbeitete Iterationsverfahren und Koordinatentransformationen machen die Verwendung der traditionell benutzten Klotoidentafeln und speziellen Klotoidenkurvenlineale überflüssig.

Das Kernstück des Klotoidenprogramms ermöglicht die Berechnung der Koordinaten beliebig vieler Punkte auf einem Klotoidenabschnitt nebst ihren Begleitwerten beim Bekanntsein folgender Größen:

<u>Fall 1:</u> A, B, P_i, k_i

<u>Fall 2:</u> A, B, M_i, k_i

<u>Fall 3:</u> P_0, P_i, k_0, k_i

<u>Fall 4:</u> P_0, M_i, k_0, k_i

<u>Fall 5:</u> M_0, M_i, k_0, k_i

wobei $k_i = \pm 1/r_i$

$k_0 = \pm 1/r_0$

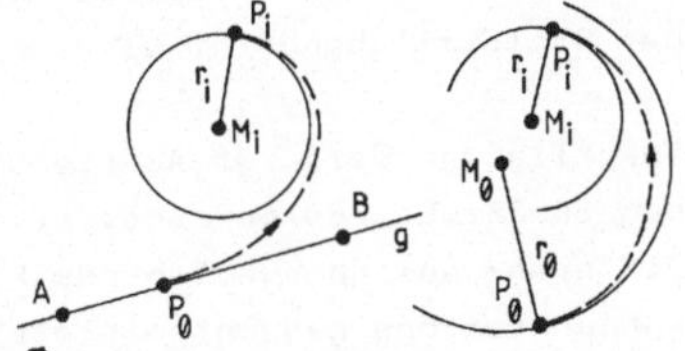

(+) Linkskrümmung: pos. Vorzeichen

(−) Rechtskrümmung: neg. Vorzeichen

In den Fällen 3 und 5 kann der Durchlaufsinn der Klotoide umgekehrt werden, d.h. durch die zur Pfeilrichtung in der Skizze entgegengesetzte Richtung gegeben sein.

Die Punkte A, B, P_0, P_i, M_0 und M_i sind dann als bekannt anzusehen, wenn ihre Koordinaten in einem beliebigen kartesischen Koordinatensystem vorliegen.

Zum Ursprung dieses Koordinatensystems muß die Klotoide nicht punktsymmetrisch sein, denn die notwendigen Koordinatentransformationen werden vom Programm selbständig durchgeführt.

Nach dem Programmaufruf wird zuerst nach dem Fall gefragt, der vorliegt. Die Antwort ist die betreffende Zahl 1 bis 5. Ein nachfolgendes ENTER führt zu den Eingabeaufforderungen für die gegebenen Stücke.

Dabei ist zu beachten, daß die Krümmungen k_0 und k_i - das sind bis auf ihr Vorzeichen die Kehrwerte der dazugehörigen Krümmungskreisradien - mit ihren Vorzeichen eingegeben werden müssen: Ist die Kurve im Durchlaufsinn rechtsgekrümmt, so ist das Vorzeichen negativ. Entsprechend ist das Vorzeichen positiv, wenn die Kurve im Durchlaufsinn linksgekrümmt ist.

In der vorliegenden LP-Version des Klotoidenprogramms sind die mit den Vorzeichen versehenen Kehrwerte der Krümmungskreisradien jeweils zweimal einzugeben, da eine Eingabe für das Protokoll benötigt wird.

Anschließend wird zur Auffindung der gesuchten Klotoide nach dem Schätzwert dt gefragt. Er ist die geschätzte absolute Differenz aus den Werten des Klotoidenparameters t in den Endpunkten des gesuchten Klotoidenabschnitts.

Wegen der Ähnlichkeit aller Klotoiden und der Proportionalität von Bogenlänge s und Klotoidenparameter t läßt sich dt gemäß der nebenstehenden Skizze relativ einfach schätzen, ohne daß ein Maßstab berücksichtigt werden muß.

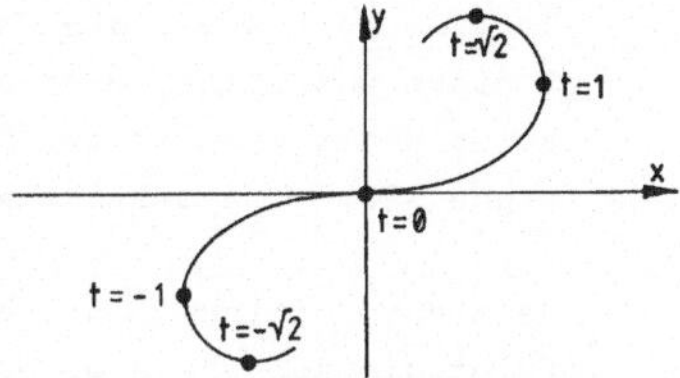

Der eingegebene Schätzwert wird nach einem ENTER verarbeitet. Die Antwort ist eine Dezimalzahl, die im folgenden Schätzwertgüte genannt wird und eine Aussage über die Genauigkeit des Schätzwertes macht: Ein zu kleines dt führt zu einer negativen Schätzwertgüte und ein zu großes dt zu einer positiven Schätzwertgüte. Je näher die Schätzwertgüte bei 0 liegt, desto genauer ist der Schätzwert für dt.

Nach der Ausgabe der Schätzwertgüte führt ein ENTER zurück zur Eingabeaufforderung für einen neuen Schätzwert dt. Diese Schleife kann beliebig oft durchlaufen werden.

Die Verarbeitung des Schätzwertes zur Schätzwertgüte erfolgt unter Verwendung des Integrationsprogramms. Um die Rechenzeit zu begrenzen, wird an dieser Stelle des Programms mit einer relativ groben Integrationsgenauigkeit gearbeitet.

Ist man mit der Schätzwertgüte zufrieden, so muß die Eingabeaufforderung für ein neues dt ignoriert werden. Dann erfolgt die programmgesteuerte Verbesserung des Schätzwertes dt aus der letzten Eingabe bis zu einer Genauigkeit von $5 \cdot 10^{-5}$.

Zur Kontrolle dieses zeitaufwendigen Vorgangs dient die Anzeige bzw. der gleichzeitige Ausdruck einer Zahlenfolge, die gegen 0 konvergieren muß.

Das in diesem Programmteil benutzte Integrationsprogramm arbeitet nun mit einer relativ großen Integrationsgenauigkeit. Soweit dabei die fest eingegebene Genauigkeitsstufe S nicht ausreicht, wird sie während des Programmablaufs selbständig verbessert. Dieser Vorgang wird durch das Tonsignal BEEP 1 akustisch angezeigt.

Nach der Auffindung des gesuchten Klotoidenabschnitts erfolgt die Ausgabe bzw. der Ausdruck wichtiger Klotoidendaten. Immer werden der Klotoidenparameter a sowie die Bogenlänge s des Klotoidenabschnitts ausgegeben.

In den Fällen 1 und 2 kommt dazu eine Angabe über die Kennstelle K am Ende des Klotoidenabschnitts, das nicht auf der Geraden liegt. Für die anderen Fälle erfolgt die Ausgabe der Kennstellen K_0 und K_i am Anfang und am Ende des Klotoidenabschnitts.

Unmittelbar nach der Ermittlung der Schätzwertgüte - aber auch nur in diesem Fall - können die entsprechenden Daten mit dem Befehl GOTO "DA hinsichtlich der dazugehörigen Näherungsklotoide abgerufen werden. Ein nachfolgendes ENTER führt hier genauso zur programmgesteuerten Verbesserung des Schätzwertes.

Nach der Ermittlung des Klotoidenabschnitts und der damit verbundenen Datenausgabe wird nach der Anzahl i $(i \geq 0)$ der Punkte auf dem Klotoidenabschnitt gefragt. Der Anfangspunkt ist P_0 und der Endpunkt ist P_i. Die Punkte liegen auf der Klotoide äquidistant.

Schließlich erfolgt noch die Abfrage der Ausbaugeschwindigkeit v der Straße in $km\,h^{-1}$.

Ein nachfolgendes ENTER führt zur Ausgabe von i+1 Datenpaketen. Jedes dieser Pakete enthält die Koordinaten eines Punktes auf dem Klotoidenabschnitt nebst dazugehörigen Begleitdaten.

So enthält etwa das erste Datenpaket die folgenden Angaben: die Punktkoordinaten x_0 und y_0 des Punktes P_0, die Mittelpunktkoordinaten x_{M0} und y_{M0} des Krümmungskreises der Klotoide im Punkt P_0, die Kennstelle K_0 im Punkt P_0, den Radius r_0 des genannten Krümmungskreises, die Krümmung k_0 der Klotoide im Punkt P_0 mit Vorzeichen und schließlich die theoretische Querneigung q_0 der Straße, deren Achse die Klotoide ist, in Prozent.

Diese Querneigung der Straße ist unter anderem von der Ausbaugeschwindigkeit abhängig. Bei einer derart quergeneigten Fahrbahn setzt die Resultierende aus Fliehkraftvektor und Eigengewichtsvektor des Fahrzeugs senkrecht zur Fahrbahnoberfläche auf. Dies hat zur Folge, daß in diesem Fall theoretisch keine Gegenlenkung des Fahrzeugs erforderlich ist.

Liegt eine Wendeklotoide vor, so wird in die Folge der Datenpakete zusätzlich das zum Wendepunkt gehörige Datenpaket mit dem Index W eingefügt.

Für die Straßenplanung ist berücksichtigt, daß mit dem Befehl GOTO "ZE die Zerlegung des Klotoidenabschnitts mit einem neuen i und einer neuen Ausbaugeschwindigkeit v beliebig oft wiederholt werden kann. Speziell liefert i=1 nur die Datenpakete für den Anfangs- und Endpunkt des Klotoidenabschnitts.

Zur Ermittlung von Punkten auf den im Straßenverlauf einzufügenden Krümmungskreisen enthält das vorliegende Programm ein Krümmungskreisteilprogramm mit dem Kürzel KK, das bei Vorgabe der beiden Krümmungskreisabschnittsendpunkte sowie der Krümmung k des Krümmungskreises die Koordinaten des Krümmungskreismittelpunktes und die Länge des Krümmungskreisabschnitts berechnet.

Ähnlich wie bei der Klotoide wird anschließend die Anzahl i ($i \geq 0$) der auf dem Krümmungskreisabschnitt äquidistant liegenden Punkte sowie die Ausbaugeschwindigkeit v in km h^{-1} abgefragt. Ein nachfolgendes ENTER löst die Berechnung und Ausgabe der theoretischen Querneigung des Krümmungskreisabschnitts sowie der Koordinaten der Unterteilungspunkte aus.

Auch hier kann ähnlich wie bei der Klotoide die Unterteilung mit dem Befehl GOTO "ze mit einem neuen i und einer neuen Ausbaugeschwindigkeit v beliebig oft wiederholt werden.

Alle ausgegebenen Koordinatenwerte beziehen sich auf das vorgegebene Koordinatensystem. Soweit man hinsichtlich der Klotoide an der Lage des Koordinatensystems interessiert ist, zu dessen Ursprung dieselbe punktsymmetrisch ist, lassen sich die dazugehörigen Daten aus den Variablen entnehmen.

Die ausführlichen Gleichungen der Klotoide in dem Koordinatensystem, zu dessen Ursprung sie punktsymmetrisch ist, lauten in Parameterdarstellung

$$x(t) = a \cdot \sqrt{\pi} \int_0^t \cos \frac{\pi \cdot t^2}{2} \, dt$$

$$y(t) = a \cdot \sqrt{\pi} \int_0^t \sin \frac{\pi \cdot t^2}{2} \, dt \quad .$$

Für die Verwendung des Integrationsprogramms werden die beiden Integrandenfunktionen benötigt. Ihre Unterbringung erfolgt in einer besonderen Programmzeile - in der Regel im frei zugänglichen Teil des Hauptspeichers - in der Form
Y = π/2*T*T : X = COS Y : Y = SGN(R-S)*SIN Y .

Die Konstanten vor den Integralen werden vom Klotoidenprogramm automatisch berücksichtigt.

Vorbereitung: Einrichtung der Programmzeile

```
... : "f" : Y = π/2*T*T : X = COS Y : Y = SGN(R-S)*
      SIN Y : RETURN
```

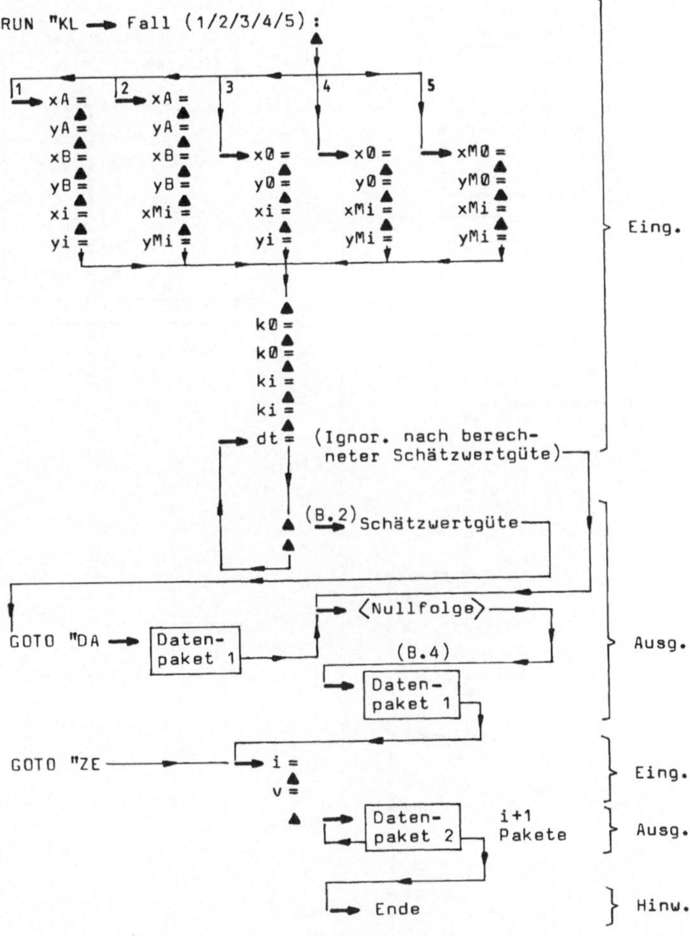
RUN "KL
Fall (1/2/3/4/5):
1
2
3
4
5
xA =
yA =
xB =
yB =
xi =
yi =
xA =
yA =
xB =
yB =
xMi =
yMi =
xØ =
yØ =
xi =
yi =
xØ =
yØ =
xMi =
yMi =
xMØ =
yMØ =
xMi =
yMi =
kØ =
kØ =
ki =
ki =
dt =
(Ignor. nach berechneter Schätzwertgüte)
(B.2) Schätzwertgüte
Eing.
GOTO "DA
Daten-paket 1
⟨Nullfolge⟩
(B.4)
Daten-paket 1
Ausg.
GOTO "ZE
i =
v =
Eing.
Daten-paket 2
i+1 Pakete
Ausg.
Ende
Hinw.

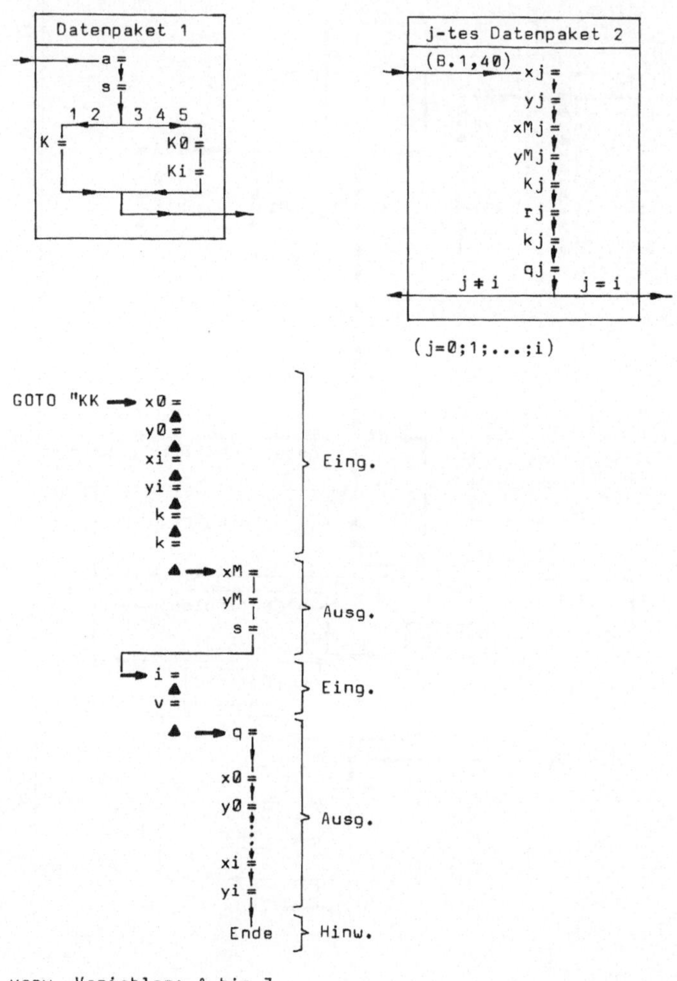

verw. Variablen: A bis Z

Z1, Z2, NN, B(16), BI

A$, B$, D$, G$

verw. Variablen:

Variable		Beschreibung
M	ξ	Für die Klotoide ist die Koordinatentransformation durch die Translation ξ,η und die Rotation α festgelegt.
N	η	
O	α	
A	x_j	Variablenbelegungen nach der Ausgabe des j-ten Datenpaketes 2 (j=0;1;...;i) hinsichtlich der Klotoide.
B	y_j	
D	r_j	
J	K_j	
K	k_j	Beim Krümmungskreis kann an entsprechender Stelle nur auf x_j und y_j zurückgegriffen werden.
L	q_j	
X	x_{Mj}	
Y	y_{Mj}	

3.2.8 KLOTOIDE

KL Dieses Klotoidenprogramm unterscheidet sich von der ausführlich beschriebenen LP-Version im wesentlichen dadurch, daß für die Datenausgaben nicht der Drucker CE-150 benötigt wird.

Alle Ausgaben erfolgen im Display und müssen mit ENTER jeweils schrittweise abgerufen werden.

Da die Dateneingabe nicht mitprotokolliert wird, entfällt an den entsprechenden Stellen die zweite Abfrage der Krümmung.

Das Programmablaufschema und die Variablenverwendung entsprechen ansonsten der LP-Version des Klotoidenprogramms.

Soweit sich beide Versionen des Klotoidenprogramms im Hauptspeicher befinden und auch benutzt werden sollen, ist es zweckmäßig, die bei den Programmierarbeitshilfen beschriebene Methode der Programmausblendung anzuwenden.

```
Prof. L.Marsolek
TFH Berlin

PC-1500 SHARP

Programmname:
KLOTOIDE
LP-Version

Blockname:
KL (LP)

Inhalt:
KL*DA*ZE*KK*ze*;

STATUS 1 =  3128

 10:"KL":GRAD :BI=
    1:DIM B(16):
    INPUT "Fall (1
    /2/3/4/5): ";Q
    :LPRINT "Fall:
    ";Q:LF 2
 20:ON QGOTO 30,30
    ,170,170,190
 30:INPUT "xA=";V,
    "yA=";W,"xB=";
    X,"yB=";Y:
    LPRINT "xA=";V
    :LPRINT "yA=";
    W:LPRINT "xB="
    ;X:LPRINT "yB=
    ";Y:LF 1
 40:Z=V*Y-X*W:W=Y-
    W:V=X-V:IF Z>0
    LET Z=-Z:W=-W:
    V=-V
 50:IF V=0LET Y=10
    0:GOTO 140
 60:Y=ATN (W/V):
    GOTO 140
 70:X=X-V:Y=Y-W
 80:Z=√(X*X+Y*Y):
    IF Z=0LET Y=0:
    RETURN
 90:Y=ACS (X/Z)*(
    SGN Y+(Y=0)):
    RETURN
100:X=Z*COS Y:Y=Z*
    SIN Y:RETURN
110:GOSUB 80:Y=Y+O
    :GOSUB 100:X=X
    +M:Y=Y+N:
    RETURN
120:IF SGN Y>0LET
    O=O-200:GOTO 2
    40
130:O=O+200:GOTO 2
    40
140:IF Q=1INPUT "x
    ;=";M,"y;=";N:
    LPRINT "x;=";M
    :LPRINT "y;=";
    N:GOTO 160
150:INPUT "xM;=";M
    ,"yM;=";N:
    LPRINT "xM;=";
    M:LPRINT "yM;=
    ";N
160:Z=(W*M-V*N-Z)/
    √(W*W+V*V):
    GOTO 220
170:INPUT "x0=";M,
    "y0=";N:LPRINT
    "x0=";M:LPRINT
    "y0=";N:IF Q=4
    GOTO 200
180:INPUT "x;=";X,
    "y;=";Y:LPRINT
    "x;=";X:LPRINT
    "y;=";Y:GOTO 2
    10
190:INPUT "xM0=";M
    ,"yM0=";N:
    LPRINT "xM0=";
    M:LPRINT "yM0=
    ";N
200:INPUT "xM;=";X
    ,"yM;=";Y:
    LPRINT "xM;=";
    X:LPRINT "yM;=
    ";Y
210:V=M:W=N:GOSUB
    70
220:LF 1:P=ABS Z:O
    =Y:INPUT "k0="
    ;S,"k0=";A$,"k
    ;=";R,"k;=";B$
    :LPRINT "k0= "
    ;A$:LPRINT "k;
    = ";B$
230:LF 1:IF Q<3AND
    SGN Z*SGN (R-S
    )>0GOTO 120
240:INPUT "dt=";V:
    LPRINT "dt=";V
    :CLS :B(6)=1:B
    (7)=1:GOSUB 49
    0:BEEP 2:USING
    :LPRINT Z-P:
    GOTO 240
250:CLS :GOTO 270
260:"DA":GOSUB 600
    :USING
270:WAIT 0:B(6)=.5
    E-4:B(7)=2:
    USING
280:W=V/π*ABS (R-S
    ):H=Z:V=W+B(6)
    :GOSUB 490:V=W
    -(H-P)/(Z-H)*B
    (6):GOSUB 490:
    USING :PRINT Z
    -P:LPRINT Z-P
290:IF ABS (Z-P)>B
    (6)GOTO 280
300:WAIT :LF 1:IF
    Q>2LET O=O-Y:E
    =F:GOTO 320
310:IF R=0LET E=-F
320:F=0:G$="pa":
    GOSUB 580:IF Q
    =5OR Q=2LET X=
    E:GOSUB 560:G=
    G-K:U=U+L
330:Y=U:X=G:GOSUB
    80:Y=Y+O:GOSUB
    100:M=M-X:N=N-
    Y:BEEP 4:GOSUB
    600
340:"ZE":INPUT ";=
    ";P,"v=";Z1:
    CLS :LF 1:
    USING :LPRINT
    " ;=";P:LPRINT
    " v=";Z1:W=V/π
    *(R-S)/P:F=0
350:FOR H=0TO P
360:E=V/π*S+W*H:IF
    SGN E+SGN C=0
    AND H<>0LET X=
    M:Y=N:D=E:E=0:
    B$="W=":LF 1:
    GOSUB 410:E=D
370:LF 1:IF R=0LET
    E=-E
380:GOSUB 580:C=E:
    IF R=0LET C=-C
390:X=G:Y=U:GOSUB
    110:B$=STR$ H+
    "=":GOSUB 410:
    NEXT H
400:PRINT "Ende":
    END
410:A=X:B=Y:X=E:IF
    X=0GOTO 430
420:GOSUB 560:X=G-
    K:Y=U+L:GOSUB
    110:D=V/π/ABS
    E:IF R=0LET E=
    -E
```

(Fortsetzung)

(Fortsetzung)

```
430:K=π*E/V:L=.786
    *Z1^2*ABS K:
    BEEP 1,40:Z2=A
    :GOSUB 650:
    LPRINT " x"+B$
    ;Z2:Z2=B:GOSUB
    650
440:LPRINT " y"+B$
    ;Z2
450:IF E=0LPRINT "
    xM"+B$;"yM"+B$
    ;"r"+B$;"K"+B$
    +"oo":GOTO 480
460:Z2=X:GOSUB 650
    :LPRINT "xM"+B
    $;Z2:Z2=Y:
    GOSUB 650:
    LPRINT "yM"+B$
    ;Z2:J=1/ABS E/
    √π:Z2=J:GOSUB
    670
470:LPRINT " K"+B$
    ;Z2:Z2=D:GOSUB
    650:LPRINT " r
    "+B$;Z2
480:Z2=K:GOSUB 650
    :LPRINT " k"+B
    $;Z2:Z2=L:
    GOSUB 670:
    LPRINT " q"+B$
    ;Z2;" %":CLS :
    RETURN
490:V=ABS (V*π/(R-
    S)):E=R*V/π:F=
    S*V/π
500:GOSUB 570:IF Q
    =2OR Q>3GOTO 5
    30
510:Y=U:X=G:IF Q<3
    LET Z=ABS Y:
    RETURN
520:GOSUB 80:
    RETURN
530:X=E:IF X=0LET
    X=-F
540:GOSUB 560:IF Q
    <>5LET G=G-K:U
    =U+L:GOTO 510
550:A=G-K:B=U+L:X=
    F:GOSUB 560:G=
    A+K:U=B-L:GOTO
    510
560:I=100*X^2:J=V/
    π/X:K=J*SIN I:
    L=J*COS I*SGN
    (R-S):RETURN
570:G$="pa":IF Q<3
    LET G$="k"
580:B(4)=E:B(5)=F:
    GOSUB "BI":
    GRAD :G=X*V:U=
    Y*V:GOTO ";"
590:";":RETURN
600:A=V/√π:B=A*A*
    ABS (R-S):C=1/
    ABS (R+S)/A
610:Z2=A:GOSUB 650
    :LPRINT " a=";
    Z2:Z2=B:GOSUB
    650:LPRINT " s
    =";Z2
620:IF Q<3LET Z2=C
    :GOSUB 670:
    LPRINT " K=";Z
    2:CLS :RETURN
630:D=1/ABS S/A:I=
    1/ABS R/A
640:Z2=D:GOSUB 670
    :LPRINT "K0=";
    Z2:Z2=I:GOSUB
    670:LPRINT "Ki
    =";Z2:CLS :
    RETURN
650:NN=3:GOSUB 680
    :IF LEN STR$
    INT ABS Z2<6
    USING "+######
    .###":RETURN
660:NN=2:GOSUB 680
    :USING "+#.##^
    ":RETURN
670:NN=1:GOSUB 680
    :IF LEN STR$
    INT ABS Z2<4
    USING "######.
    #":RETURN
680:Z2=SGN Z2*INT
    ((ABS Z2*10^NN
    )+.5)/10^NN:
    RETURN
690:GOTO 660
700:"KK":GRAD :
    INPUT "x0=";M,
    "y0=";N,"xi=";
    X,"yi=";Y,"k="
    ;K,"k=";A$:CLS
    :LPRINT "x0=";
    M
710:LPRINT "y0=";N
    :LPRINT "xi=";
    X:LPRINT "yi="
    ;Y:LF 1:LPRINT
    " k= ";A$:LF 1
    :V=M:W=N:H=(X+
    V)/2
720:I=(Y+W)/2:
    GOSUB 70:R=ASN
    (Z*K/2):S=(π/1
    00/K*R):T=Z/2/
    TAN R:Z=T:Y=Y+
    100:GOSUB 100:
    H=H+X
730:I=I+Y:Z2=H:
    GOSUB 650:
    LPRINT "xM=";Z
    2:Z2=I:GOSUB 6
    50:LPRINT "yM=
    ";Z2:Z2=S:
    GOSUB 650:
    LPRINT " s=";Z
    2
740:"ze":INPUT "i=
    ";J,"v=";U:LF
    1:USING :
    LPRINT " i=";J
    :LPRINT " v=";
    U:U=.786*U*U*
    ABS K:Z2=U
750:GOSUB 670:LF 1
    :LPRINT " q=";
    Z2;" %":LF 1:X
    =M:Y=N:V=H:W=I
    :GOSUB 70:P=Y
760:FOR Q=0TO J:Y=
    P+2*R/J*Q:
    GOSUB 100:A=H+
    X:Z2=A:GOSUB 6
    50:LPRINT "x"+
    STR$ Q+"=";Z2:
    B=I+Y:Z2=B:
    GOSUB 650
770:LPRINT "y"+
    STR$ Q+"=";Z2:
    LF 1:NEXT Q:
    GOTO 400
```

KLOTOIDE

Listing

```
Prof. L.Marsolek
TFH Berlin

PC-1500 SHARP

Programmname:
KLOTOIDE

Blockname:
KL

Inhalt:
KL*DA*ZE*KK*ze*i

STATUS 1 =   2692

 10:"KL":GRAD :BI=
    1:DIM B(16):
    INPUT "Fall (1
    /2/3/4/5): ";Q
    :ON QGOTO 20,2
    0,150,150,170
 20:INPUT "xA=";V,
    "yA=";W,"xB=";
    X,"yB=";Y:Z=V*
    Y-X*W:W=Y-W:V=
    X-V:IF Z>0LET
    Z=-Z:W=-W:V=-V
 30:IF V=0LET Y=10
    0:GOTO 120
 40:Y=ATN (W/V):
    GOTO 120
 50:X=X-V:Y=Y-W
 60:Z=√(X*X+Y*Y):
    IF Z=0LET Y=0:
    RETURN
 70:Y=ACS (X/Z)*(
    SGN Y+(Y=0)):
    RETURN
 80:X=Z*COS Y:Y=Z*
    SIN Y:RETURN
 90:GOSUB 60:Y=Y+O
    :GOSUB 80:X=X+
    M:Y=Y+N:RETURN
100:IF SGN Y>0LET
    O=O-200:GOTO 2
    10
110:O=O+200:GOTO 2
    10
120:IF Q=1INPUT "x
    i=";M,"yi=";N:
    GOTO 140
130:INPUT "xMi=";M
    ,"yMi=";N
140:Z=(W*M-V*N-Z)/
    √(W*W+V*V):
    GOTO 200
150:INPUT "x0=";M,
    "y0=";N:IF Q=4
    GOTO 180
160:INPUT "xi=";X,
    "yi=";Y:GOTO 1
    90
170:INPUT "xM0=";M
    ,"yM0=";N
180:INPUT "xMi=";X
    ,"yMi=";Y
190:V=M:W=N:GOSUB
    50
200:P=ABS Z:O=Y:
    INPUT "k0=";S,
    "ki=";R:IF Q<3
    AND SGN Z*SGN
    (R-S)>0GOTO 10
    0
210:INPUT "dt=";V:
    CLS :B(6)=1:B(
    7)=1:GOSUB 440
    :BEEP 2:USING
    :PRINT Z-P:
    GOTO 210
220:CLS :GOTO 240
230:"DA":GOSUB 550
    :USING
240:WAIT 0:B(6)=.5
    E-4:B(7)=2
250:W=V/π*ABS (R-S
    ):H=Z:V=W+B(6)
    :GOSUB 440:V=W
    -(H-P)/(Z-H)*B
    (6):GOSUB 440:
    USING :PRINT Z
    -P
260:IF ABS (Z-P)>B
    (6)GOTO 250
270:WAIT :IF Q>2
    LET O=O-Y:E=F:
    GOTO 290
280:IF R=0LET E=-F
290:F=0:G$="pa":
    GOSUB 530:IF Q
    =5OR Q=2LET X=
    E:GOSUB 510:G=
    G-K:U=U+L
300:Y=U:X=G:GOSUB
    60:Y=Y+O:GOSUB
    80:M=M-X:N=N-Y
    :BEEP 4:GOSUB
    550
310:"ZE":INPUT "i=
    ";P,"v=";Z1:
    CLS :W=V/π*(R-
    S)/P:F=0:FOR H
    =0TO P
320:E=V/π*S+W*H:IF
    SGN E+SGN C=0
    AND H<>0LET X=
    M:Y=N:D=E:E=0:
    B$="W=":LF 1:
    GOSUB 370:E=D
330:IF R=0LET E=-E
340:GOSUB 530:C=E:
    IF R=0LET C=-C
350:X=G:Y=U:GOSUB
    90:B$=STR$ H+"
    =":GOSUB 370:
    NEXT H
360:PRINT "Ende":
    END
370:A=X:B=Y:X=E:IF
    X=0GOTO 390
380:GOSUB 510:X=G-
    K:Y=U+L:GOSUB
    90:D=V/π/ABS E
    :IF R=0LET E=-
    E
390:K=π*E/V:L=.786
    *Z1^2*ABS K:
    BEEP 1,40:Z2=A
    :GOSUB 590:
    PRINT "x"+B$;Z
    2:Z2=B:GOSUB 5
    90:PRINT "y"+B
    $;Z2
400:IF E=0PRINT "x
    M"+B$;"yM"+B$;
    "r"+B$;"K"+B$+
    "oo":GOTO 430
410:Z2=X:GOSUB 590
    :PRINT "xM"+B$
    ;Z2:Z2=Y:GOSUB
    590:PRINT "yM"
    +B$;Z2:J=1/ABS
    E/√π:Z2=J:
    GOSUB 610
420:PRINT "K"+B$;Z
    2:Z2=D:GOSUB 5
    90:PRINT "r"+B
    $;Z2
430:Z2=K:GOSUB 590
    :PRINT "k"+B$;
    Z2:Z2=L:GOSUB
    610:PRINT "q"+
    B$;Z2;" %":CLS
    :RETURN
440:V=ABS (V*π/(R-
    S)):E=R*V/π:F=
    S*V/π
450:GOSUB 520:IF Q
    =2OR Q>3GOTO 4
    80
```

(Fortsetzung)

```
    (Fortsetzung)

460:Y=U:X=G:IF Q<3
    LET Z=ABS Y:
    RETURN
470:GOSUB 60:
    RETURN
480:X=E:IF X=0LET
    X=-F
490:GOSUB 510:IF Q
    <>5LET G=G-K:U
    =U+L:GOTO 460
500:A=G-K:B=U+L:X=
    F:GOSUB 510:G=
    A+K:U=B-L:GOTO
    460
510:I=100*X^2:J=U/
    π/X:K=J*SIN I:
    L=J*COS I*SGN
    (R-S):RETURN
520:G$="pa":IF Q<3
    LET G$="k"
530:B(4)=E:B(5)=F:
    GOSUB "BI":
    GRAD :G=X*U:U=
    Y*U:GOTO ";"
540:";":RETURN
550:A=U/√π:B=A*A*
    ABS (R-S):C=1/
    ABS (R+S)/A
560:Z2=A:GOSUB 590
    :PRINT "a=";Z2
    :Z2=B:GOSUB 59
    0:PRINT "s=";Z
    2:IF Q<3LET Z2
    =C;GOSUB 610:
    PRINT "K=";Z2:
    CLS :RETURN
570:D=1/ABS S/A:I=
    1/ABS R/A
580:Z2=D:GOSUB 610
    :PRINT "K0=";Z
    2:Z2=I:GOSUB 6
    10:PRINT "Ki="
    ;Z2:CLS :
    RETURN
590:NN=3:GOSUB 620
    :IF LEN STR$
    INT ABS Z2<6
    USING "+######
    .###":RETURN
600:NN=2:GOSUB 620
    :USING "+#.##^
    ":RETURN
610:NN=1:GOSUB 620
    :IF LEN STR$
    INT ABS Z2<4
    USING "######.
    #":RETURN
620:Z2=SGN Z2*INT
    ((ABS Z2*10^NN
    )+.5)/10^NN:
    RETURN
630:GOTO 600
640:"KK":GRAD :
    INPUT "x0=";M,
    "y0=";N, "xi=";
    X, "yi=";Y, "k="
    ;K:CLS :V=M:W=
    N:H=(X-V)/2
650:I=(Y+W)/2:
    GOSUB 50:R=ASN
    (Z*K/2):S=(π/1
    00/K*R):T=Z/2/
    TAN R:Z=T:Y=Y+
    100:GOSUB 80:H
    =H+X
660:I=I+Y:Z2=H:
    GOSUB 590:
    PRINT "xM=";Z2
    :Z2=I:GOSUB 59
    0:PRINT "yM=";
    Z2:Z2=S:GOSUB
    590:PRINT "s="
    ;Z2
670:"ze":INPUT "i=
    ";J, "v=";U:U=.
    786*U*U*ABS K:
    Z2=U:GOSUB 610
    :PRINT "q=";Z2
    ;" %"
680:X=M:Y=N:V=H:W=
    I:GOSUB 50:P=Y
690:FOR Q=0TO J:Y=
    P+2*R/J*Q:
    GOSUB 80:A=H+X
    :Z2=A:GOSUB 59
    0:PRINT "x"+
    STR$ Q+"=";Z2:
    B=I+Y:Z2=B:
    GOSUB 590
700:PRINT "y"+STR$
    Q+"=";Z2:NEXT
    Q:GOTO 360
```

Berechnung des Verlaufs der Achse einer Autorennbahn in einem Lageplan

Durch das im Lageplan ersichtliche Tal ist der Verlauf der Rennbahn zu projektieren.

Die Rennbahn soll von der Geraden g durch zwei Punkte G_1 und G_2 im Taleingang zur Geraden t durch zwei Punkte T_1 und T_2 im Talausgang führen.

Der Verlauf der Straßenachse sei an folgende Voraussetzungen gebunden:

Fall 1: ▪ Ein Klotoidenabschnitt KL_1 soll von der Geraden g zu dem Punkt A auf dem Krümmungskreis K_A mit dem Radius r_A führen. Der Mittelpunkt M_A von K_A ist zu berechnen.

Fall 3: ▪ Ein Klotoidenabschnitt KL_3 soll vom Punkt B auf dem Krümmungskreis K_B mit dem Radius r_B zu dem Punkt C auf dem Krümmungskreis K_C mit dem Radius r_C führen. Die Mittelpunkte M_B und M_C von K_B und K_C sind zu berechnen.

Fall 5: ▪ Ein Klotoidenabschnitt KL_2 (Wendeklotoide) soll vom Krümmungskreis K_A mit dem Radius r_A und dem (berechneten) Mittelpunkt M_A zum Krümmungskreis K_B mit dem Radius r_B und dem (berechneten) Mittelpunkt M_B führen.

Fall 4: ▪ Ein Klotoidenabschnitt KL_4 soll von einem Punkt D auf dem Krümmungskreis K_D mit dem Radius r_D zum Krümmungskreis K_C mit dem Radius r_C und dem (berechneten) Mittelpunkt M_C führen. Der Mittelpunkt M_D von K_D ist zu berechnen.

Fall 2: ▪ Ein Klotoidenabschnitt KL_5 soll von der Geraden t zum Krümmungskreis K_D mit dem Radius r_D und dem (berechneten) Mittelpunkt M_D führen.

Zu berechnen sind ferner die Koordinaten von etwa 50 näherungsweise äquidistant liegenden Punkten auf der Straßenachse zwischen den Abzweigungen von den Geraden nebst ihren Begleitwerten.

Die Ausbaugeschwindigkeit der Rennbahn soll $v = 180\ \mathrm{km\,h^{-1}}$ betragen.

Vorgegebene Werte in m: G_1(+920,048 / +3240,012)
G_2(+1600,664 / +3291,492)
A (-198,401 / +2902,300)
r_A = 922,000
B (+2200,030 / +1820,114)
r_B = 821,000
C (+2200,020 / +101,213)
r_C = 1102,000
D (+801,028 / +202,442)
r_D = 4020,000
T_1(-198,226 / +797,504)
T_2(+201,642 / +399,005)

Reihenfolge der zu berechnenden Stücke: $KL_1 \longrightarrow KL_3 \longrightarrow KL_2 \longrightarrow$
$K_A \longrightarrow K_B \longrightarrow KL_4 \longrightarrow K_C \longrightarrow KL_5 \longrightarrow K_D$

Hinweis: Alle folgenden Daten können auch mit dem Programm KLOTOIDE gewonnen werden, nur erfolgt hier die Ausgabe aller Werte im Display.

KLOTOIDE LP-Version

Beispiele

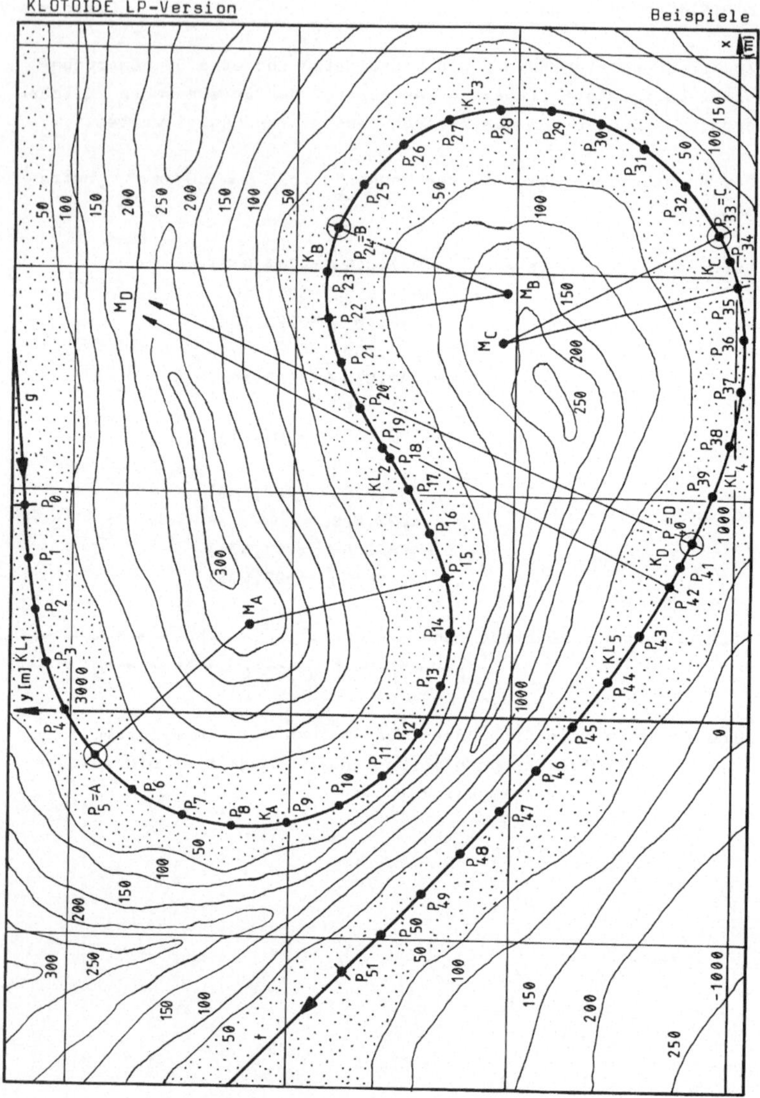

KLOTOIDE LP-Version

Beispiele

```
Fall: 1                      KL1

xA= 920.048
yA= 3240.012
xB= 1600.664
yB= 3291.492

xi=-198.401
yi= 2902.3

k0= 0
ki= 1/922

dt= 0.64
      -5.3716647
       0.0411421
       0.0000068

 a= +1051.705
 s= +1199.656
 K=       0.9

 i= 5
 v= 180

 x0=   +929.154
 y0=  +3240.701
xM0=yM0=r0=K0=oo             P0
 k0=     +0.000
 q0=      0.0 %

 x1=   +690.079
 y1=  +3220.531
xM1=  +1157.267
yM1=  -1365.735
 K1=      4.4                P1
 r1= +4610.000
 k1=     +0.000
 q1=      5.5 %

 x2=   +452.431
 y2=  +3187.958
xM2=   +864.154
yM2=   +920.028              P2
 K2=      2.2
 r2= +2305.000
 k2=     +0.000
 q2=     11.0 %

 x3=   +219.559
 y3=  +3130.895
xM3=   +687.893
yM3=  +1667.336              P3
 K3=      1.5
 r3= +1536.667
 k3=     +0.001
 q3=     16.6 %
```

```
 x4=     -1.457
 y4=  +3038.377
xM4=   +542.830
yM4=  +2022.499              P4
 K4=      1.1
 r4= +1152.500
 k4=     +0.001
 q4=     22.1 %

 x5=   -198.401
 y5=  +2902.300
xM5=   +413.745
yM5=  +2212.836              P5
 K5=      0.9
 r5=   +922.000
 k5=     +0.001
 q5=     27.6 %

ungerundet:

xM5= 413.7452553
yM5= 2212.835741
```

```
Kreis                        KA

x0=-198.401
y0= 2902.3
xi= 626.1965527
yi= 1315.646545

 k= 1/922

xM=  +413.745
yM= +2212.836
 s= +2441.493

 i= 10
 v= 180

 q=     27.6 %

x0=  -198.401                P5
y0= +2902.300

x1=  -357.511                P6
y1= +2718.057

x2=  -462.854                P7
y2= +2498.594

x3=  -507.088                P8
y3= +2259.209

x4=  -487.128                P9
y4= +2016.593
```

```
x5=  -404.366                P10
y5= +1787.656

x6=  -264.572                P11
y6= +1588.360

x7=   -77.490                P12
y7= +1432.598

x8=  +143.836                P13
y8= +1331.227

x9=  +383.979                P14
y9= +1291.316

x10=  +626.197               P15
y10= +1315.647
```

```
Fall: 5                      KL2

xM0= 413.7452553
yM0= 2212.835741
xMi= 1913.161547
yMi= 1050.862747

k0= 1/922
ki= -1/821

dt= 0.975
        -0.232603
         0.000299
         0.000001

 a=   +750.807
 s=  +1298.016
K0=       1.2
Ki=       1.1

 i= 6
 v= 180

 x0=   +626.197
 y0=  +1315.647
xM0=   +413.745
yM0=  +2212.836              P15
 K0=      1.2
 r0=   +922.000
 k0=     +0.001
 q0=     27.6 %

 x1=   +830.117
 y1=  +1386.864
xM1=   +240.952
yM1=  +2686.434              P16
 K1=      1.9
 r1= +1426.884
 k1=     +0.001
 q1=     17.8 %
```

```
 x2= +1021.143
 y2= +1488.170
xM2=  -588.914
yM2= +4200.270
 K2=     4.2        P17
 r2= +3154.008
 k2=    +0.000
 q2=     8.1 %

 xW= +1173.073
 yW= +1582.290
xMW=yMW=rW=KW=oo    P18
 kW=    +0.000
 qW=     0.0 %

 x3= +1204.863
 y3= +1602.383
xM3= +9202.796
yM3=-11074.903
 K3=    20.0        P19
 r3=+14989.346
 k3=    +0.000
 q3=     1.7 %

 x4= +1390.194
 y4= +1713.922
xM4= +2467.809
yM4=  -226.797
 K4=     3.0        P20
 r4= +2219.830
 k4=    +0.000
 q4=    11.5 %

 x5= +1585.367
 y5= +1806.836
xM5= +2016.488
yM5=  +688.377
 K5=     1.6        P21
 r5= +1198.673
 k5=    -0.001
 q5=    21.2 %

 x6= +1793.788
 y6= +1863.138
xM6= +1913.162
yM6= +1050.863
 K6=     1.1        P22
 r6=  +821.000
 k6=    -0.001
 q6=    31.0 %

ungerundet:

x0= 626.1965527
y0= 1315.646545

x6= 1793.787605
y6= 1863.13786
```

```
Kreis                           KB

x0= 1793.787605
y0= 1863.13786
xi= 2200.03
yi= 1820.114

 k= -1/821

xM= +1913.162
yM= +1050.863
 s=  +412.850

 i= 2
 v= 180

 q=     31.0 %

x0= +1793.788                   P22
y0= +1863.138

x1= +1999.628                   P23
y1= +1867.297

x2= +2200.030                   P24
y2= +1820.114
```

```
Fall: 3                         KL3

x0= 2200.03
y0= 1820.114
xi= 2200.02
yi= 101.213

k0= -1/821
ki= -1/1102

dt= 0.463
              0.107341
              -0.00003

 a= +2642.092
 s= +2168.090
K0=      0.3
Ki=      0.4

 i= 9
 v= 180

 x0= +2200.030
 y0= +1820.114
xM0= +1913.162
yM0= +1050.863                  P24
 K0=     0.3
 r0=  +821.000
 k0=    -0.001
 q0=    31.0 %
```

```
 x1= +2410.440
 y1= +1704.545
xM1= +1901.648
yM1= +1029.969
 K1=     0.3
 r1=  +844.939      P25
 k1=    -0.001
 q1=    30.1 %

 x2= +2579.885
 y2= +1534.427
xM2= +1883.702
yM2= +1012.144
 K2=     0.3        P26
 r2=  +870.316
 k2=    -0.001
 q2=    29.3 %

 x3= +2696.414
 y3= +1324.440
xM3= +1860.194
yM3=  +999.141
 K3=     0.3        P27
 r3=  +897.265
 k3=    -0.001
 q3=    28.4 %

 x4= +2753.076
 y4= +1091.021
xM4= +1832.404
yM4=  +992.436
 K4=     0.4
 r4=  +925.936      P28
 k4=    -0.001
 q4=    27.5 %

 x5= +2747.785
 y5=  +850.837
xM5= +1801.932
yM5=  +993.150
 K5=     0.4        P29
 r5=  +956.499
 k5=    -0.001
 q5=    26.6 %

 x6= +2682.795
 y6=  +619.510
xM6= +1770.591
yM6= +1002.001      P30
 K6=     0.4
 r6=  +989.149
 k6=    -0.001
 q6=    25.7 %
```

```
x7= +2563.921
y7=  +410.645
xM7= +1740.306
yM7= +1019.294
K7=      0.4        P31
r7= +1024.107
k7=     -0.001
q7=     24.9 %

x8= +2399.614
y8=  +235.209
xM8= +1713.017
yM8= +1044.922
K8=      0.4        P32
r8= +1061.627
k8=     -0.001
q8=     24.0 %

x9= +2200.020
y9=  +101.213
xM9= +1690.607
yM9= +1078.404
K9=      0.4        P33
r9= +1102.000
k9=     -0.001
q9=     23.1 %
```

ungerundet:

```
xM0= 1913.161547
yM0= 1050.862747
xM9= 1690.60698
yM9= 1078.404104
```

Kreis

```
                    KC
x0= 2200.02
y0= 101.213
xi= 1965.752941
yi= 11.3058431

k= -1/1102

xM= +1690.607
yM= +1078.404
s=  +251.472

i= 2
v= 180

q=     23.1 %

x0= +2200.020       P33
y0=  +101.213

x1= +2085.454       P34
y1=   +49.570
```

```
x2= +1965.753       P35
y2=   +11.306
```

Fall: 4

```
                    KL4
x0= 801.028
y0= 202.442
xMi= 1690.60698
yMi= 1078.404104

k0= 1/4020
ki= 1/1102

dt= 0.5
        -2.827415
         0.017875
         0.000004

a= +1352.573
s= +1205.033
K0=      3.0
Ki=      0.8

i= 5
v= 180

x0=  +801.028
y0=  +202.442
xM0= +2528.854
yM0= +3832.183      P40
K0=      3.0
r0= +4020.000
k0=     +0.000
q0=      6.3 %

x1= +1022.102
y1=  +106.616
xM1= +1968.696
yM1= +2558.396      P39
K1=      1.9
r1= +2628.168
k1=     +0.000
q1=      9.7 %

x2= +1250.966
y2=   +31.455
xM2= +1754.505
yM2= +1917.647      P38
K2=      1.4
r2= +1952.247
k2=     +0.001
q2=     13.0 %
```

```
x3= +1487.267
y3=   -14.937
xM3= +1675.556
yM3= +1526.480      P37
K3=      1.1
r3= +1552.874
k3=     +0.001
q3=     16.4 %

x4= +1727.800
y4=   -24.241
xM4= +1663.982
yM4= +1263.330
K4=      1.0        P36
r4= +1289.151
k4=     +0.001
q4=     19.8 %

x5= +1965.753
y5=   +11.306
xM5= +1690.607
yM5= +1078.404
K5=      0.8        P35
r5= +1102.000
k5=     +0.001
q5=     23.1 %
```

ungerundet:

```
xM0= 2528.853999
yM0= 3832.182668
xi= 1965.752941
yi= 11.3058431
```

Kreis

```
                    KD
x0= 801.028
y0= 202.442
xi= 608.833162
yi= 300.338955

k= -1/4020

xM= +2528.854
yM= +3832.183
s=  +215.717

i= 2
v= 180

q=      6.3 %

x0=  +801.028       P40
y0=  +202.442

x1=  +704.274       P41
y1=  +250.101
```

KLOTOIDE LP-Version

Beispiele

```
x2=   +608.833
y2=   +300.339          P42
```

Fall: 2

```
                        KL5
xA=-198.226
yA= 797.504
xB= 201.642
yB= 399.005

xMi= 2528.853999
yMi= 3832.182668

k0= 0
ki= 1/4020

dt= 0.42
           -3.245154
            0.076698
            0.000059
                   0

 a= +3038.987
 s= +2297.373
 K=      1.3

 i= 9
 v= 180

 x0= -1158.766
 y0= +1754.756
xM0=yM0=r0=K0=oo
 k0=     +0.000     P51
 q0=       0.0 %

 x1=   -977.747
 y1= +1574.780
xM1=+24470.908
yM1=+27291.669
 K1=      11.9      P50
 r1=+36180.000
 k1=     +0.000
 q1=       0.7 %

 x2=   -795.463
 y2= +1396.086
xM2=+11792.073
yM2=+14388.471
 K2=       6.0      P49
 r2=+18090.000
 k2=     +0.000
 q2=       1.4 %
```

```
 x3=    -610.677
 y3=  +1219.984
xM3=  +7626.939
yM3=+10028.235
 K3=        4.0      P48
 r3=+12060.000
 k3=      +0.000
 q3=        2.1 %

 x4=    -422.208
 y4=  +1047.834
xM4=  +5591.005
yM4=  +7804.556
 K4=        3.0      P47
 r4=  +9045.000
 k4=      +0.000
 q4=        2.8 %

 x5=    -228.959
 y5=    +881.074
xM5=  +4407.599
yM5=  +6436.434
 K5=        2.4      P46
 r5=  +7236.000
 k5=      +0.000
 q5=        3.5 %

 x6=     -29.953
 y6=    +721.236
xM6=  +3651.337
yM6=  +5497.113
 K6=        2.0      P45
 r6=  +6030.000
 k6=      +0.000
 q6=        4.2 %

 x7=    +175.634
 y7=    +569.967
xM7=  +3140.041
yM7=  +4803.928
 K7=        1.7      P44
 r7=  +5168.571
 k7=      +0.000
 q7=        4.9 %

 x8=    +388.431
 y8=    +429.037
xM8=  +2782.712
yM8=  +4265.757
 K8=        1.5      P43
 r8=  +4522.500
 k8=      +0.000
 q8=        5.6 %
```

```
 x9=   +608.833
 y9=   +300.339
xM9= +2528.854
yM9= +3832.183
 K9=       1.3      P42
 r9= +4020.000
 k9=     +0.000
 q9=       6.3 %
```

ungerundet:

```
x9= 608.833162
y9= 300.338955
```

Gesamtlaenge zwischen P_0 und P_{51} :

s= 11489.700 m

3.2.9 FLÄCHENSCHWERPUNKT

FS Das Flächenschwerpunktprogramm ist ein Peripherieprogramm. Es ist nur dann lauffähig, wenn sich auch die Zentralprogramme BESTIMMTES INTEGRAL und NULLSTELLE im Hauptspeicher befinden.

Bei Vorgabe zweier integrierbarer Funktionen y = f(x) und z = g(x) wird - wie im Integrationsprogramm - zuerst nach der Integrationsgenauigkeit I_g und sodann nach der Genauigkeitsstufe S (S=1;2;...) gefragt.

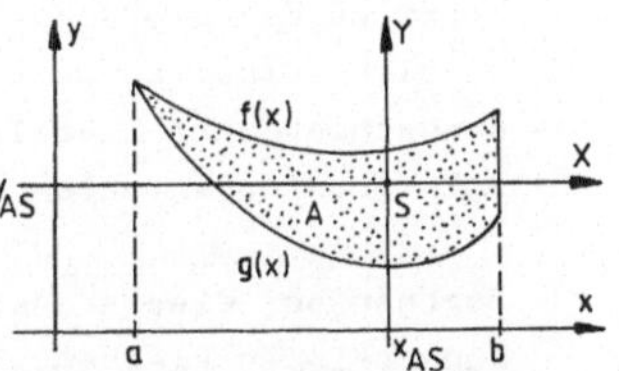

Danach sind die Intervallgrenzen a und b einzugeben. Soweit diese Grenzen die Abszissenwerte der Schnittpunkte der zu f(x) und g(x) gehörigen Graphen darstellen und nur näherungsweise bekannt sind, ist die Eingabeaufforderung für a bzw. b zu ignorieren. Wenn dies geschieht, wird anschließend hinsichtlich des Nullstellenprogramms nach den betreffenden Startwerten a_1 bzw. b_1 gefragt. Die Lösungen für a bzw. b werden mit einer voreingestellten Genauigkeit $g=10^{-8}$ berechnet und nach dem Tonsignal BEEP 2 zur Kontrolle im Display angezeigt.

Die in der Hauptprogrammversion des Nullstellenprogramms ausgegebene Nullfolge bleibt hier unsichtbar.

Sobald die Intervallgrenzen vorliegen, erfolgt die Berechnung des Flächeninhaltes A des Flächenstücks zwischen den Graphen von f(x) und g(x) innerhalb der genannten Grenzen. Im Intervall [a;b] muß $f(x) \geqq g(x)$ gelten, damit A positiv ausfällt.

Anschließend erfolgt die Ermittlung der statischen Momente M_{Ax} und M_{Ay} des Flächenstücks hinsichtlich der x- bzw.

y-Achse des Koordinatensystems. Damit liegen auch die Flächenschwerpunktkoordinaten x_{AS} und y_{AS} fest.

Nun ermittelt das Programm die äquatorialen Flächenträgheitsmomente I_{Ax} und I_{Ay} des Flächenstücks hinsichtlich der Koordinatenachsen. Aus den äquatorialen Flächenträgheitsmomenten wird das polare Flächenträgheitsmoment I_{Az} gebildet, das auf die z-Achse bezogen ist, die zusammen mit den genannten Achsen ein räumliches kartesisches Koordinatensystem bildet.

Jetzt werden die Achsen des x,y-Koordinatensystems parallel zu sich selbst so weit verschoben, bis sie durch den Flächenschwerpunkt S verlaufen. Dieser Vorgang führt zu dem X,Y-Koordinatensystem.

Bezogen auf dieses neue Koordinatensystem werden nun die äquatorialen Flächenträgheitsmomente I_{AX} und I_{AY} sowie das polare Flächenträgheitsmoment I_{AZ} des Flächenstücks berechnet.

Die Rotation des Flächenstücks um die x-Achse erzeugt einen Drehkörper mit dem Volumen V_x. Dessen Körperträgheitsmoment ist - bezogen auf seine Symmetrieachse - I_{Vx}. Sein statisches Moment bezogen auf die y,z-Ebene ist M_{Vyz}. Der Schwerpunkt dieses Drehkörpers liegt stets auf der x-Achse. Seine Abszisse ist x_{VS}.

Nach der Ermittlung von x_{VS} wird das Programmende durch das Tonsignal BEEP 3 signalisiert und die zuerst berechnete Größe - nämlich A - wird im Display angezeigt. Nachfolgende ENTER bringen die weiteren ermittelten Größen in der aufgeführten Reihenfolge zur Anzeige.

Nach der Ausgabe von x_{VS} führt ein ENTER zum Rücksprung zur Eingabeaufforderung für die Integrationsgenauigkeit I_g. Nun können unter Beibehaltung der Funktionen die anderen einzugebenden Größen, speziell die Intervallgrenzen, verändert werden.

Da während des Programmablaufs die genannten Größen in der beschriebenen Reihenfolge fortlaufend im Display angezeigt werden, kann das Programm - soweit die letzteren Größen nicht benötigt werden - zwischenzeitlich abgebrochen werden.

Die Funktionen f(x) und g(x) sind aus dem Programm ausgegliedert. Sie werden in einer besonderen Programmzeile - in der Regel im frei zugänglichen Teil des Hauptspeichers - untergebracht. Sie haben dort die Gestalten Y = Y(X) und Z = Z(X). Ihre Zusammenstellung zu den Integranden der betreffenden Integrale erfolgt jedoch im Flächenschwerpunktprogramm.

Die Auslagerung der Funktionsanweisungen aus dem Flächenschwerpunktprogramm ist im SHARP-BASIC nicht zu umgehen, wenn das Programm universal einsetzbar bleiben soll. Das damit verbundene Hin- und Herspringen zwischen dem Programm und der Funktionszeile führt nicht nur zu längeren Rechenzeiten, sondern beansprucht auch den BASIC-Stack bis an die Grenzen seiner Kapazität.

Beide genannten Nachteile lassen sich durch die Verwendung der BASIC 84-Instruktionen umgehen. Ein Vergleich der Rechenzeiten bei Verwendung der vorliegenden SHARP-BASIC-Version des Flächenschwerpunktprogramms sowie der dazugehörigen BASIC 84-Version zeigt eindeutig die Vorzüge des neuen BASIC 84.

Die berechneten Werte ab V_x sind nur dann sinnvoll, wenn die x-Achse das Flächenstück nicht schneidet.

Vorbereitung: Einrichtung der Programmzeile

```
... : "f" : Y = Y(X) : Z = Z(X) : GOSUB "fs" : RETURN
```

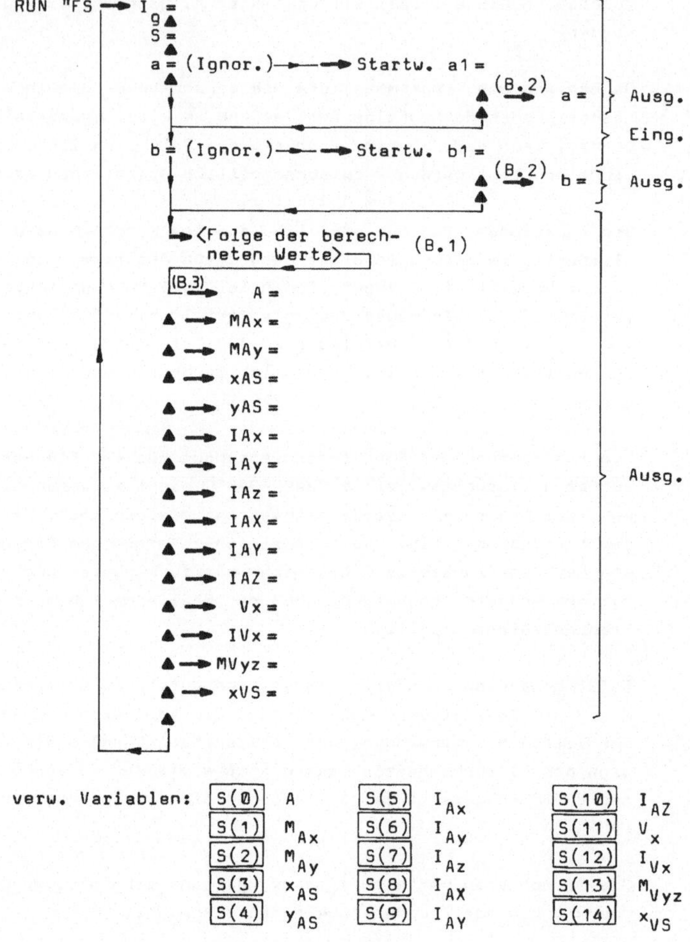

verw. Variablen:

S(0)	A	S(5)	I_{Ax}	S(10)	I_{AZ}
S(1)	M_{Ax}	S(6)	I_{Ay}	S(11)	V_x
S(2)	M_{Ay}	S(7)	I_{Az}	S(12)	I_{Vx}
S(3)	x_{AS}	S(8)	I_{AX}	S(13)	M_{Vyz}
S(4)	y_{AS}	S(9)	I_{AY}	S(14)	x_{VS}

ferner: I, T, X, Y, Z
BI, NU, B(16), N(4), S(14)
A$, D$, G$

FLÄCHENSCHWERPUNKT   Listing

```
Prof. L.Marsolek
TFH Berlin

PC-1500 SHARP

Programmname:
FLAECHEN-
SCHWERPUNKT

Blockname:
FS

Inhalt:
FS*fs

STATUS 1 =  939

 10:"FS":DIM B(16)
    ,S(14):G$="":B
    I=1
 20:DATA "A=","MAx
    =","MAy=","xAS
    =","yAS=","IAx
    =","IAy=","IAz
    =","IAX=","IAY
    =","IAZ="
 30:DATA "Vx=","IV
    x=","MVyz=","x
    VS="
 40:RESTORE :INPUT
    "Ig=";B(6),"S=
    ";B(7),"a=";B(
    5):GOTO 60
 50:INPUT "Startw.
     al=";B(8):
    GOSUB 240:
    PRINT "a=";X:B
    (5)=X
 60:INPUT "b=";B(4
    ):GOTO 80
 70:INPUT "Startw.
     bl=";B(8):
    GOSUB 240:
    PRINT "b=";X:B
    (4)=X
 80:CLS :WAIT 0:
    FOR I=0TO 2:
    GOSUB 210:NEXT
    I:I=3:PAUSE :Y
    =S(2)/S(0):
    GOSUB 220:
    PAUSE :I=4:Y=S
    (1)/S(0):GOSUB
    220
 90:FOR I=5TO 6:
    GOSUB 210:NEXT
    I:PAUSE :I=7:Y
    =S(5)+S(6):
    GOSUB 220:
    PAUSE :I=8
100:Y=S(5)-S(0)*S(
    4)^2:GOSUB 220
    :PAUSE :I=9:Y=
    S(6)-S(0)*S(3)
    ^2:GOSUB 220:
    PAUSE :I=10:Y=
    S(8)+S(9)
110:GOSUB 220:
    PAUSE :I=11:Y=
    2*π*ABS S(4)*S
    (0):GOSUB 220:
    FOR I=12TO 13:
    GOSUB 210:NEXT
    I:PAUSE
120:I=14:Y=S(13)/S
    (11):GOSUB 220
    :BEEP 3:
    RESTORE
130:WAIT :FOR I=0
    TO 14:GOSUB 23
    0:NEXT I:GOTO
    40
140:"fs":IF I=0LET
    Y=Y-Z:RETURN
150:IF I=1LET Y=(Y
    *Y-Z*Z)/2:
    RETURN
160:IF I=2LET Y=X*
    (Y-Z):RETURN
170:IF I=5LET Y=(Y
    ^3-Z^3)/3:
    RETURN
180:IF I=6LET Y=(Y
    -Z)*X*X:RETURN
190:IF I=12LET Y=
    ABS (Y^4-Z^4)*
    π/2:RETURN
200:IF I=13LET Y=
    ABS (Y*Y-Z*Z)*
    X*π:RETURN
210:GOSUB "BI"
220:S(I)=Y
230:READ A$:PRINT
    A$;S(I):RETURN
240:IF NU=0DIM N(4
    ):N(0)=1E-8
250:NU=1:N(1)=B(8)
    :CLS :GOSUB "N
    U":BEEP 2:
    RETURN
```

FLÄCHENSCHWERPUNKT

Beispiele

FS

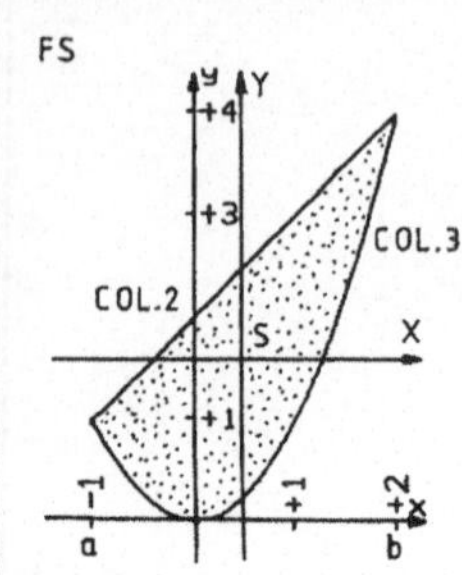

Graphen:

```
900:"f":Y=X+2:
     COLOR 2:RETURN
900:"f":Y=X*X:
     COLOR 3:RETURN
```

Flaechenschwer-
punkt:

```
900:"f":Y=X+2:Z=X*
     X:GOSUB "fs":
     RETURN

Ig=1E-4
 S=2
 a=-1
 b= 2

A= 4.5
MAx= 7.200000003
MAy= 2.25
xAS= 0.5
yAS= 1.600000001
IAx= 15.10714286
IAy= 3.15
IAz= 18.25714286
IAX= 3.587142846
IAY= 2.025
IAZ= 5.612142846
Vx= 45.23893424
IVx= 231.8495379
MVyz= 35.34291736
xVS= 7.812499997E-
01
```

Bemerkg.: S wird
auf 3 verbessert

FS

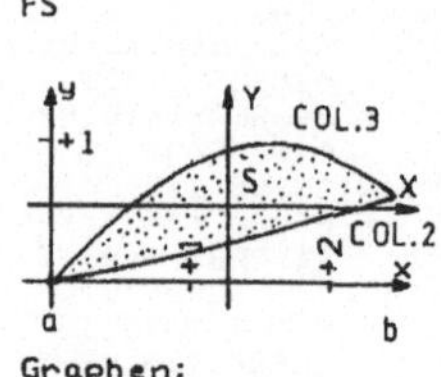

Graphen:

```
900:"f":Y=SIN X:
     COLOR 3:RETURN
900:"f":Y=EXP (.2*
     X)-1:COLOR 2:
     RETURN
```

Flaechenschwer-
punkt:

```
900:"f":Y=SIN X:Z=
     EXP (.2*X)-1:
     GOSUB "fs":
     RETURN

Ig=1E-4
 S=2
 a=0
Startw. b1=2.4

b= 2.454960222

A= 1.058663675
MAx= 5.913259555E-
01
MAy= 1.338146226
xAS= 1.263995599
yAS= 5.585588412E-
01
IAx= 3.837397945E-
01
IAy= 1.999811968
IAz= 2.383551763
IAX= 0.053449454
IAY= 3.084010275E-
01
IAZ= 3.618504815E-
01
Vx= 3.715410556
IVx= 1.706639904
MVyz= 5.220851587
xVS= 1.405188339
```

FS

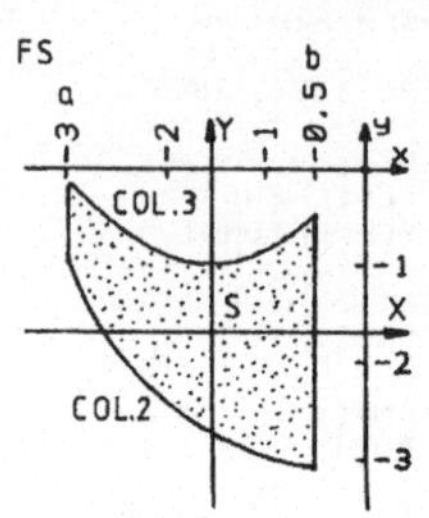

Graphen:

```
900:"f":Y=SIN X:
     COLOR 3:RETURN
900:"f":Y=-√(π*π-X
     *X):COLOR 2:
     RETURN
```

Flaechenschwer-
punkt:

```
900:"f":Y=SIN X:Z=
     -√(π*π-X*X):
     GOSUB "fs":
     RETURN

Ig=1E-4
 S=3
 a=-3
 b=-0.5

A= 4.231423888
MAx=-7.092728028
MAy=-6.604449975
xAS=-1.560810297
yAS=-1.676203617
IAx= 13.56863713
IAy= 12.40846758
IAz= 25.97710471
IAX= 1.679780759
IAY= 2.100174053
IAZ= 3.779954812
Vx= 44.56492452
IVx= 179.2491094
MVyz=-64.38814235
xVS=-1.444816592
```

Bemerkg.: S wird
auf 4 verbessert

3.2.10 FLÄCHENSCHWERPUNKT

#FS Dieser BASIC 84-Version des Flächenschwerpunktprogramms liegt dasselbe Konzept zugrunde wie seiner dazugehörigen SHARP-BASIC-Version.

Hinsichtlich der vorgegebenen Funktionen f(x) und g(x) weist das vorliegende Programm jedoch die Vorzüge einer eleganteren Eingabe dieser Funktionen und einer Verkürzung der mit ihrer Verarbeitung verbundenen Rechenzeiten auf.

Das Programm FLÄCHENSCHWERPUNKT # ist als Peripherieprogramm nur dann lauffähig, wenn sich auch die Zentralprogramme BESTIMMTES INTEGRAL # und NULLSTELLE # im Hauptspeicher befinden.

Von den zuletzt genannten Programmen werden nur ihre Unterprogrammversionen verwendet. Zu ihnen gehören die Labels "bi" und "nu", deren Namen an diejenigen der entsprechenden Hauptprogramme erinnern sollen.

Mit den beiden Unterprogrammaufrufen GSB "bi" ; 1 und GSB "nu" ; 0 werden gleichzeitig Parameter an die lokalen Variablen BI und NU übergeben, die die Ausgaben von Zwischenwerten für die Integrale bzw. von Nullfolgen für die Nullstellenberechnungen steuern.

In diesem Zusammenhang wird hier so verfahren, daß Zwischenwerte für Integrale nicht ausgegeben werden, jedoch im Gegensatz zur SHARP-BASIC-Version des Flächenschwerpunktprogramms die Anzeige der zur Nullstellenberechnung gehörigen Nullfolge im Display erfolgt.

Ein weiterer Vorteil der BASIC 84-Version des Flächenschwerpunktprogramms ist noch darin zu sehen, daß nach vollendetem Programmdurchlauf ein Rücksprung zur Eingabeaufforderung für f(x) erfolgt. Sowohl die Eingabeaufforderung für f(x) als auch für g(x) kann in diesem Fall editiert oder ignoriert werden. Auch eine Neueingabe ist möglich.

Diese mit der INEDIT-Instruktion realisierte neue Eingabeform ist im Programmablaufplan durch ein Rechteck hinter dem Gleichheitszeichen nach f(x)= bzw. g(x)= gekennzeichnet.

Für die programmgesteuerte Verarbeitung der eingegebenen Funktionen f(x) und g(x) ist es notwendig, die Funktionen in Klammern einzuschließen. Diese Klammersetzung wird vom Programm selbständig vorgenommen und hat deswegen bei der Eingabe der Funktionen zu unterbleiben.

Soweit nach einem vollständigen Programmdurchlauf mit ENTER zur Eingabeaufforderung für f(x) zurückgesprungen wird, ist die beschriebene Klammersetzung um f(x) erkennbar. Dasselbe gilt von g(x).

Hinsichtlich der Integrationen wird jede Verbesserung der vorgegebenen Genauigkeitsstufe S durch das Tonsignal BEEP 1 signalisiert. Auf die abgeschlossene Nullstellenberechnung wird jedoch nicht durch ein Tonsignal hingewiesen.

Da für die Ausgabe der berechneten Größen Feldvariablen besser geeignet sind als Variablen mit zwei Zeichen im Namen, werden die Ergebnisse in demselben Feld gespeichert wie in der SHARP-BASIC-Version des Flächenschwerpunktprogramms.

Als Beispiele dienen die bereits aufgeführten Aufgaben. Nur erfolgt bei Verwendung dieser BASIC 84-Version des Flächenschwerpunktprogramms die Eingabe der Funktionen programmgesteuert.

Wie das Flächenschwerpunktprogramm so lassen sich auch alle anderen Programme dieses Programmsystems - mit den aufgezeigten Vorteilen - in ihre BASIC 84-Versionen umsetzen.

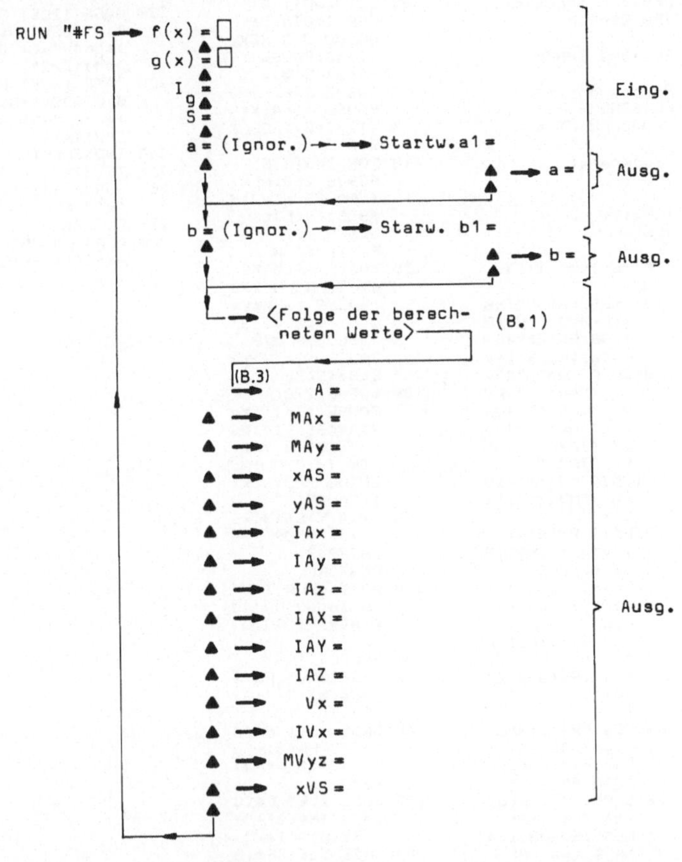

verw. Variablen: S(0) A, S(1) M_{Ax}, S(2) M_{Ay}, S(3) x_{AS}, S(4) y_{AS}, S(5) I_{Ax}, S(6) I_{Ay}, S(7) I_{Az}, S(8) I_{AX}, S(9) I_{AY}, S(10) I_{AZ}, S(11) V_x, S(12) I_{Vx}, S(13) M_{Vyz}, S(14) x_{VS}

ferner: I, T, X, Y A$, G$

lokale Variablen: N1,...,N4, B0,...,B9, C0,...,C7, NU, BI

```
Prof. L.Marsolek
TFH Berlin

PC-1500 SHARP

Programmname:
FLAECHEN-
SCHWERPUNKT #

Blockname:
#FS

Inhalt:
#FS

STATUS 1 =  1163

 10:"#FS":G$="":N0
    =1E-8:DIM H$(0
    )*80,G$(0)*80,
    F$(0)*80,S(14)
 20:DATA "A=","MAx
    =","MAy=","xAS
    =","yAS=","IAx
    =","IAy=","IAz
    =","IAX=","IAY
    =","IAZ="
 30:DATA "Vx=","IV
    x=","MVyz=","x
    VS="
 40:WAIT 0:PRINT "
    f(x)=";:INEDIT
    H$(0):CLS :
    PRINT "g(x)=";
    :INEDIT G$(0):
    CLS
 50:IF NOT S1LET H
    $(0)="("+H$(0)
    +")":G$(0)="("
    +G$(0)+")":S1=
    -1
 60:RESTORE :INPUT
    "Ig=";B6,"S=";
    B7,"a=";B5:
    GOTO 80
 70:INPUT "Startw.
     a1=";X:I=0:
    CLS :GOSUB 160
    :GSB "nu";0:
    PRINT "a=";X:B
    5=X
 80:INPUT "b=";B4:
    GOTO 100
 90:INPUT "Startw.
     b1=";X:I=0:
    CLS :GOSUB 160
    :GSB "nu";0:
    PRINT "b=";X:B
    4=X
100:CLS :WAIT 0:
    FOR I=0TO 2:
    GOSUB 260:NEXT
    I:I=3:PAUSE :Y
    =S(2)/S(0):
    GOSUB 270:
    PAUSE :I=4:Y=S
    (1)/S(0):GOSUB
    270
110:FOR I=5TO 6:
    GOSUB 260:NEXT
    I:PAUSE :I=7:Y
    =S(5)+S(6):
    GOSUB 270:
    PAUSE :I=8
120:Y=S(5)-S(0)*S(
    4)^2:GOSUB 270
    :PAUSE :I=9:Y=
    S(6)-S(0)*S(3)
    ^2:GOSUB 270:
    PAUSE :I=10:Y=
    S(8)+S(9)
130:GOSUB 270:
    PAUSE :I=11:Y=
    2*π*ABS S(4)*S
    (0):GOSUB 270:
    FOR I=12TO 13:
    GOSUB 260:NEXT
    I:PAUSE
140:I=14:Y=S(13)/S
    (11):GOSUB 270
    :BEEP 3:
    RESTORE
150:WAIT :FOR I=0
    TO 14:GOSUB 28
    0:NEXT I:GOTO
    40
160:SELECT I
170:CASE 0LET F$(0
    )=H$(0)+"-"+G$
    (0)
180:CASE 1LET F$(0
    )="("+H$(0)+"^
    2-"+G$(0)+"^2)
    /2"
190:CASE 2LET F$(0
    )="("+H$(0)+"-
    "+G$(0)+")*X"
200:CASE 5LET F$(0
    )="("+H$(0)+"^
    3-"+G$(0)+"^3)
    /3"
210:CASE 6LET F$(0
    )="("+H$(0)+"-
    "+G$(0)+")*X*X
    "
220:CASE 12LET F$(
    0)="ABS("+H$(0
    )+"^4-"+G$(0)+
    "^4)*π/2"
230:CASE 13LET F$(
    0)="ABS("+H$(0
    )+"^2-"+G$(0)+
    "^2)*X*π"
240:ENDSELECT
250:RETURN
260:GOSUB 160:GSB
    "bi";1
270:S(I)=Y
280:READ A$:PRINT
    A$;S(I):RETURN
```

3.2.11 KURVENSCHWERPUNKT

KS Das Kurvenschwerpunktprogramm ist ein Peripherieprogramm. Es ist nur dann lauffähig, wenn sich auch das Zentralprogramm BESTIMMTES INTEGRAL im Hauptspeicher befindet.

Bei Vorgabe der Kurvengleichung $y = f(x)$ sowie der dazugehörigen Ableitungsfunktion $y' = f'(x)$ lassen sich mit diesem Programm die Kurvenschwerpunktkoordinaten sowie eine Reihe damit zusammenhängender Größen berechnen.

Grundsätzlich könnten die für die Berechnungen benötigten ersten Ableitungen unter Verwendung des Programms DIFFERENTIALQUOTIENT gewonnen werden. Um in diesem Fall eine hinreichende Genauigkeit für die ausgegebenen Daten zu erzielen, würde die Gesamtrechenzeit unvertretbar groß ausfallen. Deswegen ist das vorliegende Programm auf den häufig auftretenden Fall zugeschnitten, daß sich die 1. Ableitung von $f(x)$ ohne Schwierigkeiten bilden läßt.

Für $f(x)$ und $f'(x)$ wird vorausgesetzt, daß die daraus gebildeten Integrandenfunktionen - so wie sie in den vom Programm benötigten Integralen auftreten - im Intervall $[a;b]$ integrierbar sind. Die Intervallgrenzen a und b legen den Anfangs- und Endpunkt der Kurve fest.

Nach dem Aufruf des Programms wird zuerst - wie im Integrationsprogramm - nach der Integrationsgenauigkeit I_g und der Genauigkeitsstufe S gefragt. Danach sind die Intervallgrenzen a und b einzugeben.

Anschließend erfolgt die Berechnung der Bogenlänge s der Kurve. Sobald die statischen Momente M_{sx} und M_{sy} der Kurve hinsichtlich der x- bzw. y-Achse ermittelt worden sind, werden aus den drei zuletzt genannten Größen die Kurvenschwerpunktkoordinaten x_{sS} und y_{sS} berechnet.

Nun ermittelt das Programm die äquatorialen Kurventrägheitsmomente I_{sx} und I_{sy} hinsichtlich der Koordinatenachsen. Aus ihnen wird das polare Kurventrägheitsmoment I_{sz} gewonnen, das auf die z-Achse bezogen ist, die mit der x- und y-Achse ein räumliches kartesisches Koordinatensystem bildet.

Jetzt werden die Achsen des x,y-Koordinatensystems parallel zu sich selbst so weit verschoben, bis sie durch den Kurvenschwerpunkt S verlaufen. Dieser Vorgang führt zum X,Y-Koordinatensystem.

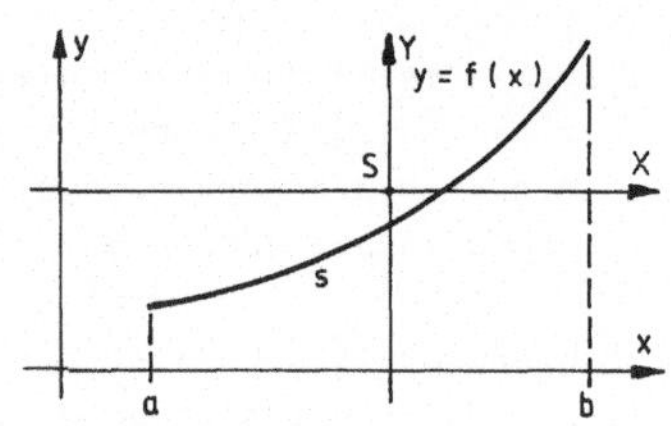

Bezogen auf dieses neue Koordinatensystem werden nun die äquatorialen Kurventrägheitsmomente I_{sX} und I_{sY} sowie das polare Kurventrägheitsmoment I_{sZ} berechnet.

Die Rotation der Kurve um die x- bzw. y-Achse erzeugt zwei Drehkörper mit den Mantelflächen A_x bzw. A_y. Nach der Ermittlung dieser Größen wird das Programmende durch das Tonsignal BEEP 3 signalisiert und die zuerst berechnete Größe - nämlich s - wird im Display ausgegeben.

Nachfolgende ENTER bringen die weiteren ermittelten Größen in der aufgeführten Reihenfolge zur Anzeige. Nach der Ausgabe von A_y führt ein ENTER zum Rücksprung zur Eingabeaufforderung für die Integrationsgenauigkeit I_g. Nun können unter Beibehaltung der Funktion und ihrer Ableitung die anderen einzugebenden Größen, speziell die Intervallgrenzen, verändert werden.

Da während des Programmablaufs die genannten Größen in der beschriebenen Reihenfolge fortlaufend im Display angezeigt werden, kann das Programm - soweit nur die ersteren Größen interessieren - jederzeit abgebrochen werden.

Die Funktion f(x) und ihre Ableitung f'(x) sind aus dem Programm ausgegliedert. Sie werden in einer besonderen Programmzeile - in der Regel im frei zugänglichen Teil des Hauptspeichers - untergebracht. Dort haben sie die Gestalt Y = Y(X) : Z = Y'(X). Ihre Zusammenstellung zu den Integrandenfunktionen erfolgt im Kurvenschwerpunktprogramm.

Vorbereitung: Einrichtung der Programmzeile

... : "f" : Y = Y(X) : Z = Y'(X) : GOSUB "ks" : RETURN

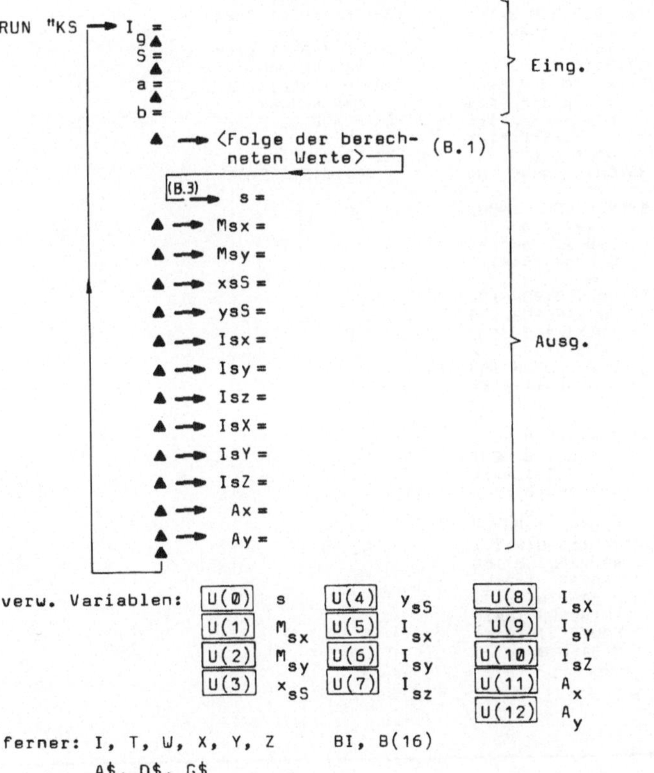

verw. Variablen:

U(0)	s	U(4)	y_{sS}	U(8)	I_{sX}
U(1)	M_{sx}	U(5)	I_{sx}	U(9)	I_{sY}
U(2)	M_{sy}	U(6)	I_{sy}	U(10)	I_{sZ}
U(3)	x_{sS}	U(7)	I_{sz}	U(11)	A_x
				U(12)	A_y

ferner: I, T, W, X, Y, Z BI, B(16)
A$, D$, G$

KURVENSCHWERPUNKT

Listing

```
Prof. L.Marsolek
TFH Berlin

PC-1500 SHARP

Programmname:
KURVEN-
SCHWERPUNKT

Blockname:
KS

Inhalt:
KS*ks

STATUS 1 =  661

 10:"KS":DIM B(16)
    ,U(12):G$="":B
    I=1
 20:DATA "s=", "Msx
    =", "Msy=", "xsS
    =", "ysS=", "Isx
    =", "Isy=", "Isz
    =", "IsX=", "IsY
    =", "IsZ="
 30:DATA "Ax=", "Ay
    ="
 40:RESTORE :INPUT
    "Ig=";B(6), "S=
    ";B(7), "a=";B(
    5), "b=";B(4):
    CLS
 50:WAIT 0:FOR I=0
    TO 2:GOSUB 150
    :NEXT I:I=3:
    PAUSE :Y=U(2)/
    U(0):GOSUB 160
    :PAUSE :I=4:Y=
    U(1)/U(0):
    GOSUB 160
 60:FOR I=5TO 6:
    GOSUB 150:NEXT
    I:PAUSE :I=7:Y
    =U(5)+U(6):
    GOSUB 160:
    PAUSE :I=8
 70:Y=U(5)-U(0)*U(
    4)^2:GOSUB 160
    :PAUSE :I=9:Y=
    U(6)-U(0)*U(3)
    ^2:GOSUB 160:
    PAUSE :I=10:Y=
    U(8)+U(9)
 80:GOSUB 160:
    PAUSE :I=11:Y=
    2*π*ABS U(4)*U
    (0):GOSUB 160:
    PAUSE :I=12:Y=
    2*π*ABS U(3)*U
    (0):GOSUB 160:
    PAUSE :BEEP 3
 90:RESTORE :WAIT
    :FOR I=0TO 12:
    GOSUB 170:NEXT
    I:GOTO 40
100:"ks":W=√(1+Z*Z
    ):IF I=0LET Y=
    W:RETURN
110:IF I=1LET Y=Y*
    W:RETURN
120:IF I=2LET Y=X*
    W:RETURN
130:IF I=5LET Y=Y*
    Y*W:RETURN
140:IF I=6LET Y=X*
    X*W:RETURN
150:GOSUB "BI"
160:U(I)=Y
170:READ A$:PRINT
    A$;U(I):RETURN
```

KS

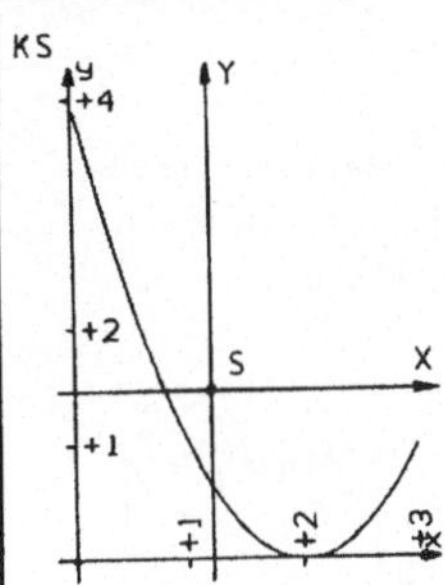

Graph:

```
900:"f":Y=(X-2)^2:
    RETURN
```

Kurvenschwerpunkt:

```
900:"f":Y=(X-2)^2:
     Z=2*X-4:GOSUB
     "ks":RETURN
```

```
Ig=1E-4
 S=2
 a=0
 b=3
```

```
s= 6.125726607
Msx= 9.077512789
Msy= 7.342081884
xsS= 1.198565061
ysS= 1.481867111
Isx= 22.69542361
Isy= 13.9429339
Isz= 36.63835751
IsX= 9.243755957
IsY= 5.142971079
IsZ= 14.38672704
Ax= 57.03569499
Ay= 46.13166102
```

Bemerkg.: S wird auf 3 verbessert

KS

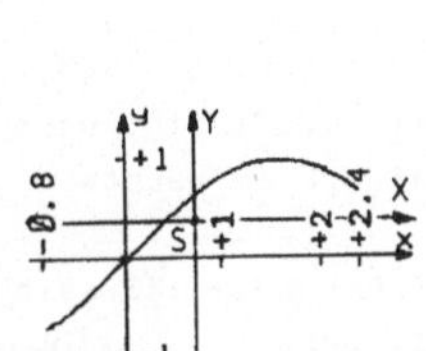

Graph:

```
900:"f":Y=SIN X:
    RETURN
```

Kurvenschwerpunkt:

```
900:"f":Y=SIN X:Z=
    COS X:GOSUB "k
    s":RETURN
```

```
Ig=1E-4
 S=2
 a=-.8
 b=2.4
```

```
s= 3.892078195
Msx= 1.549159103
Msy= 2.791021545
xsS= 7.171031529E-
01
ysS= 3.980287716E-
01
Isx= 1.782922835
Isy= 5.310267851
Isz= 7.093190686
IsX= 1.16631294
IsY= 3.308817501
IsZ= 4.475130441
Ax= 9.733653714
Ay= 17.53650556
```

Bemerkg.: S wird auf 3 verbessert

KS

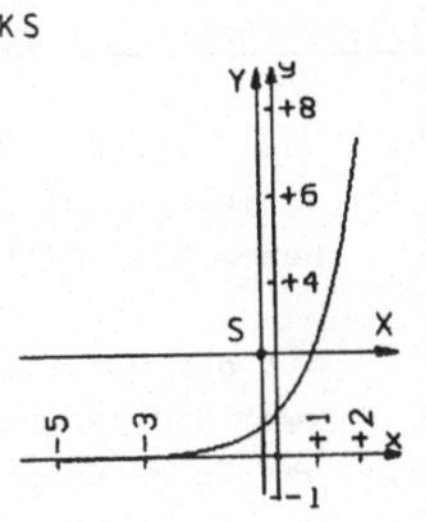

Graph:

```
900:"f":Y=EXP X:
    RETURN
```

Kurvenschwerpunkt:

```
900:"f":Y=EXP X:Z=
    EXP X:GOSUB "k
    s":RETURN
```

```
Ig=1E-4
 S=3
 a=-5
 b= 2
```

```
s= 12.01462703
Msx= 28.8900503
Msy=-3.94409832
xsS=-3.282747197E-
01
ysS= 2.404573211
Isx= 137.8543017
Isy= 54.88145275
Isz= 192.7357545
IsX= 68.38606069
IsY= 53.58670498
IsZ= 121.9727657
Ax= 181.5215395
Ay= 24.78150062
```

Bemerkg.: S wird auf 5 verbessert

3.2.12 TRÄGER AUF ZWEI STÜTZEN

TR Das Programm TRÄGER AUF ZWEI STÜTZEN ist ein Peripherieprogramm. Es ist nur dann lauffähig, wenn sich auch das Programm BESTIMMTES INTEGRAL im Hauptspeicher befindet.

Mit dem vorliegenden Programm läßt sich von einem Träger auf zwei Stützen bei vorgegebener Belastungsfunktion f(x) und Trägerlänge l sowie vorgegebenem Trägergewicht G, Elastizitätsmodul E und Querschnittsträgheitsmoment I der Biegepfeil s des Trägers - das ist seine maximale Durchbiegung - berechnen.

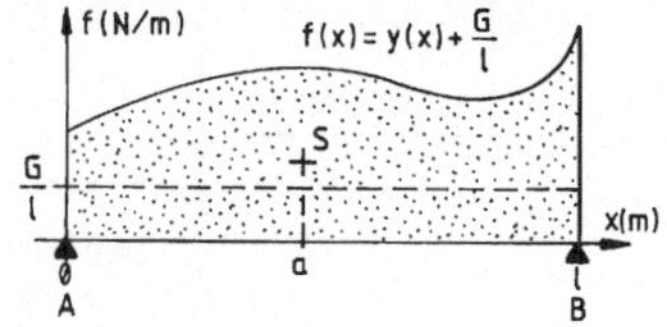

Die Belastungsfunktion f(x) muß im Intervall [0;l] der Forderung $f(x) \geq 0$ genügen. Sie setzt sich aus zwei Teilen zusammen. Der erste Teil y = y(x) beschreibt die eigentliche Fremdbelastung, der zweite Teil G/l die Belastung aufgrund des Eigengewichtes des Trägers.

Nur die Funktion y = y(x) wird in einer besonderen Programmzeile - in der Regel im frei zugänglichen Teil des Hauptspeichers - in der kartesischen Form Y = Y(X) untergebracht. Dabei ist darauf zu achten, daß die Einheit für Y durch Newton pro Meter (N/m) gegeben ist.

Der Summand G/l in der Belastungsfunktion wird vom Programm automatisch berücksichtigt und darf deswegen nicht in der genannten Programmzeile aufgenommen werden.

Da das vorliegende Programm das Programm BESTIMMTES INTEGRAL als Unterprogramm verwendet, wird nach dem Programmaufruf zuerst nach der Integrationsgenauigkeit I_g gefragt, mit der die anfallenden Integrationen ausgeführt werden sollen. Danach ist die Genauigkeitsstufe S (S=1;2;...) einzugeben.

Nähere Einzelheiten dazu finden sich in der Beschreibung des Programms BESTIMMTES INTEGRAL.

Soweit während des Programmablaufs das Tonsignal BEEP 1 ertönt, wird darauf aufmerksam gemacht, daß die Genauigkeitsstufe verbessert wurde.

Die nächste Eingabeaufforderung bezieht sich auf die Trägerlänge l. Die dabei verwendete Symbolik 'l (m)=' macht auf die allein zulässige Eingabe von l in Meter (m) aufmerksam. Die gleiche Symbolik wird sinngemäß für alle weiteren Eingabeaufforderungen verwendet.

Nach der Länge l sind das Trägergewicht G in Newton (N), der Elastizitätsmodul E des Trägermaterials in Newton pro Quadratmeter (N/m∧2) sowie das Trägheitsmoment I der Trägerquerschnittfläche in Meter hoch vier (m∧4) einzugeben.

Danach beginnt die Berechnung einer Reihe von statischen Größen, die zur Ermittlung des Biegepfeils s benötigt werden. Ihre Anzeige erfolgt während des Programmablaufs beschriftet im Display.

Die erste berechnete Größe ist die Gesamtlast F in Newton (N). Sie ist durch den Flächeninhalt der Fläche unter der Belastungsfunktion f(x) gegeben.

Danach wird der Abszissenwert a des Schwerpunktes S dieser Fläche in Meter (m) ermittelt. Es folgen die Auflagerkräfte F_A und F_B in den Punkten A und B in Newton (N). Sodann erfolgt die Berechnung derjenigen Stelle x_E in Meter (m), an der das Biegemoment extremal groß ausfällt.

Dieses Biegemoment M_{xE} wird in Newton mal Meter (Nm) angezeigt. Schließlich wird diejenige Stelle x_M in Meter (m) ermittelt, an der die Durchbiegung den größten Wert annimmt. Nach dem Tonsignal BEEP 3 wird dieser Wert - nämlich der

Biegepfeil s - in Millimeter (mm) ausgegeben.

Nachfolgende ENTER bringen noch einmal alle berechneten Werte in der genannten Reihenfolge zur Anzeige.

Nach der vollständigen Datenausgabe bewirkt ein weiteres ENTER einen Rücksprung zur Eingabeaufforderung für die Trägerlänge l.

Sobald nach dem Tonsignal BEEP 3 die Ausgabe von s erfolgt ist, können an jeder beliebigen Stelle x des Trägers mit den Befehlen DEF M und DEF B das Moment M_x in Newton mal Meter (Nm) bzw. die Durchbiegung $-z_x$ in Millimeter (mm) berechnet werden.

Zum Aufruf dieser Teilprogramme darf nicht der RUN-Befehl verwendet werden. Er würde die in den dimensionierten Feldern gespeicherten Daten löschen.

Zur Berechnung der Durchbiegung und auch des Biegepfeiles wird die exakte Biegelinie durch eine Parabel 6. Ordnung ersetzt. Deren Gleichung ist durch eine Reihe von Nebenbedingungen festgelegt. Die zu diesen Nebenbedingungen gehörigen Daten werden während des Programmdurchlaufs gewonnen.

Die Ermittlung des Parabeltiefpunktes im Intervall [0;l] erfolgt unter Verwendung des Newtonschen Näherungsverfahrens, das im vorliegenden Programm eingearbeitet ist. Als Startwert wird die halbe Trägerlänge l/2 benutzt. Entsprechend wird auch x_M berechnet.

Die Integrationen und auch die Iterationen nach Newton bedingen zusammen mit den vielen Sprüngen zwischen dem Programm und der Funktionszeile relativ lange Rechenzeiten.

Vorbereitung: Einrichtung der Programmzeile

```
... : "f" : Y = Y(X) : GOSUB "tr" : RETURN
```

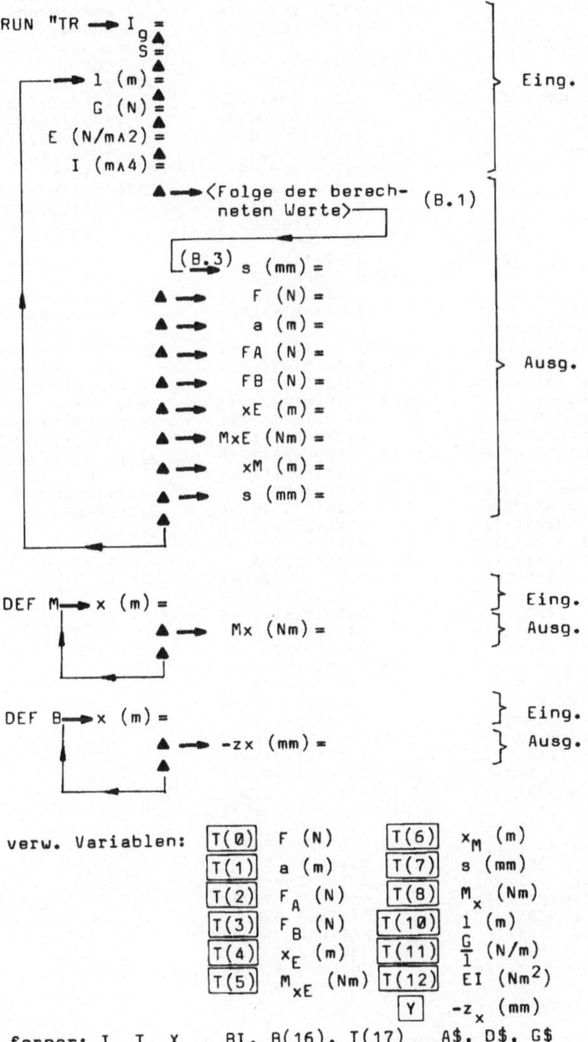

verw. Variablen:

T(0)	F (N)	T(6)	x_M (m)
T(1)	a (m)	T(7)	s (mm)
T(2)	F_A (N)	T(8)	M_x (Nm)
T(3)	F_B (N)	T(10)	l (m)
T(4)	x_E (m)	T(11)	$\frac{G}{l}$ (N/m)
T(5)	M_{xE} (Nm)	T(12)	EI (Nm^2)
		Y	$-z_x$ (mm)

ferner: I, T, X BI, B(16), T(17) A$, D$, G$

```
Prof. L.Marsolek
TFH Berlin

PC-1500 SHARP

Programmname:
TRAEGER AUF ZWEI
STUETZEN

Blockname:
TR

Inhalt:
TR*B*M*tr

STATUS 1 =  1511

 10:"TR":DIM B(16)
    ,T(17)
 20:DATA "F (N)=",
    "a (m)=","FA (
    N)=","FB (N)="
    ,"xE (m)=","Mx
    E (Nm)="
 30:DATA "xM (m)="
    ,"s (mm)="
 40:INPUT "Ig=";B(
    6),"S=";B(7)
 50:RESTORE :INPUT
    "l (m)=";T(10)
    ,"G (N)=";T(11
    ),"E (N/m^2)="
    ;T(12),"I (m^4
    )=";T(13):CLS
 60:WAIT 0:T(11)=T
    (11)/T(10):T(1
    2)=T(12)*T(13)
    :G$="":B(4)=T(
    10):B(5)=0:BI=
    1:GOSUB "BI"
 70:T(0)=Y:RESTORE
    :I=-1:GOSUB 30
    0:T(9)=1:GOSUB
    "BI":T(1)=Y:T(
    1)=T(1)/T(0):
    GOSUB 300:
    PAUSE
 80:T(2)=(T(10)-T(
    1))*T(0)/T(10)
    :GOSUB 300:
    PAUSE :T(3)=T(
    1)*T(0)/T(10):
    GOSUB 300:
    PAUSE :T(9)=0
 90:B(4)=T(10)/2
100:GOSUB "BI":T(4
    )=T(2)-Y:GOSUB
    "f":T(4)=T(4)/
    Y
110:IF ABS T(4)>1E
    -6LET B(4)=B(4
    )+T(4):GOTO 10
    0
120:T(4)=B(4)+T(4)
    :GOSUB 300:
    GOSUB 290:T(5)
    =T(8):GOSUB 30
    0:B(4)=T(10)/4
    :GOSUB 280
130:T(7)=T(10)^2:T
    (15)=-T(8)*128
    /3/T(7):B(4)=T
    (10)/2:GOSUB 2
    80:T(16)=-T(8)
    *8/3/T(7)
140:B(4)=3*T(10)/4
    :GOSUB 280:T(1
    7)=-T(8)*128/3
    /T(7)
150:T(13)=(T(15)-2
    4*T(16)+T(17))
    /30/T(7)
160:T(14)=(192*T(1
    6)-9*T(15)-7*T
    (17))/80/T(10)
170:T(15)=(13*T(15
    )-228*T(16)+7*
    T(17))/96
180:T(16)=-T(10)*(
    15*T(13)*T(7)+
    10*T(14)*T(10)
    +6*T(15))/3
190:T(17)=T(7)*(4*
    T(13)*T(10)^3+
    7*T(14)*T(7)/3
    +T(15)*T(10)):
    X=T(10)/2
200:Y=X*X*(X*(X*(6
    *T(13)*X+5*T(1
    4))+4*T(15))+3
    *T(16))+T(17)
210:Y=Y/(2*X*(X*(X
    *(15*T(13)*X+1
    0*T(14))+6*T(1
    5))+3*T(16)))
220:X=X-Y:IF ABS Y
    <1E-6GOTO 200
230:T(6)=X:GOSUB 3
    00:PAUSE :
    GOSUB 260:T(7)
    =Y:WAIT :BEEP
    3:GOSUB 300:
    RESTORE
240:FOR I=0TO 7:
    GOSUB 310:NEXT
    I:GOTO 50
250:"B":INPUT "x (
    m)=";X:GOSUB 2
    60:PRINT "-zx
    (mm)=";Y:GOTO
    "B"
260:Y=-(X*(X*X*(X*
    (X*(X*T(13)+T(
    14))+T(15))+T(
    16))+T(17)))*1
    000/T(12):
    RETURN
270:"M":INPUT "x (
    m)=";B(4):CLS
    :GOSUB 280:
    PRINT "Mx (Nm)
    =";T(8):GOTO "
    M"
280:T(9)=0:GOSUB "
    BI":T(8)=X*(T(
    2)-Y)
290:T(9)=1:GOSUB "
    BI":T(8)=T(8)+
    Y:RETURN
300:I=I+1
310:READ A$:PRINT
    A$;T(I):RETURN
320:"tr":Y=Y+T(11)
    :IF T(9)LET Y=
    X*Y:RETURN
330:RETURN
```

TR

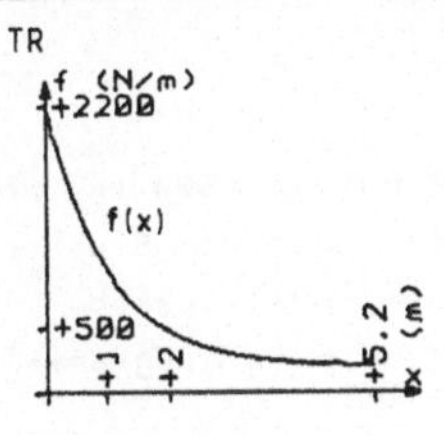


```
Graph:

900:"f":Y=2000*EXP
    (-X)+1038/5.2:
    RETURN

Traeger auf zwei
Stuetzen:

900:"f":Y=2000*EXP
    (-X):GOSUB "tr
    ":RETURN

Ig=1E-3
 S=3
l (m)= 5.2
G (N)= 1038
E (N/m^2)= 2.06E11
I (m^4)= 8.66E-6

F (N)= 3026.966872
a (m)= 1.529714331
FA (N)= 2136.50637
1
FB (N)= 890.460500
7
xE (m)= 2.01697895
1
MxE (Nm)= 1603.178
754
xM (m)= 2.47063865
4
s (mm)= 2.49621432
2

Moment an der
Stelle x (m)= 3

Mx (Nm)= 1411.6757
5

Durchbiegung an
der Stelle x (m)=3

-zx (mm)= 2.377662
993
```

TR

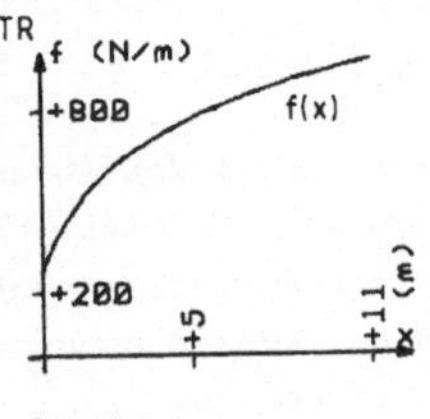


```
Graph:

900:"f":Y=280*LN (
    X+1)+3050/11:
    RETURN

Traeger auf zwei
Stuetzen:

900:"f":Y=280*LN (
    X+1):GOSUB "tr
    ":RETURN

Ig=1E-3
 S=3
l (m)= 11
G (N)= 3050
E (N/m^4)= 2.06E11
I (m^4)= 2.1E-5

F (N)= 8319.286344
a (m)= 6.20142518
FA (N)= 3629.15617
9
FB (N)= 4690.13016
5
xE (m)= 5.79404550
5
MxE (Nm)= 11852.40
341
xM (m)=5.572532358
s (mm)= 34.3272970
7

Moment an der
Stelle x (m)= 8

Mx (Nm)= 9803.9954
4

Durchbiegung an
der Stelle x (m)=8

-zx (mm)= 26.44290
345
```

TR

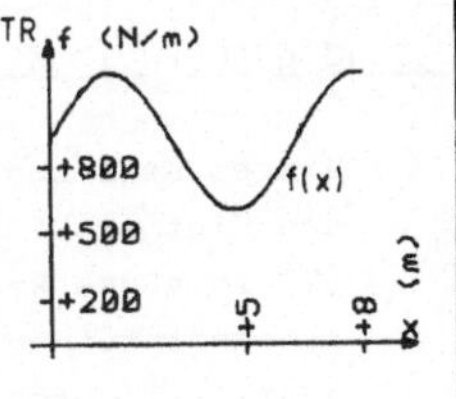


```
Graph:

900:"f":Y=312*(1.3
    +(SIN X+.85))+
    2040/8:RETURN

Traeger auf zwei
Stuetzen:

900:"f":Y=312*(1.3
    +(SIN X+.85)):
    GOSUB "tr":
    RETURN

Ig=1E-3
 S=3
l (m)= 8
G (N)= 2040
E (N/m^2)= 2.06E11
I (m^4)= 1.08E-5

F (N)= 7763.796015
a (m)= 3.902401327
FA (N)= 3976.61503
1
FB (N)= 3787.18098
4
xE (m)= 3.66672585
1
MxE (Nm)= 7057.090
004
xM (m)= 3.95341998
3
s (mm)= 21.4809145

Moment an der
Stelle x (m)= 6

Mx (Nm)= 5236.1125
62

Durchbiegung an
der Stelle x (m)=6

-zx (mm)= 15.19396
209
```

3.2.13 GRAPHEN IM KOORDINATENSYSTEM

Dieses Graphenprogramm setzt den Anschluß des PC-1500 (A) an den Plotter CE-150 voraus. Es dient zum Zeichnen von Graphen (G) in einem kartesischen Koordinatensystem (KO), dessen Achseneinteinteilungen, Achsenbeschriftungen usw. programmgesteuert durchgeführt werden.

Die Kurvengleichungen der Graphen dürfen in kartesischer Darstellung (k), Parameterdarstellung (pa) oder Polarkoordinatendarstellung (po) gegeben sein.

Außerdem können mit dem Graphenprogramm zu Kurven, deren Gleichungen in den genannten Darstellungsformen vorliegen, die dazugehörigen Evoluten (EV) gezeichnet werden.

Eine dritte wichtige Eigenschaft des Graphenprogramms ist in seiner Fähigkeit zu sehen, das Zeichnen von Integralgraphen (IG) zu ermöglichen. Solche Integralgraphen werden dadurch erzeugt, daß die Koordinaten ihrer Punkte ganz oder teilweise aus Integrationsprozessen gewonnen werden. Wieder sind - wie noch genauer beschrieben wird - die genannten Darstellungsformen für die Integrandenfunktionen erlaubt.

Soweit Evoluten oder Integralgraphen gezeichnet werden, müssen sich die Zentralprogramme DIFFERENTIALQUOTIENT bzw. BESTIMMTES INTEGRAL im Hauptspeicher befinden, damit das Graphenprogramm lauffähig wird.

KO Der Programmabschnitt KOORDINATENSYSTEM ermöglicht das Zeichnen und Beschriften der Achsen eines kartesischen Koordinatensystems.

Nach dem Aufruf von KO mit RUN wird durch die Eingabe der x- und y-Intervallgrenzen dasjenige Rechteck festgelegt, in dessen Bereich der Graph eingezeichnet werden soll. Die Rechteckseiten werden im folgenden kurz x-Achsenlänge und y-Achsenlänge genannt.

Nun wird nach den Beschriftungen der Achsen gefragt. Diese werden später im Format CSIZE 1 senkrecht zu den Achsen neben deren Pfeilspitzen, die die Achsenorientierungen festlegen, ausgedruckt.

Häufig liegt der Fall vor, daß die Achseneinheiten verschieden sind. Dies wird durch die Eingabe von v bei verschiedenen und g bei gleichen Achseneinheiten berücksichtigt.

Die x-Achsenlänge ist immer durch die Breite des Papierstreifens bestimmt. Die y-Achsenlänge kann dagegen beim Vorliegen gleicher Achseneinheiten von der x-Achsenlänge abweichen. Sie ist in diesem Fall - unter Berücksichtigung der x-Achseneinheit - durch die y-Intervallgrenzen festgelegt.

Anders wird beim Vorliegen verschiedener Achseneinheiten verfahren. Hier fragt das Programm nach der y-Achsenlänge. Sie fällt beim Auszeichnen nur dann genauso lang wie die x-Achsenlänge aus, wenn der Wert 220 eingegeben wird. Größere Zahlen führen linear zu einer entsprechenden Verlängerung und kleinere linear zu einer entsprechenden Verkürzung.

Die Achsen des Koordinatensystems werden immer in der Farbe schwarz (COLOR 0) ausgezeichnet. Dabei wird das Vorliegen gleicher Achseneinheiten optisch durch einen fetten Punkt an der Schnittstelle der Achsen hervorgehoben.

Liegt die Nullmarke nicht zwischen den x-Intervallgrenzen, so wird die x-Achse gestrichelt ausgezeichnet. Entsprechendes gilt von der y-Achse. Nur erfolgt hier auch dann eine gestrichelte Auszeichnung der Achse am linken Papierstreifenrand, wenn eine Parallelverschiebung der Achse - auch aus Beschriftungsgründen - notwendig wird.

Der Sinn dieser Einrichtung liegt darin, die Möglichkeit zu

schaffen, in diesen Fällen überhaupt Koordinaten von Punkten aus der graphischen Darstellung ablesen zu können.

Nach dem Auszeichnen der Achsen - aber auch später noch nach dem Einzeichnen der Graphen - können mit den Anweisungen DEF X und DEF Z Stellen x_i auf der x-Achse bzw. Stellen y_i auf der y-Achse markiert werden. Die maßstabgerechte Eintragung dieser Werte erfolgt automatisch. Ebenso werden die Vorzeichen dieser Werte selbständig hinzugefügt.

Nach jedem eingegebenen Wert wird nach einem eventuellen Zusatz gefragt. Das Ignorieren dieser Eingabeaufforderung führt zur Frage nach einem neuen Wert x_i bzw. y_i.

Um sich zwischenzeitlich einen Überblick über das Koordinatensystem und seine Beschriftung sowie über die später einzuzeichnenden Graphen zu verschaffen, kann mit der Anweisung DEF S der Papierstreifen so weit aus seiner Halterung herausgefahren werden, daß das abgebildete Rechteck voll sichtbar wird. Anschließend lassen sich mit den genannten Befehlen weitere Achsenmarkierungen nachfügen.

Sowohl die beiden Achsenmarkierungsmöglichkeiten als auch das Sichtbarmachen des erfaßten Rechtecks sind durch die Seiteneinstiege in das Programm unter Verwendung der Kürzel X, Z und S realisierbar.

Der Routinedurchgang durch das Teilprogramm KO führt über die Eingabeaufforderungen, die die Achsenlängen beim Vorliegen gleicher oder verschiedener Achseneinheiten festlegen, zum Auszeichnen der Achsen des Koordinatensystems. Sobald dies geschehen ist, wird nach dem Kurventyp (G/EV/IG) gefragt.

Der Zugang zu den dazugehörigen Programmteilen ist auch durch Seiteneinstiege unter Verwendung der gleichnamigen Programmkürzel möglich.

G Um einen Graphen in ein bereits vorliegendes Koordinatensystem einzuzeichnen, muß dessen Darstellung durch eine oder zwei Gleichungen vorliegen. Diese Darstellung ist aus dem Programm ausgegliedert und wird in einer besonderen Programmzeile - in der Regel im frei zugänglichen Teil des Hauptspeichers - untergebracht.

Die Programmzeile lautet beim Vorliegen einer kartesischen Darstellung $y = y(x)$ des Graphen: ... : "f" : Y = Y(X) : COLOR n : RETURN (n=0;1;2;3). Liegt eine Parameterdarstellung $x = x(t)$ $y = y(t)$ vor, so treten in der Programmzeile zwei Gleichungen auf: ... : "f" : X = X(T) : Y = Y(T) : COLOR n : RETURN . Dabei steht T für den Parameter t. Für eine Polarkoordinatendarstellung $\varrho = \varrho(\varphi)$ muß die entsprechende Zeile ... : "f" : R = R(T) : COLOR n : RETURN lauten. Hier steht R für den Radiusvektor ϱ und T für den Polarwinkel φ.

Die Programmroutine G beginnt mit der Frage nach der Darstellungsform (k/pa/po) der Kurvengleichung des Graphen. Die möglichen Antworten lauten k, pa oder po, je nachdem ob eine kartesische Darstellung, eine Parameterdarstellung oder eine Polarkoordinatendarstellung vorliegt.

Anschließend werden für eine kartesische Darstellung die Grenzen a und b desjenigen x-Achsenintervalls abgefragt, innerhalb dessen der Graph eingezeichnet werden soll.

Soweit die Funktionswerte nicht existieren oder außerhalb des y-Achsenintervalls liegen, unterbleibt das Auszeichnen des Graphen.

Bei kartesischen Darstellungen erfolgt automatisch eine Unterteilung des x-Achsenintervalls in 220 Teile. Für das Intervall [a;b] wird nur der entsprechende Anteil berücksichtigt, der dann die gleiche Anzahl Stützpunkte auf dem Graphen festlegt.

Anders wird bei Parameter- und Polarkoordinatendarstellungen verfahren: Hier wird nach der Eingabe der Grenzen t_1 und t_2 des Parameter- bzw. Polarwinkelintervalls $[t_1;t_2]$ nach der Anzahl j der Unterteilungsschritte für dieses Intervall gefragt.

Das ist deswegen notwendig, weil nun erst Kurven mit einer relativ großen Bogenlänge genügend fein unterteilt werden können und andererseits Geraden in Parameterdarstellung in einem Zug zeichenbar sind.

Soweit die Parameter- oder Polarkoordinatendarstellung zu nicht existierenden Koordinaten führt oder die Kurvenpunkte außerhalb des x- bzw. y-Achsenintervalls liegen, unterbleibt ein Auszeichnen des Graphen.

Das Graphenprogramm macht es möglich, interessante Kurvenabschnitte nach neuer Wahl des Rechteckausschnitts wie unter einer Lupe zu betrachten.

EV Um die zu einem Graphen gehörige Evolute in ein bereits vorliegendes Koordinatensystem einzuzeichnen, wird wie im Programmteil G verfahren:

Die Aufnahme der Gleichung bzw. der Gleichungen des Ausgangsgraphen, also der Evolvente, erfolgt - wie bei G beschrieben - in einer besonderen Programmzeile.

Die Kurvengleichung der Evolvente darf wieder in kartesischer Darstellung, Parameterdarstellung oder Polarkoordinatendarstellung vorliegen. Desgleichen beziehen sich die abgefragten Intervallgrenzen und die Anzahl der Unterteilungsschritte bei Parameter- und Polarkoordinatendarstellungen auf die Evolvente.

Unter Verwendung des Zentralprogramms DIFFERENTIALQUOTIENT werden nun für die Kurvenstützpunkte auf der Evolvente die

Koordinaten der dazugehörigen Krümmungskreismittelpunkte berechnet.

Um dies zu ermöglichen, wird vorher nach der Genauigkeit g gefragt, mit der die Berechnungen der 1. und 2. Ableitungen erfolgen sollen. Ferner nuß die halbe Intervallbreite s des Intervalls [x-s;x+s] bzw. [t-s;t+s] eingegeben werden, in dem die Approximation der Ausgangskurve durch Parabeln 4. Ordnung beginnt. Genauere Erläuterungen dazu finden sich in der Beschreibung des Programms DIFFERENTIALQUOTIENT.

Die oben genannten Krümmungskreismittelpunkte bilden die Stützpunkte der Evolute, die soweit ausgezeichnet wird, wie sie im Rechteckausschnitt des vorliegenden Koordinatensystems existiert und durch den Evolventenabschnitt festgelegt ist.

Da die Berechnung der Koordinaten der Krümmungskreismittelpunkte relativ viel Rechenzeit erfordert, ist der Zeitaufwand für das Auszeichnen einer Evolute im allgemeinen dementsprechend groß.

IG Zum Einzeichnen eines Integralgraphen in ein bereits vorliegendes Koordinatensystem ist hinsichtlich der Eingabe des bzw. der Integranden wie im Programmteil G zu verfahren:

Den Integranden werden Integrandenfunktionen zugeordnet, die die Struktur einer kartesischen Darstellung, Parameterdarstellung oder Polarkoordinatendarstellung haben dürfen. Die Aufnahme dieser Integrandenfunktionen erfolgt - wie bei G beschrieben - in einer besonderen Programmzeile.

Eine kartesische Darstellung liegt dann vor, wenn der Integralgraph durch die Integralgleichung

$$y = \int_a^x f(x) \cdot dx$$

beschrieben wird. Diese Gleichung läßt sich als eine Zuordnungsvorschrift auffassen, die in einem Intervall [a;b] jedem x ein y zuordnet. Dazu gehört ein Graph, dessen Ordinatenwerte der Punkte auf ihm durch Integrationen gewonnen werden. Dem Integranden f(x) wird die Integrandenfunktion Y = Y(X) zugeordnet.

Wenn der Graph im Intervall $[t_1;t_2]$ durch die Integralgleichungen

$$x = \int_{t_1}^{t} x(t)\cdot dt \qquad \text{und} \qquad y = \int_{t_1}^{t} y(t)\cdot dt$$

beschrieben wird, so liegt eine Parameterdarstellung des Integralgraphen vor. Die den Integranden zugeordneten Integrandenfunktionen lauten hier X = X(T) und Y = Y(T).

Ein bekanntes Beispiel eines so strukturierten Integralgraphen ist die Klotoide.

Eine weitere Darstellungsmöglichkeit für Integralgraphen ist durch die Verwendung von Polarkoordinaten gegeben. Die Integralgleichung

$$\rho = \int_{\varphi_1}^{\varphi} \rho(\varphi)\cdot d\varphi$$

beschreibt zusammen mit den Beziehungen $x = \rho\cdot\cos\varphi$ und $y = \rho\cdot\sin\varphi$ ebenfalls einen Integralgraphen im kartesischen Koordinatensystem. Der Radiusvektor ρ in den Berechnungsformeln für die kartesischen Koordinaten geht hier aus einem Integrationsprozeß hervor. Dem Integranden wird in diesem Fall die Integrandenfunktion R = R(T) zugeordnet. In ihr steht R für den dazugehörigen Radiusvektor ρ und T für den Polarwinkel φ.

Die für die Berechnungen der Koordinaten der Punkte auf den Integralgraphen notwendigen Integrationen werden unter Verwendung des Programms BESTIMMTES INTEGRAL ausgeführt. Deswegen wird in diesem Programmteil zusätzlich nach der Integrationsgenauigkeit I_g und der Genauigkeitsstufe S hinsichtlich des Intervalls [a;x] bzw. [t_1;t_2] gefragt. Genauere Erläuterungen dazu finden sich in der Beschreibung des Programms BESTIMMTES INTEGRAL.

Da die Integrationen relativ viel Rechenzeit erfordern, kann der Zeitaufwand für das Auszeichnen eines Integralgraphen dementsprechend groß ausfallen.

Soweit die Programmteile G, EV und IG nicht im Routinedurchgang abgearbeitet werden, kann ihr Aufruf auch durch Seiteneinstiege erfolgen. Zum Start dieser Programmteile mit den gleichnamigen Kürzeln darf nicht der RUN-Befehl verwendet werden, da er die Informationen über das Koordinatensystem löschen würde. Der Programmstart erfolgt hier allgemein mit GOTO bzw. speziell für das Programm G auch mit DEF.

Dadurch ist es möglich, in ein vorliegendes Koordinatensystem mehrere Graphen, Evoluten und Integralgraphen einzuzeichnen.

Nach dem vollendeten Einzeichnen eines jeden Graphen verzweigt das Programm zum Seiteneinstieg S, um den Graphen betrachten zu können. Gleichzeitig fordert der Hinweis 'Achsenpunkte' zur Eingabe von Abszissenwerten auf.

Sämtliche für dieses Buch mit dem Graphenprogramm gezeichneten Koordinatensysteme und Graphen wurden mit einer modifizierten Version des beschriebenen Graphenprogramms angefertigt. Diese berücksichtigt den ausschließlich einfarbigen Ausdruck genauso wie die Forderung der Lesbarkeit aller Achsenbeschriftungen nach der Verkleinerung der Originalvorlagen auf das Buchformat.

Im Listing findet sich hinsichtlich dieser verwendeten Buch-Version eine Aufstellung der abgeänderten Zeilen mit Signierung der abgeänderten Stellen im beschriebenen Programm.

Vorbereitungen zum Einzeichnen der Graphen beim Vorliegen der Kurventypen G/EV/IG für die Fälle k/pa/po (n=0;1;2;3)

Fall	Einrichtung der Programmzeile
k	... : "f" : Y = Y(X) : COLOR n : RETURN
pa	... : "f" : X = X(T) : Y = Y(T) : COLOR n : RETURN
po	... : "f" : R = R(T) : COLOR n : RETURN

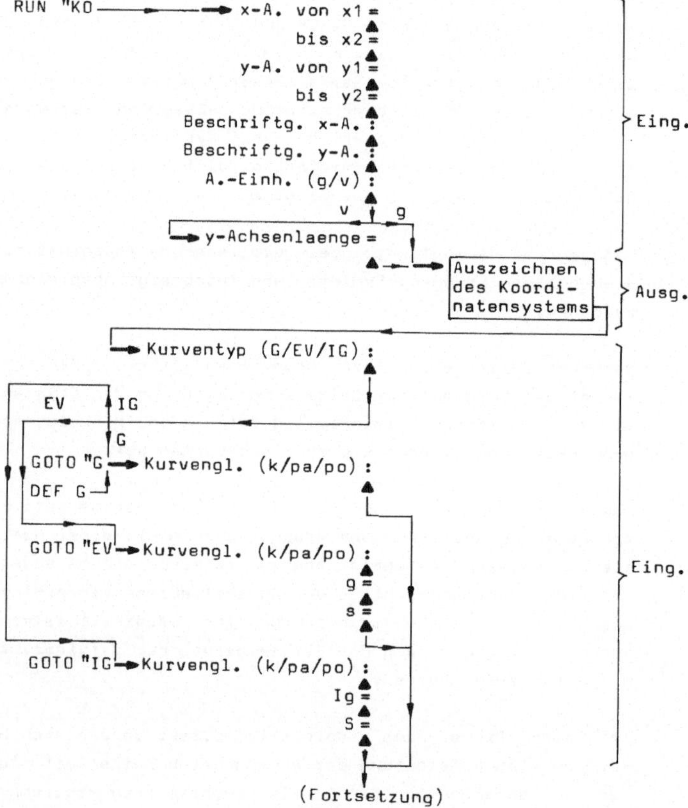

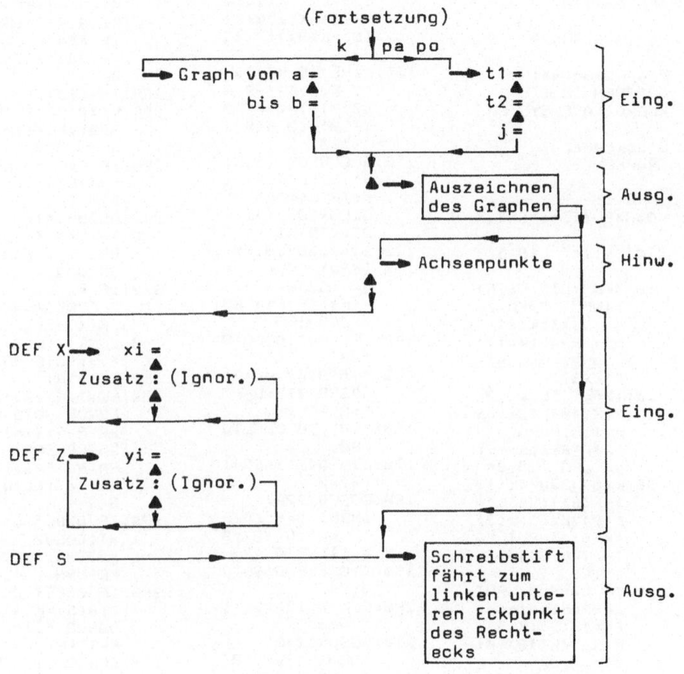

verw. Variablen: X, Y, R, T
BI, DQ, D1, S1, B(16), K(19), Q(21)
A$ bis H$

GRAPHEN IM KOORDINATENSYSTEM

Listing

```
Prof. L.Marsolek
TFH Berlin

PC-1500 SHARP

Programmname:
GRAPHEN IM
KOORDINATENSYSTEM

Blockname:
GRAPHEN

Inhalt:
KO*G*EU*IG*e*S*Z*X

STATUS 1 =  1945

 10:"KO":DIM K(19)
    :INPUT "x-A. v
    on x1=";K(8),"
    bis x2=";K(12)
    ,"y-A. von y1=
    ";K(9)
 20:INPUT "bis y2=
    ";K(10),"Besch
    riftg. x-A.: "
    ;A$,"Beschrift
    g. y-A.: ";B$
 30:K(6)=220/(K(12
    )-K(8)):K(11)=
    K(8)*K(6):K(2)
    =K(6):INPUT "A
    .-Einh. (g/v):
     ";C$
 40:IF C$="v"INPUT
    "y-Achsenlaeng
    e=";K(2):K(2)=
    K(2)/(K(10)-K(
    9))
 50:K(1)=K(9)*K(2)
    :K(0)=K(10)*K(
    2)
 60:IF K(11)>-3OR
    K(11)<-200LET
    K(14)=1:K(11)=
    -3
 70:GRAPH :LINE (0
    ,0)-(217,0)-(2
    07,3)-(207,-3)
    -(217,0),K(14)
    ,0:USING "+":
    GLCURSOR (216,
    5):CSIZE 1
 80:ROTATE 3:
    LPRINT A$:
    ROTATE 0:
    GLCURSOR (-K(1
    1),0):SORGN
 90:IF K(0)<0OR K(
    1)>0LET K(1)=0
    :K(0)=K(2)*(K(
    10)-K(9)):K(13
    )=1
100:LINE (0,K(1))-
    (0,K(0))-(-3,K
    (0)-10)-(3,K(0
    )-10)-(0,K(0))
    ,K(13)
110:GLCURSOR (5,K(
    0)-5):LPRINT B
    $:IF C$="g"
    GLCURSOR (-2,-
    2):LPRINT "o"
120:S1=1:GOSUB 500
130:INPUT "Kurvent
    yp (G/EU/IG):
    ";F$:IF F$="EU
    "GOTO 160
140:IF F$="IG"GOTO
    190
150:"G":BI=0:DQ=0:
    GOSUB 220:G$="
    ":GOTO 230
160:"EU":IF DQGOTO
    180
170:DIM Q(21):DQ=1
    :BI=0
180:GOSUB 220:
    INPUT "g=";Q(6
    ),"s=";Q(18):G
    $=C$:GOTO 230
190:"IG":IF BIGOTO
    210
200:DIM B(16):BI=1
    :DQ=0
210:GOSUB 220:
    INPUT "Ig=";B(
    6),"S=";B(7):G
    $=C$:GOTO 230
220:INPUT "Kurveng
    l. (k/pa/po):
    ";C$:RETURN
230:IF C$="pa"OR C
    $="po"GOTO 440
240:INPUT "Graph v
    on a=";K(7),"b
    is b=";K(15):K
    (5)=K(6)
250:K(17)=(K(15)-K
    (7))*K(5):K(19
    )=K(7)-1/K(5):
    K(12)=1:ON
    ERROR GOTO "e"
260:IF G$LET C$="p
    a"
270:FOR K(18)=1TO
    K(17)+1:K(19)=
    K(19)+1/K(5):
    IF C$="k"LET X
    =K(19):GOTO 29
    0
280:T=K(19)
290:K(10)=0:GOSUB
    370:IF K(10)
    GOTO 350
300:IF C$="po"LET
    X=R*COS T:Y=R*
    SIN T
310:GOSUB 410
320:IF K(4)<K(1)-2
    OR K(4)>K(0)+2
    GOTO 350
330:IF K(12)
    GLCURSOR (K(3)
    ,K(4)):K(12)=0
340:LINE -(K(3),K(
    4)):GOTO 360
350:K(12)=1
360:NEXT K(18):ON
    ERROR GOTO 0:
    BEEP 2:S1=1:
    GOSUB 500:
    PRINT "Achsenp
    unkte":GOTO 45
    0
370:IF DQLET Q(19)
    =T:GOSUB "DQ":
    X=Q(3):Y=Q(4):
    RETURN
380:IF BILET B(4)=
    T:B(5)=K(7):
    GOSUB "BI":
    RETURN
390:GOSUB "f":
    RETURN
400:"e":K(10)=1:
    RETURN
410:K(3)=X*K(6):K(
    4)=Y*K(2):IF K
    (14)LET K(3)=K
    (3)-K(8)*K(6)-
    3
420:IF K(13)LET K(
    4)=K(4)-K(9)*K
    (2):RETURN
430:RETURN
440:INPUT "t1=";K(
    7),"t2=";K(15)
    ,"j=";K(16):K(
    5)=K(16)/(K(15
    )-K(7)):GOTO 2
    50
```

(Fortsetzung)

(Fortsetzung)

```
450:"X":INPUT "x;=
    ";X:ROTATE 3:
    GOSUB 410:
    GLCURSOR (K(3)
    +2,-3):GOSUB 4
    60:GLCURSOR (K
    (3)+2,5):
    LPRINT X:GOSUB
    480:GOTO 450
460:USING "+":
    CSIZE 1:COLOR
    0:LPRINT "-":
    RETURN
470:"Z":INPUT "y;=
    ";Y:ROTATE 0:
    GOSUB 410:
    GLCURSOR (-3,K
    (4)-2):GOSUB 4
    60:GLCURSOR (5
    ,K(4)-2):
    LPRINT Y:GOSUB
    480:GOTO 470
480:INPUT "Zusatz:
    ";A$:LPRINT "
    "+A$
490:USING :CSIZE 2
    :ROTATE 0:
    RETURN
500:"S":GLCURSOR (
    K(11),K(1)):IF
    S1LET S1=0:
    RETURN
510:END
```

Buch-Version:

Aenderungen in den folgenden Zeilen an den signierten Stellen

```
70:GRAPH :LINE (0
   ,0)-(217,0)-(2
   07,3)-(207,-3)
   -(217,0),K(14)
   ,0:USING "+":
   GLCURSOR (216,
   5):CSIZE 2
```

```
110:GLCURSOR (5,K(
    0)-5):LPRINT B
    $:IF C$="g"
    GLCURSOR (-2,-
    2):CSIZE 1:
    LPRINT "o":
    CSIZE 2
450:"X":INPUT "x;=
    ";X:ROTATE 3:
    GOSUB 410:
    GLCURSOR (K(3)
    +2,-3):GOSUB 4
    60:GLCURSOR (K
    (3)+5,5):
    LPRINT X:GOSUB
    480:GOTO 450
460:USING "+":
    CSIZE 1:LPRINT
    "-":CSIZE 2:
    RETURN
470:"Z":INPUT "y;=
    ";Y:ROTATE 0:
    GOSUB 410:
    GLCURSOR (-3,K
    (4)-2):GOSUB 4
    60:GLCURSOR (5
    ,K(4)-5):
    LPRINT Y:GOSUB
    480:GOTO 470
```

neuer
STATUS 1 = 1953

GRAPHEN IM KOORDINATENSYSTEM

Beispiele

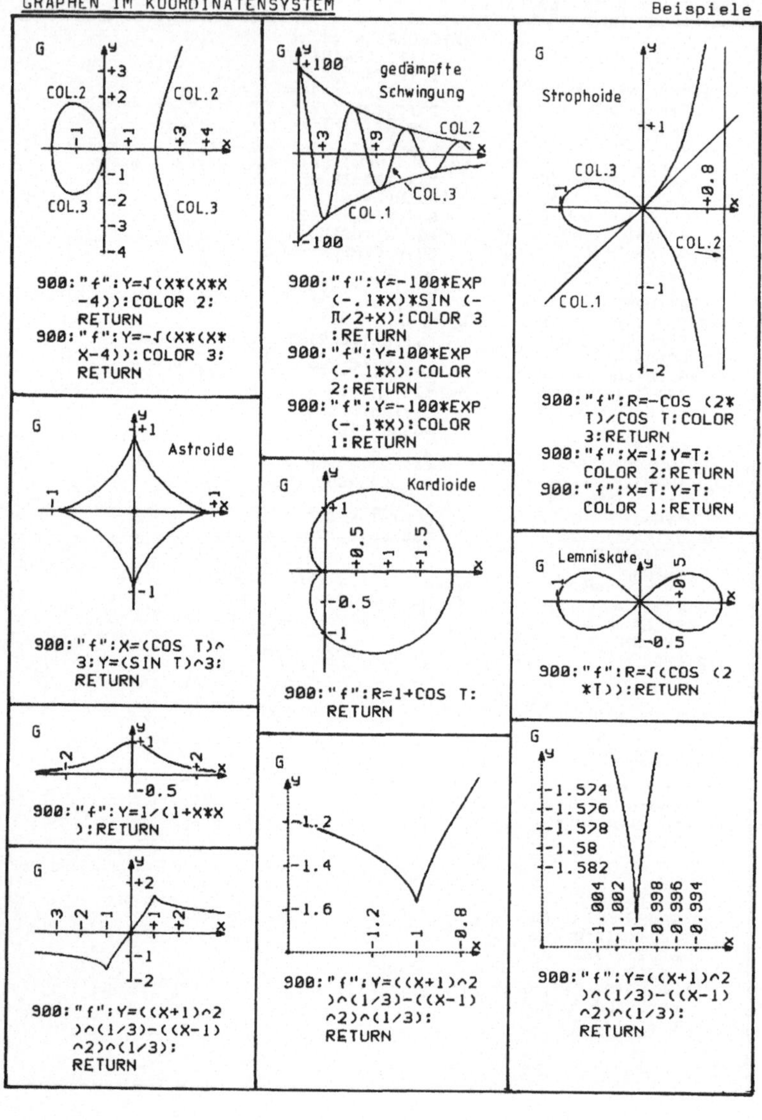

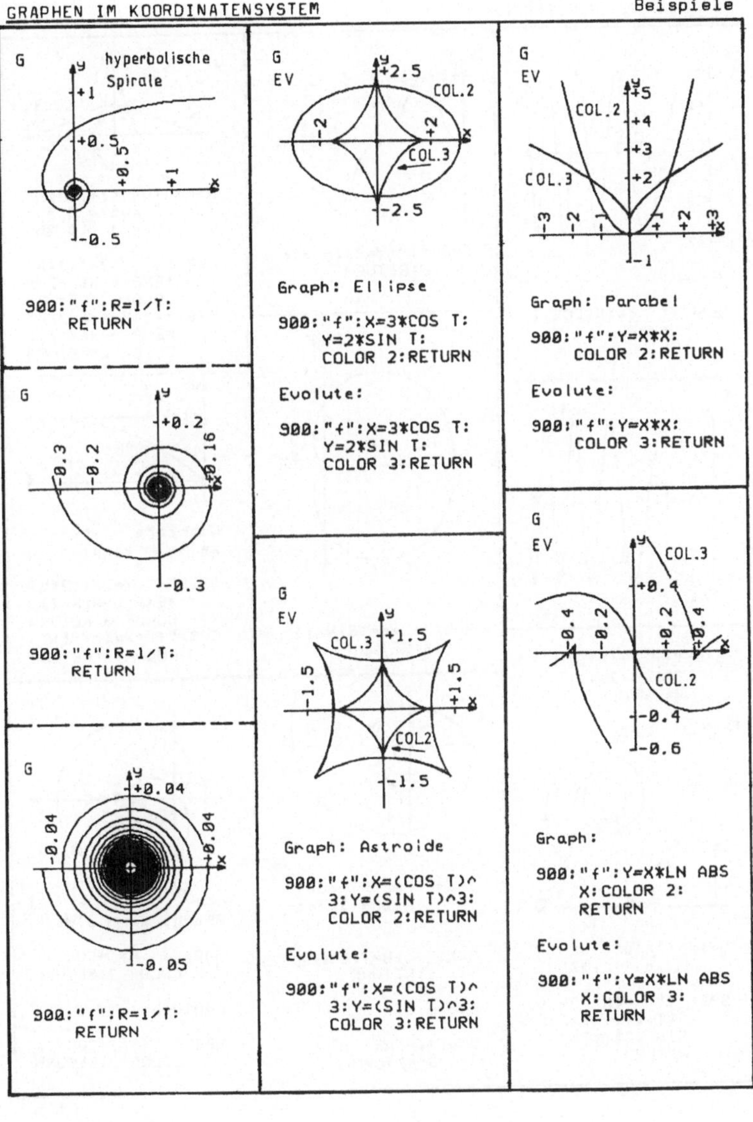
G
hyperbolische Spirale
+1
+0.5
-0.5
900:"f":R=1/T:
RETURN
G
+0.2
-0.3
-0.2
+0.16
-0.3
900:"f":R=1/T:
RETURN
G
+0.04
-0.04
+0.04
-0.05
900:"f":R=1/T:
RETURN
G
EV
+2.5
COL.2
COL.3
-2.5
Graph: Ellipse
900:"f":X=3*COS T:
Y=2*SIN T:
COLOR 2:RETURN
Evolute:
900:"f":X=3*COS T:
Y=2*SIN T:
COLOR 3:RETURN
G
EV
COL.3
+1.5
-1.5
+1.5
COL2
-1.5
Graph: Astroide
900:"f":X=(COS T)^
3:Y=(SIN T)^3:
COLOR 2:RETURN
Evolute:
900:"f":X=(COS T)^
3:Y=(SIN T)^3:
COLOR 3:RETURN
G
EV
COL.2
+5
+4
+3
COL.3
+2
-1
Graph: Parabel
900:"f":Y=X*X:
COLOR 2:RETURN
Evolute:
900:"f":Y=X*X:
COLOR 3:RETURN
G
EV
COL.3
+0.4
-0.4
-0.2
+0.2
+0.4
COL.2
-0.4
-0.6
Graph:
900:"f":Y=X*LN ABS
X:COLOR 2:
RETURN
Evolute:
900:"f":Y=X*LN ABS
X:COLOR 3:
RETURN

GRAPHEN IM KOORDINATENSYSTEM

Beispiele

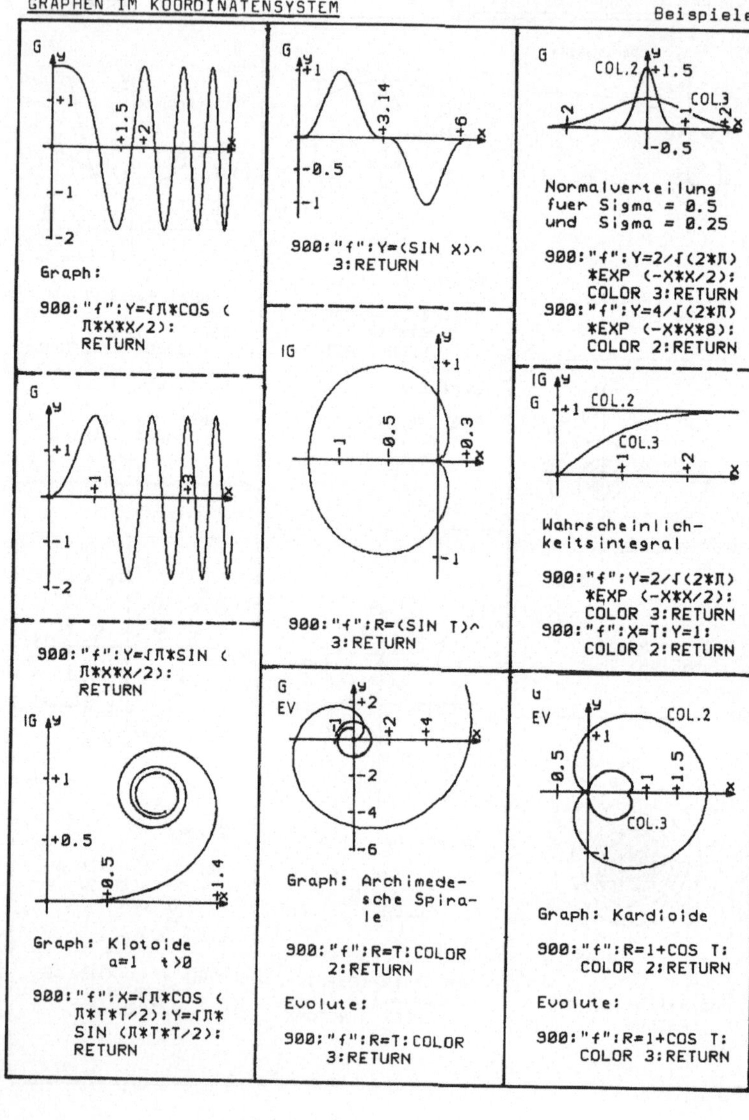

3.3. Einzelprogramme

Die im folgenden aufgeführten Einzelprogramme stellen jeweils in sich abgeschlossene Einheiten dar. Ihre Lauffähigkeit setzt nicht das Vorhandensein anderer Programme im Hauptspeicher voraus. Wegen ihres relativ geringen Umfangs haben die Einzelprogramme auch nicht die Bedeutung von Programmblöcken.

3.3.1 QUARATISCHE UND KUBISCHE GLEICHUNG

QG Dieser Programmteil liefert bei Vorgabe der Koeffizienten A, B und C der quadratischen Gleichung $Ax^2 + Bx + C = 0$ deren Lösungen im Bereich der komplexen Zahlen. Die Lösungen werden beschriftet ausgegeben. Reelle Lösungen werden x_1 bzw. x_2 genannt.

Hat die Gleichung eine reelle Doppellösung, so wird dies in der Ausgabe durch $x_1 = x_2$ berücksichtigt.

Sind die Lösungen konjugiert komplex - also a+bi und a-bi - dann erfolgt die Anzeige des Realteils a und des Imaginärteils b.

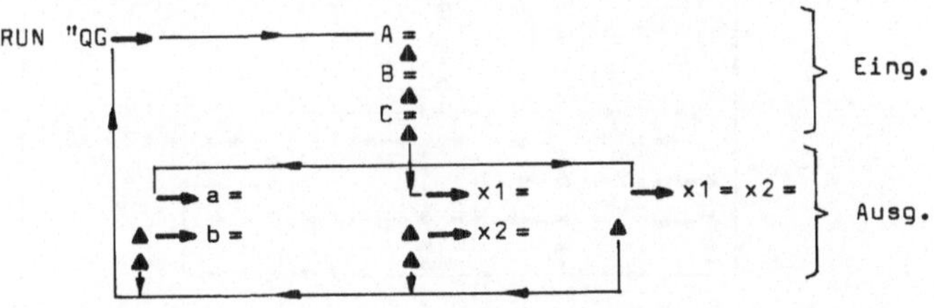

verw. Variablen: [A] x_1 ferner: C

[B] x_2 $x_1 = x_2$ b

[E] (bzw.) a (bzw.)

KG Dieses Programm ist auf der Lösungsmethode von TARTAGLIA aufgebaut. In der Literatur wird sie auch CARDANische Formel genannt.

Da zum Auffinden der Lösungen goniometrische Funktionen verwendet werden, ist das Programm an einen bestimmten Winkelmodus gebunden. Er lautet DEGREE und wird vom Programm selbständig gewählt.

Ähnlich wie beim Programmteil QG wird beim Aufruf des vorliegenden Programmteils nach den Koeffizienten A, B, C und D der kubischen Gleichung $Ax^3 + Bx^2 + Cx + D = 0$ gefragt. Deren Lösungen werden im Bereich der komplexen Zahlen berechnet.

Ausgegeben werden entweder drei reelle verschiedene Lösungen x_1, x_2 und x_3 oder drei reelle gleiche Lösungen $x_1 = x_2 = x_3$ oder eine reelle Lösung x_1 sowie zwei weitere reelle gleiche Lösungen $x_2 = x_3$ oder eine reelle Lösung x_1 sowie der Realteil a und der Imaginärteil b der beiden weiteren konjugiert komplexen Lösungen a+bi und a-bi .

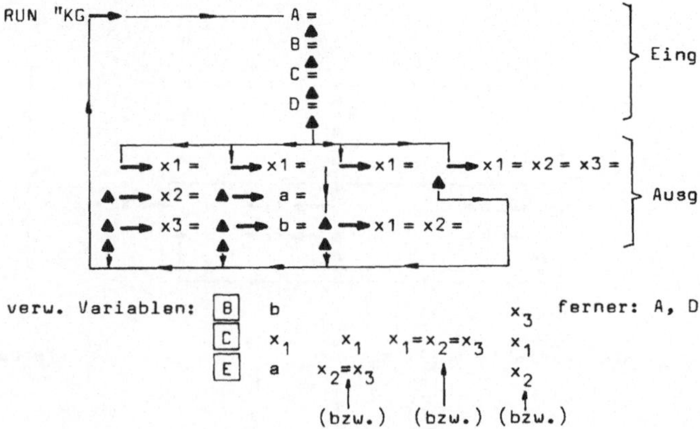

QUADRATISCHE UND KUBISCHE GLEICHUNG — Listing

Prof. L.Marsolek
TFH Berlin

PC-1500 SHARP

Programmname:
QUADRATISCHE UND
KUBISCHE GLEICHUNG

Blockname:
QG*KG

Inhalt:
QG*KG

STATUS 1 = 568

```
  10:"QG":GOSUB 110
     :E=-B/2/A:C=E*
     E-C/A:IF C>0
     LET A=E-√C:B=E
     +√C:PRINT "x1=
     ";A:PRINT "x2=
     ";B:GOTO 10
  20:IF C=0PRINT "x
     1=x2=";E:GOTO
     10
  30:B=√ABS C:GOSUB
     130:GOTO 10
  40:"KG":DEGREE :
     GOSUB 110:
     INPUT "D=";D:B
     =B/A/3:C=C/A:D
     =D/A:A=C/3-B*B
     :C=(B*C-D)/2-B
     ^3
  50:D=C*C+A^3:IF D
     =0AND C=0LET C
     =-B:PRINT "x1=
     x2=x3=";C:GOTO
     40
  60:IF D>=0LET A=C
     +√D:A=ABS A^(1
     /3)*SGN A:D=C-
     √D:D=ABS D^(1/
     3)*SGN D:C=A+D
     -B:GOTO 90
  70:D=2*√ABS A:A=
     ACS (C/√(-A^3)
     )/3:C=D*COS A-
     B:E=D*COS (A+1
     20)-B:B=D*COS
     (A+240)-B:
     GOSUB 120
  80:PRINT "x2=";E:
     PRINT "x3=";B:
     GOTO 40
  90:E=-(C+3*B)/2:B
     =(A-D)/2*√3:
     GOSUB 120:IF A
     <>DGOSUB 130:
     GOTO 40
 100:PRINT "x2=x3="
     ;E:GOTO 40
 110:INPUT "A=";A,"
     B=";B,"C=";C:
     RETURN
 120:PRINT "x1=";C:
     RETURN
 130:PRINT "a=";E:
     PRINT "b=";B:
     RETURN
```

QUADRATISCHE UND KUBISCHE GLEICHUNG

QG

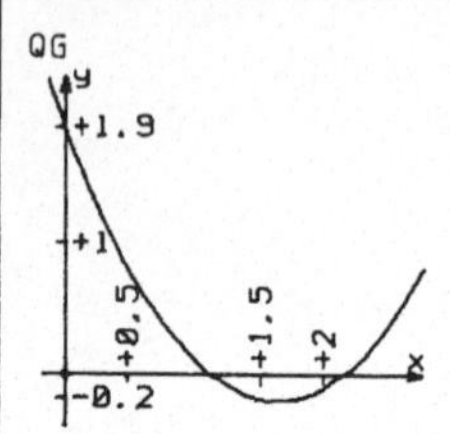


```
Graph:

900:"f":Y=.8*X*X-2
     .6*X+1.9:
     RETURN

quadr. Gleichung:

A= 0.8
B=-2.6
C= 1.9

x1= 1.109611797
x2= 2.140388203
```

QG

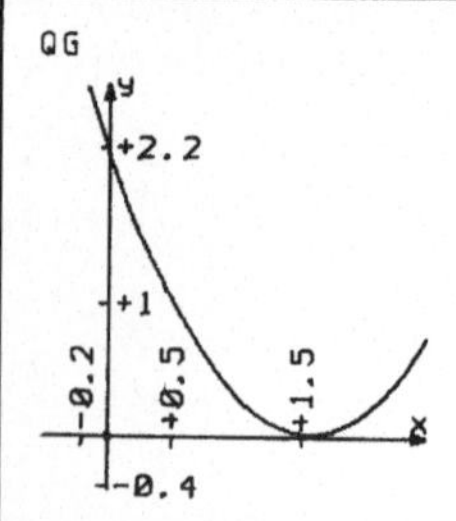


```
Graph:

900:"f":Y=.9*X*X-2
     .8*X+2.2:
     RETURN

quadr. Gleichung:

A= 0.9
B=-2.8
C= 2.2

a= 1.555555556
b= 1.571348359E-01
```

KG
NU

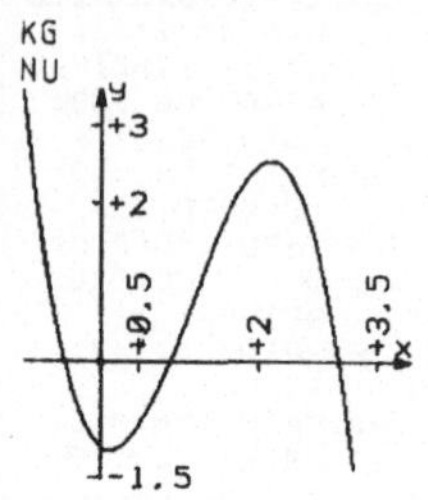


```
Graph:

900:"f":Y=-.9*X^3+
     3.1*X*X-.8*X-1
     .1:RETURN

kubische Gleichg.:

A=-0.9
B= 3.1
C=-0.8
D=-1.1

x1= 3.015206258
x2=-4.572545027E-0
1
x3= 8.864926889E-0
1


Nullstellen:

900:"f":Y=-.9*X^3+
     3.1*X*X-.8*X-1
     .1:RETURN

g= 1E-8
Startw. x1=-0.5

x0=-4.572545035E-0
1

g= 1E-8
Startw. x1= 1

x0= 8.864926889E-0
1

g= 1E-8
Startw. x1= 3

x0= 3.015206259
```

KG
NU

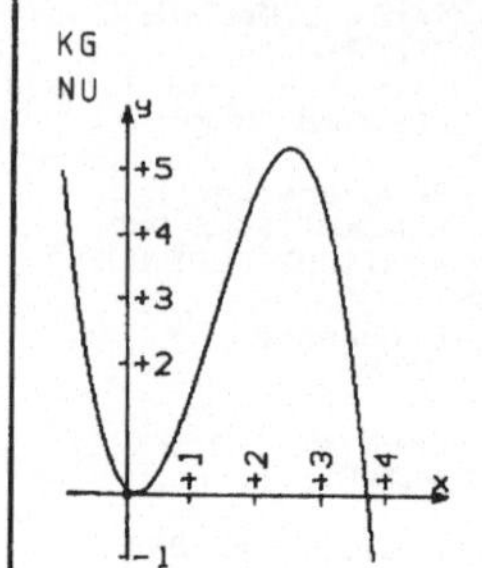


```
Graph:

900:"f":Y=-.8*X^3+
     3.2*X*X-.9*X+.
     1:RETURN

kubische Gleichg.:

A=-0.8
B= 3.2
C=-0.9
D= 0.1

x1= 3.70550099
 a= 1.472495045E-0
1
 b= 1.097780202E-0
1


Nullstellen:

900:"f":Y=-.8*X^3+
     3.2*X*X-.9*X+.
     1:RETURN

g= 1E-8
Startw. x1= 3.7

x0= 3.705500991

Bemerkung:

Startwerte in der
Naehe von 0 fueh-
ren zu keiner wei-
teren Nullstelle
```

3.3.2 DREIECK

DR Das Dreieckprogramm ist ein besonders benutzerfreundliches Programm. Nach seinem Aufruf fragt es nach den Seiten s_1 bis s_3 sowie nach den Winkeln w_1 bis w_3, die diesen Dreieckseiten gegenüberliegen. Die Stücke sind nur dann einzugeben, wenn sie bekannt sind, andernfalls müssen die Eingabeaufforderungen ignoriert werden.

Die Reihenfolge bei der Eingabe der Stücke ist beliebig. Es muß lediglich auf die relative Lage der Stücke zueinander geachtet werden.

Sobald drei Stücke eingegeben worden sind, erfolgt die Berechnung der fehlenden Stücke.

Wie in den Kongruenzsätzen ausgesprochen, gibt es hinsichtlich der Lösungsmannigfaltigkeit die Fälle: keine Lösung, eine Lösung und zwei Lösungen. Diese Fälle sind im Programm berücksichtigt.

Da sich der Computer die eingegebenen Stücke merkt, erfolgt nur die Ausgabe der vorher nicht bekannten Stücke.

Neben den Seiten und Winkeln werden auch die Dreieckhöhen h_1 bis h_3, der Dreieckflächeninhalt A sowie der Inkreisradius r_i und der Umkreisradius r_u berechnet und ausgegeben.

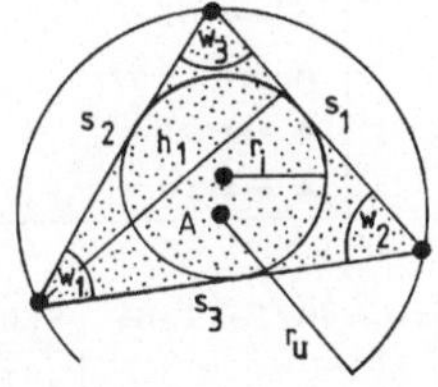

Der Winkelmodus kann beliebig gewählt werden. Dasselbe gilt auch von der Orientierung des Dreiecks.

Die Eingabe von drei Winkeln löst den Hinweis 'unzul. Eingabe' aus.

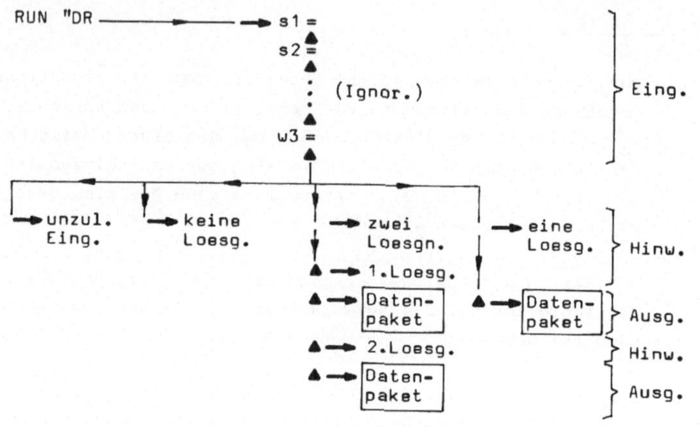

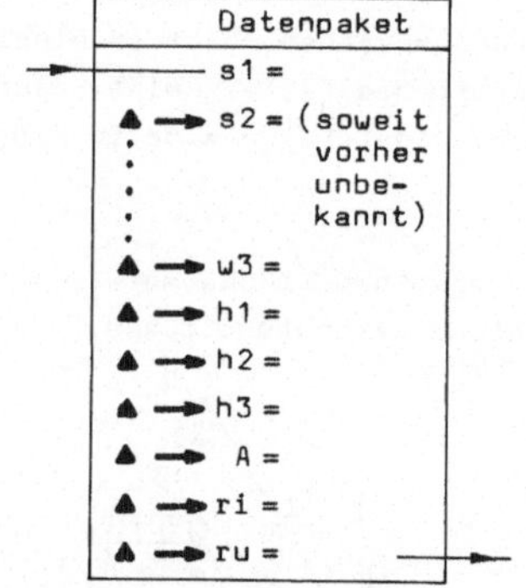

verw. Variablen:

S(0)	s_1	W(0)	w_1	M(6)	A
S(1)	s_2	W(1)	w_2	M(7)	r_i
S(2)	s_3	W(2)	w_3	M(8)	r_u

ferner: A, B, C, I, J, K, L
S(4), M(8), W(4)
A$

```
Prof. L.Marsolek
TFH Berlin

PC-1500 SHARP

Programmname:
DREIECK

Blockname:
DR

Inhalt:
DR

STATUS 1 =  1533

 10:"DR":DIM S(4),
    W(4),M(8):WAIT
    0:ON ERROR
    GOTO 430
 20:FOR I=0TO 2:
    CLS :GOSUB 400
    :PRINT A$;:
    INPUT "";S(I):
    M(I)=1:M(6)=M(
    6)+M(I)
 30:NEXT I:FOR I=0
    TO 2:IF M(6)+M
    (7)=3GOTO 60
 40:CLS :GOSUB 410
    :PRINT A$;:
    INPUT "";W(I):
    M(I+3)=1:M(7)=
    M(7)+M(I+3)
 50:NEXT I
 60:CLS :WAIT :
    GOSUB 140
 70:FOR I=0TO 2:M(
    8)=M(8)+M(I)*M
    (I+3):NEXT I
 80:IF M(7)=3OR M(
    6)+M(7)<>3GOTO
    130
 90:IF M(6)=3GOSUB
    170:GOSUB 310:
    END
100:IF M(7)=2GOSUB
    150:GOSUB 140:
    GOSUB 210:
    GOSUB 310:END
110:IF M(8)=0GOSUB
    190:GOSUB 140:
    GOSUB 170:
    GOSUB 310:END
120:IF M(8)=1GOSUB
    240
130:ON ERROR GOTO
    0:PRINT "unzul
      Eingabe":END
140:FOR I=3TO 4:S(
    I)=S(I-3):W(I)
    =W(I-3):NEXT I
    :RETURN
150:FOR I=0TO 2:IF
    W(I)=0LET W(I)
    =4*ATN 1-W(0)-
    W(1)-W(2):J=I
160:NEXT I:RETURN
170:FOR I=0TO 2:IF
    W(I)=0LET W(I)
    =ACS ((S(I+1)^
    2+S(I+2)^2-S(I
    )^2)/2/S(I+1)/
    S(I+2))
180:NEXT I:RETURN
190:FOR I=0TO 2:IF
    S(I)=0LET S(I)
    =√(S(I+1)^2+S(
    I+2)^2-2*S(I+1
    )*S(I+2)*COS W
    (I))
200:NEXT I:RETURN
210:FOR I=0TO 2:IF
    S(I)<>0AND W(I
    )<>0LET A=S(I)
    /SIN W(I)
220:NEXT I:FOR I=0
    TO 2:IF S(I)=0
    LET S(I)=A*SIN
    W(I):L=I
230:NEXT I:RETURN
240:FOR I=0TO 2:IF
    S(I)<>0AND W(I
    )<>0LET A=SIN
    W(I)/S(I):B=S(
    I)
250:NEXT I:FOR I=0
    TO 2:IF S(I)<>
    0AND W(I)=0LET
    W(I)=ASN (A*S(
    I)):K=I:GOTO 2
    70
260:NEXT I
270:C=4*ATN 1-W(I)
    :IF B>S(I)
    GOSUB 300:
    GOSUB 310:END
280:BEEP 2:PRINT "
    zwei Loesgn.":
    PRINT "1.Loesg
    .":GOSUB 300:
    GOSUB 320
290:PRINT "2.Loesg
    .":W(K)=C:W(J)
    =0:S(J)=0:S(L)
    =0:GOSUB 300:
    GOSUB 320:END
300:GOSUB 140:
    GOSUB 150:
    GOSUB 140:
    GOSUB 210:
    RETURN
310:BEEP 1:PRINT "
    eine Loesg."
320:FOR I=0TO 2:
    GOSUB 400:IF M
    (I)=0PRINT A$;
    S(I)
330:NEXT I
340:FOR I=0TO 2:
    GOSUB 410:IF M
    (I+3)=0PRINT A
    $;W(I)
350:NEXT I:M(6)=(S
    (0)+S(1)+S(2))
    /2
360:M(7)=√(((M(6)-
    S(0))*(M(6)-S(
    1))*(M(6)-S(2)
    )/M(6))):M(6)=
    M(6)*M(7)
370:M(8)=S(0)*S(1)
    *S(2)/4/M(6)
380:FOR I=0TO 2:
    GOSUB 420:
    PRINT A$;2*M(6
    )/S(I):NEXT I
390:PRINT "A=";M(6
    ):PRINT "ri=";
    M(7):PRINT "ru
    =";M(8):RETURN
400:GOSUB 440:A$="
    s"+A$:RETURN
410:GOSUB 440:A$="
    w"+A$:RETURN
420:GOSUB 440:A$="
    h"+A$:RETURN
430:ON ERROR GOTO
    0:PRINT "keine
      Loesg.":END
440:A$=STR$ (I+1)+
    "=":RETURN
```

DREIECK

Beispiele

```
DR

s1= 341.79
s2= 435.57
w1=  48.728°

zwei Loesgn.

1.Loesg.

s3= 385.5525384
w2= 73.29674327°
w3= 57.97525673°
h1= 369.2845962
h2= 289.7761143
h3= 327.3685673
A= 63108.89106
ri= 108.5359199
ru= 227.3789929

2.Loesg.

s3= 189.0814185
w2= 106.7032567°
w3= 24.5687433°
h1= 181.1033475
h2= 142.1110571
h3= 327.3685676
A= 30949.65657
ri= 64.04869654
ru= 227.3789927
```

```
DR

w1= 40°
w2= 80°
w3= 60°

unzul. Eingabe
```

```
DR

s1= 25.11
s2= 35.06
s3= 17.24

eine Loesg.

w1= 42.1736368°
w2= 110.3776007°
w3= 27.4487625°
h1= 16.16108958
h2= 11.57458527
h3= 23.53857073
A= 202.9024797
ri= 5.242280834
ru= 18.70029855
```

```
DR

s1= 120.58
s2=  59.13
w2= 110.333°

keine Loesg.
```

```
DR

s1= 103.14
w1=  70.379°
w2=  30.334°

eine Loesg.

s2= 55.30089082
s3= 107.5895858
w3= 79.287°
h1= 54.33703192
h2= 101.3423362
h3= 52.08981362
A= 2802.160736
ri= 21.06646405
ru= 54.74903328
```

```
DR

s2= 120.18
s3=   8.04
w1=  20.339°

eine Loesg.

s1= 112.6759321
w2= 158.2398514°
w3= 1.421148127°
h1= 2.980604759
h2= 2.794495086
h3= 41.7714452
A= 167.9212097
ri= 1.394139022
ru= 162.0891192
```

```
DR

s1=  5.13
s2=  9.56
w1= 83.36°

keine Loesg.
```

```
DR

s1= 43.55
s2= 56.13
s3= 20.00

eine Loesg.

w1= 42.55137205°
w2= 119.3554637°
w3= 18.09316427°
h1= 17.4319026
h2= 13.52501974
h3= 37.95796791
A= 379.5796791
ri= 6.3432433
ru= 32.19958331
```

```
DR

s1= 25.236
s2= 36.007
s3= 61.368

keine Loesg.
```

```
DR

s1= 23.541
s3= 20.718
w3= 17.513°

zwei Loesgn.

1.Loesg.

s2= 41.91911048
w1= 19.99421945°
w2= 142.4927806°
h1= 12.61439037
h2= 7.084009183
h3= 14.33320608
A= 148.4776818
ri= 3.445832845
ru= 34.42418166

2.Loesg.

s2= 2.980577431
w1= 160.0057806°
w2= 2.4812194°
h1= 8.969217544E-0
1
h2= 7.084008219
h3= 1.019134811
A= 10.55721751
ri= 4.469649426E-0
1
ru= 34.42418634
```

3.3.3 EXTREMPUNKTCHARAKTER

EC Dieses Programm erlaubt es, Rückschlüsse auf den Charakter eines Extrempunktes $E(x_E/y_E/z_E)$ einer Fläche $\Phi = \{P(x/y/z) \mid z=z(x,y)\}$ im dreidimensionalen Raum $\mathbb{R}^3$ zu ziehen, wenn die x- und y-Koordinaten des Extrempunktes sowie die Flächengleichung vorliegen.

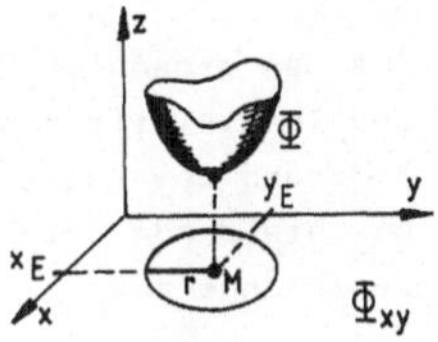

Die Gleichung $z = z(x,y)$ der Fläche wird in einer besonderen Programmzeile - in der Regel im frei zugänglichen Teile des Hauptspeichers - untergebracht. Sie hat dort die Struktur Z = Z(X,Y) .

Die verwendete Methode zur Extrempunktcharakterbestimmung besteht darin, zuerst in die Koordinatenebene Φ_{xy} um den Punkt $M(x_E/y_E)$ einen Kreis mit dem Radius r zu legen. Dann werden die zu den Kreispunkten gehörigen z-Ordinaten hinsichtlich Φ berechnet und mit dem Funktionswert $z_E = z(x_E, y_E)$ verglichen.

Da nicht alle Punkte des Kreises erfaßt werden können, muß eine Auswahl erfolgen: Bei automatisch gewähltem Winkelmodus DEGREE wird - sobald x_E und y_E eingegeben worden sind - nach der Anzahl n der auf dem Kreis äquidistant liegenden Punkte gefragt. Danach ist der Radius r des Kreises einzugeben.

Nun werden zu den im mathematisch positiven Umlaufsinn erfaßten Kreispunkten die dazugehörigen Funktionswerte hinsichtlich $z = z(x,y)$ berechnet und mit z_E verglichen. Fallen sie alle größer als z_E aus, so wird bei der erstmaligen Änderung dieses Zustandes das Zeichen '∧' in das Display gesendet.

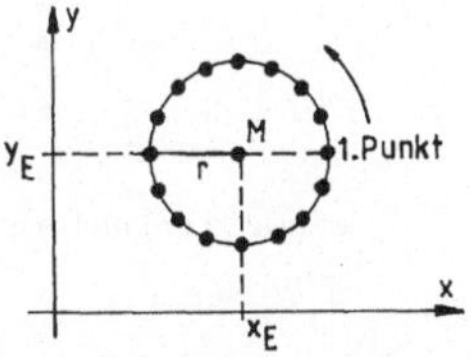

Entsprechend bedeuten die Zeichen 'v' und '–', daß nach der Änderung eines Zustandes vorher alle Funktionswerte kleiner bzw. genau so groß wie z_E waren.

Aus den genannten Zeichen wird im Display eine Zeichenkette gebildet. Tritt dabei hinsichtlich der letzten Punkte keine Änderung des Zustandes mehr ein, so wird das diesen Zustand beschreibende Zeichen als letztes Zeichen an die Zeichenkette angehängt.

Für Hoch- und Tiefpunkte besteht die Zeichenkette aus nur einem Zeichen, nämlich 'v' bzw. '∧'.

Sobald alle ausgezeichneten Kreispunkte erfaßt worden sind, macht das Tonsignal BEEP 3 auf das Ende des Untersuchungsvorgangs aufmerksam. Das zwischenzeitliche Tonsignal BEEP 1 dagegen signalisiert, daß sich die Folge der Funktionswerte dem Wert von z_E auf weniger als 0,01 näherte und sich anschließend wieder entfernt.

Die Zeichen der Zeichenkette werden fortlaufend in den Standardstringvariablen A$ bis Z$ gespeichert. Ihre Anzahl darf maximal 26 betragen.

Vorbereitung: Einrichtung der Programmzeile
... : "f" : Z = Z(X,Y) : RETURN

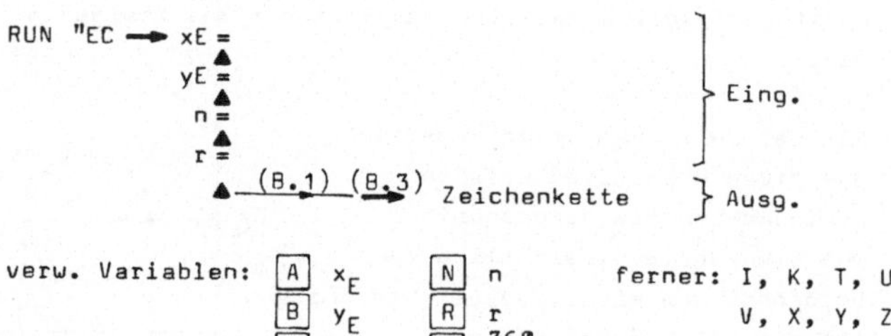

EXTREMPUNKTCHARAKTER | Listing | Beispiele

```
Prof. L.Marsolek
TFH Berlin

PC-1500 SHARP

Programmname:
EXTREMPUNKT-
CHARAKTER

Blockname:
EC

Inhalt:
EC

STATUS 1 =  402

 10:"EC":DEGREE :
    INPUT "xE=";A,
    "yE=";B,"n=";N
    :S=360/N:R=0:X
    =A:Y=B:GOSUB "
    f"
 20:E=Z:INPUT "r="
    ;R:CLS :I=0:
    GOSUB 70:U=Z:K
    =1:WAIT 0
 30:FOR I=1TO N-1:
    GOSUB 70:IF
    SGN ((E-U)*(E-
    Z))=1GOTO 50
 40:GOSUB 80:GOTO
    60
 50:IF I>2AND SGN
    ((V-U)*(Z-U))=
    1AND ABS (E-Z)
    <.01BEEP 1
 60:V=U:U=Z:NEXT I
    :GOSUB 80:WAIT
    :BEEP 3:PRINT
    "":END
 70:T=S*I:X=A+R*
    COS T:Y=B+R*
    SIN T:GOSUB "f
    ":RETURN
 80:IF U<ELET @$(K
    )="v":GOTO 130
 90:IF U>ELET @$(K
    )="^":GOTO 130
100:@$(K)="-"
110:IF K=1GOTO 130
120:IF I>NAND @$(K
    )=@$(K-1)
    RETURN
130:PRINT @$(K);:K
    =K+1:RETURN
```

```
EC
 900:"f":Z=X*Y*(3+X
     -Y):RETURN

 xE=  0
 yE=  0
  n= 40
  r=  0.2

 Zeichenkette:
 -^-v-^-v

 Rueckschluss:
 Sattelpunkt
```

```
EC
 900:"f":Z=X*Y*(3+X
     -Y):RETURN

 xE= -1
 yE=  1
  n= 20
  r=  0.2

 Zeichenkette:
 ^

 Rueckschluss:
 Tiefpunkt
```

```
EC
 900:"f":Z=3*X*Y-X^
     3-Y^3:RETURN

 xE=  1
 yE=  1
  n= 40
  r=  0.2

 Zeichenkette:
 v

 Rueckschluss:
 Hochpunkt
```

3.3.4 FEHLERRECHNUNG

Dieses Programm setzt sich aus den beiden Teilprogrammen MM (MITTLERER FEHLER DES MITTELWERTES) und GM (GEWOGENES MITTEL) zusammen. Das Programm GM benutzt das Programm MM als Unterprogramm.

MM Mit diesem Teilprogramm lassen sich zu einer Meßreihe mit n Meßwerten der dazugehörige Mittelwert x und dessen mittlerer Fehler m_x berechnen. Dabei ist berücksichtigt, daß sich ggf. aus allen Meßwerten eine gemeinsame Zehnerpotenz sowie eine gemeinsame Zifferngruppe herausziehen lassen.

In diesen Fällen kann anschließend von den reduzierten Meßwerten ausgegangen werden. Dies führt zur Einsparung von Eingabezeit und zu erhöhter Genauigkeit der berechneten Werte.

Nach dem Aufruf des Teilprogramms MM wird zuerst nach der Anzahl n der Meßwerte in der Meßreihe gefragt, sodann nach der gemeinsamen Zehnerpotenz und gemeinsamen Zifferngruppe im vorderen Teil der Zahlen. Nicht gemeinsame weitere Ziffern sind bis zum Komma durch Nullen aufzufüllen. Diese beiden Eingabeaufforderungen dürfen ignoriert werden.

Danach erfolgt die Abfrage der Meßwerte x_1 bis x_n, ggf. in ihrer reduzierten Form. Sobald der letzte Meßwert verarbeitet worden ist, werden der Mittelwert x und sein dazugehöriger mittlerer Fehler m_x ausgegeben.

Ein nachfolgendes ENTER bewirkt einen Rücksprung zur Eingabeaufforderung für ein neues n.

Den Berechnungen von x und m_x liegen die folgenden Formeln zugrunde:

$$x = \frac{[x]}{n} \qquad ; \qquad m_x = \pm\sqrt{\frac{[vv]}{n(n-1)}} \quad .$$

In der letzten Formel beschreibt [vv] die Summe der Quadrate der Abweichungen der Einzelmessungen vom Mittelwert x.

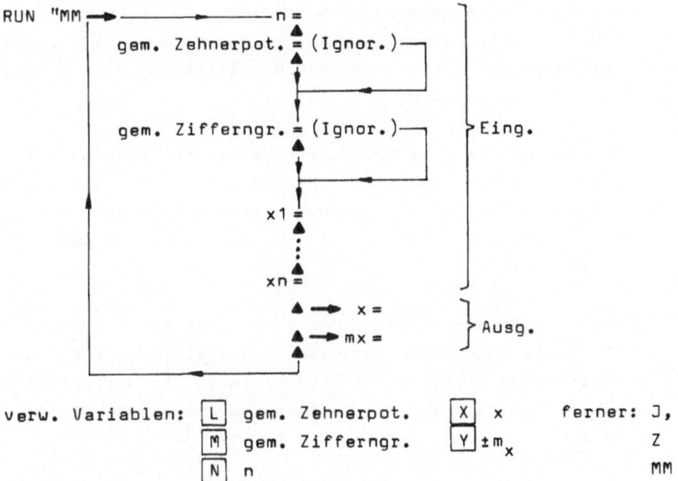

verw. Variablen: L gem. Zehnerpot. X x ferner: J,

M gem. Ziffernngr. Y $\pm m_x$ Z

N n MM

GM Mit diesem Teilprogramm lassen sich von k Meßreihen das gewogene Mittel x_g und dessen mittlerer Fehler m_{xg} berechnen. Dabei ist berücksichtigt, daß sich ggf. reihenübergreifend aus allen Meßwerten eine gemeinsame Zehnerpotenz sowie eine gemeinsame Zifferngruppe herausziehen lassen.

In diesen Fällen kann anschließend bei jeder Meßreihe von den reduzierten Meßwerten ausgegangen werden. Wie schon bei der Beschreibung des Programmteils MM erwähnt wurde, führt dies zur Einsparung von Eingabezeit und zu erhöhter Genauigkeit der berechneten Werte.

Nach dem Aufruf des Teilprogramms GM wird zuerst nach der Anzahl k der Meßreihen gefragt, sodann reihenübergreifend nach der allen Meßwerten gemeinsamen Zehnerpotenz sowie gemeinsamen Zifferngruppe. Diese beiden Eingabeaufforderungen dürfen ignoriert werden.

Danach erfolgt jeweils nach dem Tonsignal BEEP 1 die Abfrage der zur i-ten Meßreihe gehörigen Anzahl n_i (i=1;2;...;k) ihrer Meßwerte. Nun erst sind die Meßwerte x_1 bis x_{ni} dieser Meßreihe einzugeben.

Soweit für die i-te Meßreihe bereits der Mittelwert l_i und sein mittlerer Fehler m_i vorliegen, ist die Eingabeaufforderung für n_i zu ignorieren. In diesem Fall werden anstelle der Meßwerte x_1 bis x_{ni} die beiden genannten Größen l_i und m_i abgefragt.

Nach der Erfassung aller Meßreihen löst ein anschließendes ENTER die Berechnung des gewogenen Mittels x_g sowie des dazugehörigen mittleren Fehlers m_{xg} aus. Ein weiteres ENTER bewirkt den Rücksprung zur Eingabeaufforderung für ein neues k.

Den Berechnungen von x_g und m_{xg} liegen die folgenden Formeln zugrunde:

$$x = \frac{[pl]}{p} \quad ; \quad m_{xg} = \pm\sqrt{\frac{[pll] - x_g^2 [p]}{[p]\cdot(n-1)}} \ .$$

Dabei sind die l die Mittelwerte x der Meßreihen und die p ihre dazugehörigen Gewichte. Für diese gilt:

$$p_1 = 1 \quad ; \quad p_2 = \frac{m_1^2}{m_2^2} \quad ; \ \ldots \ ; \quad p_k = \frac{m_1^2}{m_k^2}$$

, wobei die m_i die die mittleren Fehler der l_i (i=1;2;...;k) sind.

Obwohl diese Formeln die bekannte Schwachstelle aufweisen, daß sie etwa für k = 2, $l_1 = l_2$ und $m_1 = m_2$ zu dem unsinnigen mittleren Fehler $m_{xg} = 0$ führen, werden sie im allgemeinen zur Berechnung des gewogenen Mittels und seines mittleren Fehlers verwendet.

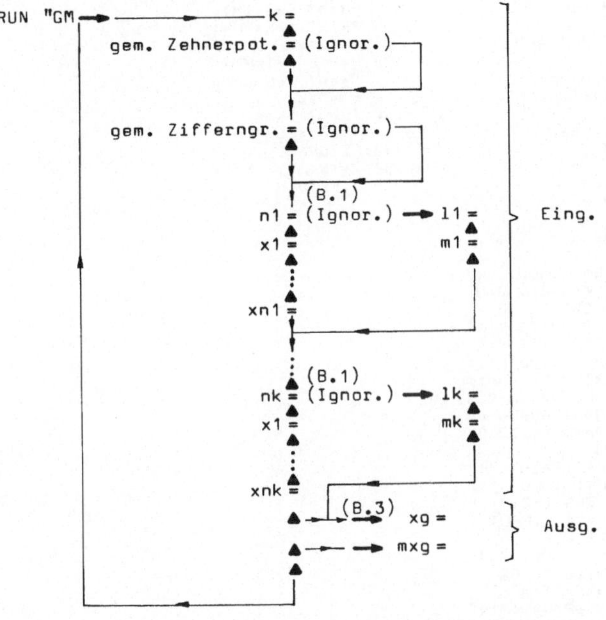

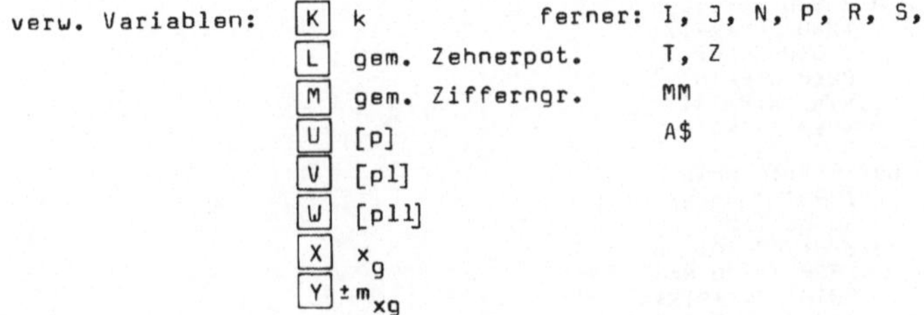

verw. Variablen:

K	k	ferner: I, J, N, P, R, S,
L	gem. Zehnerpot.	T, Z
M	gem. Zifferngr.	MM
U	[p]	A$
V	[pl]	
W	[pll]	
X	x_g	
Y	$\pm m_{xg}$	

FEHLERRECHNUNG

Listing

```
Prof. L.Marsolek
TFH Berlin

PC-1500 SHARP

Programmname:
FEHLERRECHNUNG

Blockname:
GM*MM

Inhalt:
GM*MM

STATUS 1 =  553

 10:"GM":INPUT "k=
    ";K:U=0:V=0:W=
    0:GOSUB 120
 20:FOR I=1TO K:A$
    =STR$ I+"=":
    WAIT 0:BEEP 1:
    PRINT "n"+A$;:
    INPUT "";N:CLS
    :MM=1:GOSUB 80
    :R=X:T=Y:GOTO
    40
 30:CLS :PRINT "l"
    +A$;:INPUT "";
    R:CLS :PRINT "
    m"+A$;:INPUT "
    ";T:CLS
 40:IF I=1LET S=T:
    P=1:GOTO 60
 50:P=(S/T)^2
 60:U=U+P:V=V+P*R:
    W=W+P*R*R:NEXT
    I:WAIT
 70:X=V/U:Y=√((W-X
    *X*U)/U/(K-1))
    :GOSUB 150:
    BEEP 3:PRINT "
    xg=";X:PRINT "
    mxg=";Y:GOTO 1
    0
 80:"MM":IF MM=0
    INPUT "n=";N:
    GOSUB 120
 90:X=0:Y=0:WAIT 0
    :FOR J=1TO N:
    PRINT "x"+STR$
    J+"=";:INPUT "
    ";Z:CLS :X=X+Z
    :Y=Y+Z*Z:NEXT
    J:WAIT
100:X=X/N:Y=√((Y-X
    *X*N)/N/(N-1))
    :IF MMRETURN
110:GOSUB 150:
    PRINT "x=";X:
    PRINT "mx=";Y:
    GOTO 80
120:M=0:L=1:INPUT
    "gem. Zehnerpo
    t.=";L
130:INPUT "gem. Zi
    ffferngr.=";M
140:RETURN
150:X=(X+M)*L:Y=Y*
    L:RETURN
```

MM

Gegeben sind die 9 folgenden Messwerte:

66.104
66.109
66.112
66.107
66.116
66.102
66.110
66.115
66.103

Gesucht: x und mx

1. Methode:

n= 9

x1= 66.104
x2= 66.109
x3= 66.112
x4= 66.107
x5= 66.116
x6= 66.102
x7= 66.110
x8= 66.115
x9= 66.103

x= 66.10866667
xm= 1.708231704E-03

2. Methode:

n=9
gem. Zehnerpot.= 1E-3
gem. Ziffernsr.= 66100

x1= 4
x2= 9
x3= 12
x4= 7
x5= 16
x6= 2
x7= 10
x8= 15
x9= 3

x= 66.10866667
xm= 1.699673171E-03

GM

Gegeben sind die 3 folgenden Messreihen:

(I)

89.061
89.059
89.080
89.075
89.060

(II)

89.07
89.06
89.07
89.08
89.05
89.06

(III)

89.082
89.080
89.083
89.071
89.076
89.072
89.073

Gesucht: xg und mxg

1. Methode:

k= 3

n1= 5

x1= 89.061
x2= 89.059
x3= 89.080
x4= 89.075
x5= 89.060

n2= 6

x1= 89.07
x2= 89.06
x3= 89.07
x4= 89.08
x5= 89.05
x6= 89.06

n3= 7

x1= 89.082
x2= 89.080
x3= 89.083
x4= 89.071
x5= 89.076
x6= 89.072
x7= 89.073

xg= 89.07391434
mxg= 3.304407074E-03

2. Methode:

k= 3

gem. Zehnerpot.= 1E-3
gem. Ziffernsr.= 89000

n1= 5

x1= 61
x2= 59
x3= 80
x4= 75
x5= 60

n2= 6

x1= 70
x2= 60
x3= 70
x4= 80
x5= 50
x6= 60

n3= 7

x1= 82
x2= 80
x3= 83
x4= 71
x5= 76
x6= 72
x7= 73

xg= 89.07378523
mxg= 3.401185644E-03

3.3.5 SCHWERPUNKT ZUSAMMENGESETZTER KURVEN (FLÄCHEN)

SZ Mit diesem Programm lassen sich die Schwerpunktkoordinaten x_{sS} und y_{sS} einer aus n Kurvenabschnitten zusammengesetzten Kurve mit der Gesamtlänge s berechnen, wenn die Koordinaten x_{sSi} und y_{sSi} (i=1;2;...;n) der Teilkurvenschwerpunkte sowie die dazugehörigen Bogenlängen s_i der Kurvenabschnitte vorliegen.

Entsprechend können die Koordinaten x_{AS} und y_{AS} des Schwerpunktes einer aus n Flächenstücken zusammengesetzten Fläche mit dem Gesamtflächeninhalt A berechnet werden, wenn die Koordinaten x_{ASi} und y_{ASi} (i=1;2;...;n) der Teilflächenschwerpunkte sowie die Teilflächeninhalte A_i bekannt sind.

Soweit nicht elementar möglich, können die Berechnungen der Stücke, die vorgegeben sein müssen, unter Verwendung der Programme KURVENSCHWERPUNKT und FLÄCHENSCHWERPUNKT erfolgen.

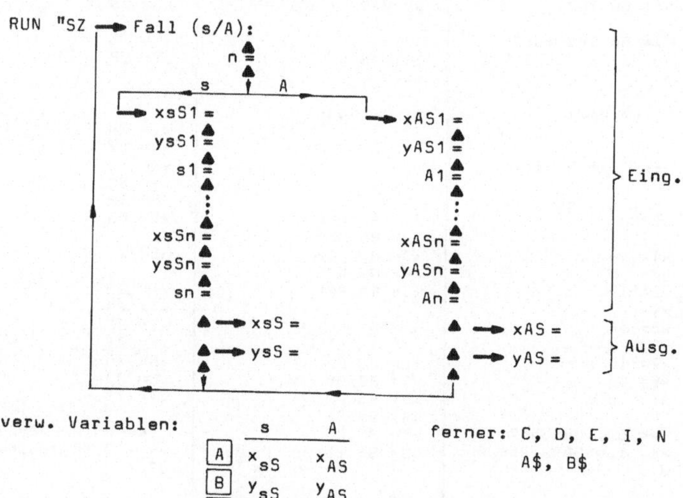

verw. Variablen:

	s	A
A	x_{sS}	x_{AS}
B	y_{sS}	y_{AS}
F	s	A

ferner: C, D, E, I, N
A\$, B\$

SCHWERPUNKT ZUSAMMENGESETZTER KURVEN (FLÄCHEN) Listing Beispiele

Prof. L.Marsolek
TFH Berlin

PC-1500 SHARP

Programmname:
SCHWERPUNKT
ZUSAMMENGESETZTER
KURVEN (FLAECHEN)

Blockname:
SZ

Inhalt:
SZ

STATUS 1 = 227

```
10:"SZ":INPUT "Fa
   ll (s/A): ";A$
   ,"n=";N:D=0:E=
   0:F=0:FOR I=1
   TO N:WAIT 0:B$
   =A$+"S"+STR$ I
   +"="
20:PRINT "x"+B$;:
   INPUT "";A:CLS
   :PRINT "y"+B$;
   :INPUT "";B:
   CLS :PRINT A$+
   STR$ I+"=";:
   INPUT "";C:CLS
   :D=D+A*C
30:E=E+B*C:F=F+C:
   NEXT I:WAIT :A
   =D/F:B=E/F:
   PRINT "x"+A$+"
   S=";A:PRINT "y
   "+A$+"S=";B:
   GOTO 10
```

SZ

Fall: s

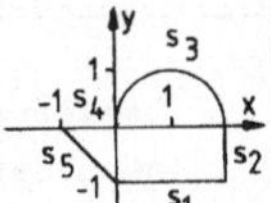

n= 5

xsS1= 1
ysS1=-1
s1= 2

xsS2= 2
ysS2=-0.5
s2= 1

xsS3= 1
ysS3= 2/π
s3= π

xsS4=-0.5
ysS4= 0
s4= 1

xsS5=-0.5
ysS5=-0.5
s5= √2

Kurvenschwerpunkt:

xsS= 6.936208842E-01
ysS=-1.410862694E-01

SZ

Fall: A

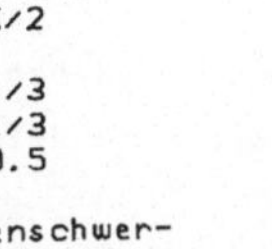

n= 3

xAS1= 1
yAS1=-0.5
A1= 2

xAS2= 1
yAS2= 4/3/π
A2= π/2

xAS3=-1/3
yAS3=-1/3
A3= 0.5

Flaechenschwerpunkt:

xAS= 8.362318786E-01
yAS=-0.122826091

3.3.6 VARIABLENSUCHE

Das Programm VARIABLENSUCHE ermöglicht die schnelle Erkennung der von einem anderen Programm verwendeten Standardvariablen sowie Standardstringvariablen.

VS Der Aufruf des Programmteils VS mit RUN löst die Belegung sämtlicher Standardvariablen mit dem Wert 9E99 und sämtlicher Standardstringvariablen mit dem String &$ aus.

Nachfolgend muß nun mit dem Programm NN gearbeitet werden, von dem ermittelt werden soll, welche Standard- und Standardstringvariablen es benutzt.

V Der anschließende Aufruf des Teilprogramms V mit DEF V führt - begleitet vom Tonsignal BEEP 1 - zur Anzeige der verwendeten Standardvariablen im Display.

Da das Display aus 26 Feldern besteht, können gerade alle Standardvariablen von A bis Z erfaßt werden. Es erfolgt eine geordnete Auflistung derart, daß verwendete Variablen mit ihrem großen Kennbuchstaben genannt werden und für nicht verwendete Variablen das Symbol '-' ausgegeben wird.

Ein nachfolgendes ENTER bewirkt - begleitet vom Tonsignal BEEP 2 - dieselbe Ausgabe hinsichtlich der verwendeten Standardstringvariablen. Aus Platzgründen wird jedoch jeweils auf die Ausgabe des Zeichens '$' verzichtet.

Ein erneut ausgeführtes ENTER führt zurück zur Ausgabe der Standardvariablen.

Die Erkennung der verwendeten Standard- und Standardstringvariablen erfolgt durch einen Vergleich ihrer Belegungen mit den Vorgabewerten 9E99 bzw. &$. Diese Belegungen dürfen daher nicht durch das Programm NN erfolgen. Desgleichen darf das Programm NN keine CLEAR-Anweisung enthalten.

Variablen und Stringvariablen mit zwei Zeichen im Namen sowie Feldvariablen werden von der Variablensuche nicht erfaßt.

RUN "VS ──► Belegung der Standardvariablen und Standardstringvariablen mit den Vorgabewerten 9E99 bzw. &$

RUN "NN ──► ...(vollständiger Programmdurchlauf)...

DEF V 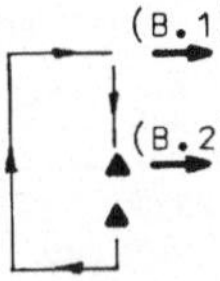
(B.1) ──► Liste der verwendeten Standardvariablen
(B.2) ──► Liste der verwendeten Standardstringvariablen

verw. Variablen: A bis Z
II
A$ bis Z$

Prof. L.Marsolek
TFH Berlin

PC-1500 SHARP

Programmname:
VARIABLENSUCHE

Blockname:
VS*V

Inhalt:
VS*V

STATUS 1 = 274

```
 10:"VS":FOR II=1
    TO 26:@(II)=9E
    99:@$(II)="&$"
    :NEXT II:END
 20:"V":CLS :BEEP
    1:WAIT 0:FOR I
    I=1TO 25:IF @(
    II)<>9E99PRINT
    CHR$ (II+64);:
    GOTO 40
 30:PRINT "-";
 40:NEXT II:WAIT :
    IF Z<>9E99
    PRINT "Z":GOTO
    60
 50:PRINT "-"
 60:CLS :BEEP 2:
    WAIT 0:FOR II=
    1TO 25:IF @$(I
    I)<>"&$"PRINT
    CHR$ (II+64);:
    GOTO 80
 70:PRINT "-";
 80:NEXT II:WAIT :
    IF Z$<>"&$"
    PRINT "Z":GOTO
    20
 90:PRINT "-":GOTO
    20
```

VS*V

NN = DR

s1= 341.79
s2= 435.57
w1= 48.728°

siehe: DREIECK
Beispiele

Standardvariablen:

ABC-----IJKL--------------

Standardstring-
variablen:

A-------------------------

VS*V

NN = SZ

Fall: A

n= 3

xAS1= 1
yAS1=-0.5
A1= 2

xAS2= 1
yAS2= 4/3/π
A2= π/2

xAS3=-1/3
yAS3=-1/3
A3= 0.5

siehe: SCHWERPUNKT ZUSAMMENGESETZTER KURVEN (FLAECHEN) Beispiele

Standardvariablen:

ABCDEF--I----N------------

Standardstring-
variablen:

AB------------------------

3.3.7 RESERVE-TASTENBELEGUNGEN

Bei den RESERVE-TASTENBELEGUNGEN handelt es sich nicht um ein Programm im Sinn aller bisher beschriebenen Programme.

Es dient vielmehr dazu, die RESERVE-Tasten des PC-1500 (A) sinnvoll so mit Befehlen zu belegen, wie es im Abschnitt Programmierarbeitshilfen beschrieben wurde.

Eine Neubelegung der RESERVE-Tasten kann auch dann erforderlich werden, wenn etwa durch den Ausfall der Batterien die alten Belegungen verloren gingen und der Computer deswegen neu initialisiert werden muß. Eine manuelle Belegung der RESERVE-Tasten wäre hier umständlicher und zeitaufwendiger.

Beim Einspielen der RESERVE-Tastenbelegungen vom Band muß darauf geachtet werden, daß dies nur im RESERVE-Modus möglich ist.

```
Prof. L.Marsolek
TFH Berlin

PC-1500 SHARP

Programmname:
RESERVE-TASTEN-
BELEGUNGEN

Blockname:
RESERVE

Ebene I:

F1: RUN"
F2: PRINT
    PEEK &7865;
    PEEK &7866;
    PEEK &7867;
    PEEK &7868@
F3: POKE &7865,
F4: NEW STATUS 2@
F5: POKE &7865,2,2
    10@
F6: CALL &E33F@

Ebene II:

F1: LF 1@
F2: LF -1@
F3: LPRINT"
F4: NEW &2D2@
F5:
F6: CALL &100@
```

Zu beachten ist ferner, daß bei der Verwendung anderer Erweiterungsmodule als beschrieben oder anderer Maschinen-RENUMBER-Programme die Tastenbelegungen in der Ebene I für F5 und in der Ebene II für F4 und F6 den vorliegenden Gegebenheiten angepaßt werden müssen.

4 Anhang

In sämtlichen Programmen der Programmsammlung werden unterschiedliche Kürzel für ihren Aufruf, ihre Teilprogramme und ihre speziellen Programmmarken verwendet. Eine Ausnahme bildet lediglich die LP-Version des Klotoidenprogramms. Sie benutzt dieselben Kürzel wie die dazugehörige Grundversion.

Theoretisch könnten alle Programme lauffähig im Hauptspeicher untergebracht sein, ohne sich gegenseitig zu stören. Dies ist praktisch nur deswegen nicht möglich, weil der Speicherplatz nicht ausreicht und zudem bei vielen Programmen zusätzlich Platz für Variablen mit zwei Zeichen im Namen oder für dimensionierte Felder benötigt wird.

Soweit die hier vorliegenden Programme erweitert werden oder neue Programme hinzukommen, ist darauf zu achten, daß bereits verwendete Kürzel nicht noch einmal benutzt werden. Geschieht dies dennoch, dann muß wenigstens vermieden werden, daß sich Programme mit gleichen Kürzeln im Hauptspeicher befinden.

Um eine Übersicht hinsichtlich der verwendeten Kürzel zu geben, enthält dieser Anhang unter anderem zwei Auflistungen:

Die erste Auflistung ist eine alphabetische Aufzählung sämtlicher in den Programmen enthaltenen Kürzel mit einer Angabe darüber, in welchem Programm sie vorkommen. Genannt wird jeweils der dazugehörige Blockname.

Die zweite Auflistung nennt noch einmal die Namen sämtlicher in der Programmsammlung enthaltenen Programme mit ihren dazugehörigen Blocknamen sowie den Kürzeln, die sie verwenden. Außerdem wird jeweils der Programmumfang in Bytes - das ist der STATUS 1 , wenn sich kein anderes Programm im Hauptspeicher befindet - angegeben.

Neben den genannten Auflistungen enthält dieser Anhang noch eine geordnete Liste sämtlicher SHARP-BASIC-Abkürzungen aufgeführt hinter ihren dazugehörigen BASIC-Schlüsselwörtern.

4.1 Liste der verwendeten Kürzel

Kuerzel	Blockname	Kuerzel	Blockname	Kuerzel	Blockname
#BI	#BI	KK	KL	RP	AN.GEOM.
#FS	#FS	KL	KL	S	GRAPHEN
#NU	#NU	KO	GRAPHEN	SL	SPHAERIK
B	TR	KR	AN.GEOM.	SN	SPHAERIK
BI	BI	KS	KS	SZ	SZ
DA	KL	KT	AN.GEOM.	TP	AN.GEOM.
DE	MATRIZEN	L-B	SPHAERIK	TR	TR
DI	SPHAERIK	L-L	SPHAERIK	V	VS*V
DQ	DQ	L-M	SPHAERIK	VE	AN.GEOM.
DR	DR	LF	AN.GEOM.	VS	VS*V
EC	EC	LP	SPHAERIK	WP	KD
EP	SPHAERIK	LX	SPHAERIK	X	GRAPHEN
EV	GRAPHEN	M	TR	Z	GRAPHEN
EX	KD	MM	GM*MM	ZE	KL
FI	AN.GEOM.	MP	MATRIZEN	bi	#BI
FP	SPHAERIK	MS	AN.GEOM.	e	GRAPHEN
FS	FS	N	KD	fs	FS
G	GRAPHEN	NU	NU	i	KL
G-G	AN.GEOM.	O-B	SPHAERIK	ks	KS
GM	GM*MM	O-L	SPHAERIK	nu	#NU
GR	AN.GEOM.	O-M	SPHAERIK	tr	TR
GS	MATRIZEN	O-O	SPHAERIK	w	KD
IG	GRAPHEN	OD	SPHAERIK	x	NU
IM	MATRIZEN	PO	AN.GEOM.	y	KD
K-G	AN.GEOM.	PR	AN.GEOM.	ze	KL
K-K	AN.GEOM.	QG	QG*KG		
KG	QG*KG	RE	AN.GEOM.		

4.2 Liste der Programme

Programmname	Blockname	verwendete Kürzel (Inhalt)	Umfang in Bytes
MARIZEN	MATRIZEN	DE IM MP GS	1743
ANALYTISCHE GEOMETRIE	AN.GEOM.	RP PR PO KT GR LF VE RE TP FI MS G-G KR K-G K-K	3539
SPHAERIK	SPHAERIK	DI OD O-M SL O-B SN O-O FP LX L-B L-M L-L O-L EP LP	6578
BESTIMMTES INTEGRAL	BI	BI	1183
BESTIMMTES INTEGRAL #	#BI	#BI bi	1135
NULLSTELLE	NU	NU x	530
NULLSTELLE #	#NU	#NU nu	579

(Fortsetzung)

(Fortsetzung)

Programmname	Blockname	verwendete Kürzel (Inhalt)	Umfang in Bytes
DIFFERENTIAL-QUOTIENT	DQ	DQ	1984
KURVEN-DISKUSSION	KD	N EX WP w y	1091
KLOTOIDE LP-Version	KL (LP)	KL DA ZE KK ze i	3128
KLOTOIDE	KL	KL DA ZE KK ze i	2692
FLAECHEN-SCHWERPUNKT	FS	FS fs	939
FLAECHEN-SCHWERPUNKT#	#FS	#FS	1163
KURVEN-SCHWERPUNKT	KS	KS ks	661
TRAEGER AUF ZWEI STUETZEN	TR	TR B M tr	1511
GRAPHEN IM KOORDINATEN-SYSTEM	GRAPHEN	KO G EV IG e S Z X	1945
QUADRATISCHE UND KUBISCHE GLEICHUNG	QG*KG	QG KG	568
DREIECK	DR	DR	1533
EXTREMPUNKT-CHARAKTER	EC	EC	402
FEHLERRECH-NUNG	GM*MM	GM MM	553
SCHWERPUNKT ZUSAMMENGE-SETZTER KUR-VEN (FLAE-CHEN)	SZ	SZ	227
VARIABLEN-SUCHE	VS*V	VS V	274
RESERVE-TASTEN-BELEGUNGEN	RESERVE	—	—

4.3 Liste der SHARP-BASIC-Abkürzungen

Wort	Abk.	Wort	Abk.
ABS	AB.	LPRINT	LP.
ACS	AC.	MEM	M.
AND	AN.	MERGE	MER.
AREAD	A.	MID$	MI.
ARUN	ARU.	NEW	
ASC		NEXT	N.
ASN	AS.	NOT	NO.
ATN	AT.	ON	O.
BEEP	B.	OR	
CHAIN	CHA.	PAUSE	PA.
CHR$	CH.	PI	
CLEAR	CL.	POINT	POI.
CLOAD	CLO.	PRINT	P.
CLOAD?	CLO.?	PRINT#	P.#
CLS		RADIAN	RAD.
COLOR	COL.	RANDOM	RA.
CONT	C.	READ	REA.
COS		REM	
CSAVE	CS.	RESTORE	RES.
CSIZE	CSI.	RETURN	RE.
CURSOR	CU.	RIGHT$	RI.
DATA	DA.	RLINE	RL.
DEG		RMTOFF	RM.OF.
DEGREE	DE.	RMTON	RM.O.
DIM	D.	RND	RN.
DMS	DM.	ROTATE	RO.
END	E.	RUN	R.
ERROR	ER.	SGN	SG.
EXP	EX.	SIN	SI.
FOR	F.	SORGN	SO.
GCURSOR	GC.	SQR	SQ.
GLCURSOR	GL.	STATUS	STA.
GOSUB	GOS.	STEP	STE.
GOTO	G.	STOP	S.
GPRINT	GP.	STR$	STR.
GRAD	GR.	TAB	
GRAPH	GRAP.	TAN	TA.
IF		TEST	TE.
INKEY$	INK.	TEXT	TEX.
INPUT	I.	THEN	T.
INPUT#	I.#	TIME	TI.
INT		TO	
LEFT$	LEF.	TROFF	TROF.
LEN		TRON	TR.
LET	LE.	UNLOCK	UN.
LF		USING	U.
LINE	LIN.	VAL	V.
LIST	L.	WAIT	W.
LLIST	LL.	√	SQ.
LN		π	
LOCK	LOC.	^	
LOG	LO.		

4.4 Schrifttum

Athen, Hermann: Ebene und sphärische Trigonometrie, Bücher der Mathematik und Naturwissenschaften, Notdruck. Wolfenbüttel und Hannover 1948

Bronstein, I. N.; Semendjajew, K. A.: Taschenbuch der Mathematik. Leipzig 1985

Eckstein, R. u. W.: PC-WORK, Werkzeuge zur Datenverarbeitung. Hamburg 1984

Eckstein, R. u. W.; Zirpel, Michael B.: PC-BASIC'84, Das strukturierte BASIC für den PC-1500. Hamburg 1984

Handbuch der Mathematik. Köln 1972

Hewlett-Packard: HP-71 Benutzerhandbuch, Deutsche Ausgabe 1984

Hewlett-Packard: HP-71 Referenzhandbuch, Deutsche Ausgabe 1984

SHARP: Taschencomputer Modell PC-1500, Bedienungsanleitung

4.5 Verwendete Symbole

Symbol	Bedeutung
⟹	daraus folgt
⟶	Hinweispfeil
⟶ [A]	Zuordnung zur Variablen A
↑ ⟶	Durchlaufsinn in Programmablaufplänen
–	Trennung inhaltlich unterschiedlicher Beispiele
➡	weist in Programmablaufplänen auf Eingaben, Hinweise und Ausgaben hin
↑	Computertaste
↓	Computertaste
▶	Computertaste
◀	Computertaste
▲	ENTER
a = ☐	Eingabeaufforderung für a mit INEDIT in Programmablaufplänen
* *	Multiplikation sowie Trennung der Kürzel im Listingkopf

4.6 Sachverzeichnis

Ableitungen 199
ABS 19
ACS 21
Adjunkte 111, 113
Adressen 72f, 92ff
AHC 21
AHS 21
AHT 21
ANALYTISCHE GEOMETRIE 19, 21, 46, 83, 106, 120ff
AND 13ff, 18
ANGLE 21
Anweisungen 27ff
Archivband 101
AREAD 39
ARUN 40
ASC 24
ASCII-Code 17, 24
ASN 21
ATN 21
Auflagerkräfte 251ff
Ausbaugeschwindigkeit 218, 220
Ausgabe 104f, 106f
AUTO POWER OFF-Zustand 79
Autorennbahn 228ff
Bandaufzeichnungen 99ff
BASIC 7ff
-, erweitertes 55f
- -File 69
- -Schlüsselwörterabkürzungen 294f
- -Stack 9
-, strukturiertes 57f
BASIC 84 8, 57, 87, 89, 91, 98, 100f, 103, 105, 109, 177, 237
BEEP 48, 107
Befehlsstack 53f
Beispiele 109
Belastungsfunktion 250ff
Benutzerfreundlichkeit 103f
BESTIMMTES INTEGRAL 39, 47, 89, 107, 177ff
- -# 63, 65, 68, 76f, 89, 177f, 185ff
Biegemoment 251ff
Biegepfeil 250
Binärzahl 14
Blockname 72
Bogenlänge 245
BREAK 30
BYE 79f
CALL 33, 80, 91ff
CEIL 20
CHAIN 50f, 74
CHR$ 24
CLEAR 40, 79
CLOAD 50, 94, 101
CLOAD? 50, 72, 101
CLS 47
COLOR 49
CONT 30f
COS 21
CREATE 69f
CSAVE 50, 92, 95, 101
CSIZE 49
CURSOR 42ff
- -Position 32
- -Tasten 51, 53f
DATA 28f
DATE$ 80
Datenausgabe 85, 104f
Datenverarbeitung 85
DEF 31f, 56, 106

DEF SPACE 56
DEFFN 65f, 87
DEG 21
DEGREE 21
DEL 51f
DELETE 41, 71
Determinante DE 83, 112
DIFFERENTIALQUOTIENT 89, 199f
DIM 11f, 38f
DISP 40, 47
Distanz DI 84, 139f
-, sphärische 84, 139f
DMS 21
DO...WHILE...EXIT...LOOP 61
DREIECK 257ff
Drucker 92, 99f
DTH$ 20
Dualsystem 14
Durchbiegung 250ff
Editieren 51f
Eigenpeilung EP 84, 161f
Einfügungscursor 51
Eingabeaufforderung 104f, 106f
Eingabepuffer 9
Elastizitätsmodul 250f
END 31
ENG 42
ENTER ▲ 106
Erdradius 138f
ERRN 35
Erweiterungsmodul 56, 81
Evolute 256, 260
- EV 256ff
EXOR 13
EXP 20
Extrempunkt EX 207ff
EXTREMPUNKTCHARAKTER 279ff
FACT 23
FEHLERRECHNUNG 282ff
Felder, numerische 38f
Feldvariablen 12, 90, 109
FETCH 41, 70f
FETCH END 71
File-Name 72
FIX 42
Flächeninhalt eines Flächenstücks 235ff
- - n-Ecks FI 83, 127f
- - sphärischen n-Ecks 148f
FLÄCHENSCHWERPUNKT 29, 89, 107 235ff
- # 63, 76, 89, 241ff
Flag 85f
FLOOR 20
FN 32, 57, 65f
FOR...TO...STEP...NEXT 37, 61
Formelsammlung 102f
FP 20, 67
Fremdpeilung FP 84, 150f
Funktionen, benutzerdefinierte 32, 57
-, log. und Exponentialf. 20f
-, numerische 19ff
-, trigonometrische 21
-, weitere numerische 19ff
- zur Dezimal- und Hexadezimalumwandlung 20
- - Zahlenmanipulation 19f
Funktionsoperatoren 18
Funktionszeile 181f
GCURSOR 49
Gebrauchsanweisung 99, 103ff
Genauigkeit 189f
Genauigkeitsstufe 180
Gerade GR 83, 122f
Gesamtlast 251ff
Gewogenes Mittel GM 282ff
GLCURSOR 49f

Gleichung, kubische 271ff
-, quadratische 271ff
Gleichungssystem GS 83, 115f
GOSUB 32f, 61, 85
GOTO 31f, 36, 106
GPRINT 43, 49
GRAD 21
GRAPH-Mode 49f
Graph G 256ff
GRAPHEN IM KOORDINATENSYSTEM 35, 50, 89, 102, 256f
-, Buchversion 267
GSB 57, 61ff
Hauptspeicher 9
HCS 21
Hinweise 104ff, 107
HOLTKÖTTER 55, 98
HP-71B 9, 14, 16
HSN 21
HTD 20
HTN 21
IF...THEN 35f, 59f, 88
IF...THEN...ELSE 36
IF#...THEN...ELSE...ENDIF 59, 88
Ignorieren der Eingabeaufforderung 85, 108
INEDIT 25, 69, 75f, 77, 105f
Inhalt 99
Initialisierung des Computers 97
- - Druckers 92
INKEY$ 26
INPUT 45f, 75, 105
INPUT# 50
INS 51
Instruktionen 27ff
INT 19
INTEGER 11
INTEGRAL 68
Integralgraph IG 177f, 256f
Integrationsgenauigkeit 180
Inverse Matrix IM 83, 113
IP 20, 67
Kassettenrecorder 55, 92, 100
Kennmarke 63
Kennstelle 218
Klammeraffe 18, 39, 92f
Klammerausdrücke 18
Klammersetzung 19
KLOTOIDE 10, 42, 89, 215ff, 223
- LP-Version 215ff
Kommandostack 53f
Koordinaten, kartesische 21
- -system KO 256ff
- -transformation KT 83, 122
Kopierschutz 72
Kreis KR 83, 130f
Krümmungskreis 199
- KK 219f
- -mittelpunkt 199, 261ff
Kürzel 82, 106, 294
Kurswinkel 139
KURVENDISKUSSION 34, 89, 207ff
Kurvengleichung in kartesischer Form 178
- - Parameterdarstellung 178
- - Polarkoordinaten 178f
Kurvenkrümmung 199, 216
KURVENSCHWERPUNKT 29, 89, 245ff 262
Label 9, 63, 82, 99, 106
LEFT$ 26
LEN 24, 40
LET 28, 36
LF 49
LGT 20
LINE 49f
LIST 41

Listing 86, 99f
LLIST 49f, 92, 95
LN 20
Löschen 40, 51f
LOG 20
LOG10 20
Lotfußpunkt LF 83, 123f
Loxodrome 140
- LX 84, 152f
Loxodromenpolygon LP 84, 164f
LPRINT 41, 49
Mantelfläche 246ff
Marke 9
Maschinenprogramm 55, 73, 96
- -speicher 9, 55
Matrix, inverse 112, 115
-, symmetrische 112f
MATRIZEN 33, 37f, 39, 46, 83, 111f
Matrizenprodukt MP 83, 113f
MAX 23
MERGE 50f, 73, 94f, 101
Meßwerte, reduzierte 282ff
MID$ 26
MIN 23
Mittelsenkrechte MS 83, 128f
Mittelwert 282
Mittlerer Fehler des Mittelwertes MM 282ff
MOD 23
MODUL 70
Moment 252ff
NaN 17
NEPERsche Analogien 140
NEW 40
NEWTON-Verfahren 54f
nordpolnächster Punkt 141
NOT 13ff, 18, 22
Nullstelle N 207ff
NULLSTELLE 9, 33, 35, 39, 47, 89, 107, 189ff
- # 63, 76f, 89, 196ff
NUM 27
OLD 75
ON ERROR GOSUB 34f
- - GOTO 34f
Operatoren 13ff
-, arithmetische 13ff, 18
-, Hierarchie der 13ff, 18
-, logische 13ff, 18
OPTION BASE 38
OR 13ff, 18
Orthodrome OD 84, 141f
Parameterübergabe 58
PAUSE 41ff
PC-BASIC'84 7, 55f, 58ff
PC-WORK 7, 55f, 58ff
PEEK 91ff
Peilwinkel 151, 161
Peripheriegeräte 102
Peripherieprogramme 88ff, 177
PI 23
POINT 49
POKE 91ff
Polarkoordinaten 21
- eines Punktes bezogen auf einen neuen Ursprung PO 83, 121
POS 27
PRINT 41ff
PRINT# 50
Programm-adressen 72f, 92ff
- -blockmethode 58, 82ff
- -blöcke 83, 111ff
- -dokumentationen 86, 99ff
- -kürzel 86, 106
- -Modul 69
- -, aktives 70
- -Pointer 92ff

- -sammlung 57, 101, 109ff
- -system 177ff
- -zeilen 99f
Programmierarbeitshilfen 58, 91ff
Programmierung, rationelle 81ff
-, strukturierte 55, 87
Programminformationen 101f
Pseudozufallszahlen 21f
PURGE 69, 79
PURGE DIM 79
QCHAIN 71ff
QLOAD 71ff, 101
QSAVE 71ff, 98, 101
QUADRATISCHE UND KUBISCHE GLEICHUNG 271ff
Querneigung 219f
QVERIFY 71ff, 101
RADIAN 21
RAM-Erweiterungsmodul 56, 94
RANDOM 22
RONDOMIZE 22
READ 28f
REAL 11
Rechenbereich 11
Rechengenauigkeit 11
RED 23
Referenzparameter 62f
REM 30
RENUMBER 35, 57, 87, 96, 100
RES 23, 25
RESERVE-Speicher 9
- -Tastenbelegungen 10, 20, 84, 92ff, 97, 293
RESTORE 28f
RESULT 25, 57, 69, 76f, 91
RETURN 32f, 61, 63
RIGHT$ 26
RLINE 49f
RMD 23
RMT 50f
RND 21f
ROTATE 49
ROUND 67f
Rückwärtseinschnitt RE 83, 125f
RUN 31f, 42f, 84, 106
Schätzwertgüte 217
Schnellstraße 215
Schnitt (<u>B</u>reitenkreis, <u>G</u>erade, <u>K</u>reis, <u>L</u>oxodrome, <u>M</u>eridian, <u>O</u>rthodrome) G-G 83, 129f
- K-G 83, 131
- K-K 83, 132
- L-B 84, 154f
- L-L 84, 157f
- L-M 84, 155f
- O-B 84, 146f
- O-L 84, 159f
- O-M 84, 143f
- O-O 84, 149f
Schwerpunkt einer Kurve 245ff
- eines Drehkörpers 236ff
- eines Flächenstücks 236ff
SCHWERPUNKT ZUSAMMENGESETZTER KURVEN (FLÄCHEN) 288ff
SCI 42
SEC 80
Seemeile 138f
SELECT...CASE...ELSE... ENDSELECT 60, 88
SGN 19
SHARP-BASIC 8
-, Besonderheiten des 8ff
-, weitere Merkmale des 51ff
SHORT 11
Signal, akustisches 107
SIN 21
SORGN 49f

SORT 78f
Speicherorganisation 9f
Speichererweiterungsmodule 10
SPHÄRIK 84, 138ff
sphärischer Lotfußpunkt SL 84, 145f
sphärisches n-Eck SN 84, 148f
SQR 23
Standard(string)variablen 11f, 38f, 62, 290
- -speicher 9
statisches Moment eines Flächenstücks 235ff
- - einer Kurve 245ff
STATUS 93, 96, 99
STD 42
STOP 30
Stringfunktionen 24ff
STR$ 25
SUB 61ff
SUBCLR 65
SUBEND 61ff
Subroutine 62, 87
TAB 49
TAN 21
Tastenfeld 52, 56
Teilpunkt(e) einer Strecke TP 83, 126ff
Terminkalender 53
TEST 49
Textfelder 38f
Textfunktionen 24ff
Textvariablen 11f, 38
TEXT-Mode 49
TIME$ 80
Timer 53
Tonsignal 48
TRÄGER AUF ZWEI STÜTZEN 89, 250ff
Trägheitsmoment des Querschnitts 250ff
- einer Kurve 246ff
- eines Flächenstücks 236ff
- eines Körpers 236ff
TROFF 30f
TRON 30f
Uhr 55
Umwandlung von Polarkoordinaten in rechtwinklige Koordinaten PR 83, 121
- - rechtwinkligen Koordinaten in Polarkoordinaten RP 83, 106, 108, 120
Unterprogramm 32f, 58, 61f, 83
- -kennung 86
- -version 86
Unterroutine 33
UPRC$ 18, 27
USING 41, 76
VAL 25, 76
Variablen 10ff
-, globale 33, 63
-, lokale 33, 58, 62, 91
-, numerische 10f, 38
-, verwendete 108
Vergleichsoperatoren 13ff, 17ff
Wahrheitswert 14f, 35f
WAIT 42f
Wendeklotoide 219
Wendepunkt W 207ff
Wertparameter 62f
YEAR 80
zentrale Programme 88f, 177
Zentral-Peripherieprogrammmethode 58, 88ff
Zufallszahlen 21f
Zweierkomplement 14